权威·前沿·原创

皮书系列为
“十二五”“十三五”国家重点图书出版规划项目

智库成果出版与传播平台

2021年湖南生态文明建设报告

REPORT ON HUNAN ECOLOGICAL CIVILIZATION CONSTRUCTION (2021)

湖南省人民政府发展研究中心
主　编 / 谈文胜
副主编 / 唐宇文　蔡建河

社会科学文献出版社
SOCIAL SCIENCES ACADEMIC PRESS (CHINA)

图书在版编目(CIP)数据

2021年湖南生态文明建设报告/谈文胜主编. --北京:社会科学文献出版社,2021.5
(湖南蓝皮书)
ISBN 978-7-5201-8309-3

Ⅰ.①2… Ⅱ.①谈… Ⅲ.①生态环境建设-研究报告-湖南-2021 Ⅳ.①X321.264

中国版本图书馆CIP数据核字(2021)第080544号

湖南蓝皮书
2021年湖南生态文明建设报告

主　　编/谈文胜
副 主 编/唐宇文　蔡建河

出 版 人/王利民
组稿编辑/邓泳红
责任编辑/薛铭洁

出　　版/社会科学文献出版社·皮书出版分社(010)59367127
　　　　地址:北京市北三环中路甲29号院华龙大厦　邮编:100029
　　　　网址:www.ssap.com.cn
发　　行/市场营销中心(010)59367081　59367083
印　　装/三河市东方印刷有限公司

规　　格/开 本:787mm×1092mm　1/16
　　　　印 张:23　字 数:345千字
版　　次/2021年5月第1版　2021年5月第1次印刷
书　　号/ISBN 978-7-5201-8309-3
定　　价/158.00元

湖南省人民政府发展研究中心
湖南蓝皮书编辑委员会

《湖南蓝皮书·2021年湖南生态文明建设报告》

主要编撰者简介

谈文胜 湖南省人民政府发展研究中心党组书记、主任。研究生学历，管理学博士。历任长沙市中级人民法院研究室主任，长沙市房地局党组成员、副局长，长沙市政府研究室党组书记、主任，长沙市芙蓉区委副书记，湘潭市人民政府副市长，湘潭市委常委、秘书长，湘潭市委常委、常务副市长，湘潭市委副书记、市长。主要研究领域为法学、区域经济、产业经济等，先后主持或参与“实施创新引领开放崛起战略，推进湖南高质量发展研究”“对接粤港澳大湾区综合研究”“湘赣边革命老区振兴与合作发展研究”“创建中国（湖南）自由贸易试验区研究”等多项省部级重大课题。

唐宇文 湖南省人民政府发展研究中心党组副书记、副主任，研究员。1984 年毕业于武汉大学数学系，获理学学士学位，1987 年毕业于武汉大学经济管理系，获经济学硕士学位。2001～2002 年在美国加州州立大学学习，2010 年在中共中央党校一年制中青班学习。主要研究领域为区域发展战略与产业经济，先后主持国家社科基金项目及省部级课题多项，近年出版著作主要有《创新引领开放崛起》《打造经济强省》《区域经济互动发展论》等。

蔡建河 湖南省人民政府发展研究中心党组成员，二级巡视员。长期从事政策咨询研究工作，主要研究领域为宏观经济、产业经济与区域发展战略等。

摘　要

本书是由湖南省人民政府发展研究中心组织编写的年度性报告。围绕湖南生态文明建设，全面回顾分析了2020年的进展情况，深入探讨了2021年改革建设的思路、方向、重点难点问题及政策举措。本书包括主题报告、总报告、分报告、地区报告和专题报告五个部分。主题报告是省领导关于湖南生态文明建设的重要论述。总报告是湖南省人民政府发展研究中心课题组对2020～2021年湖南生态文明建设情况的分析和展望。分报告是湖南省相关职能部门围绕绿色发展、国土空间规划和自然资源管理、生态环境保护、绿色制造、城乡环境基础设施建设、农业面源污染治理、河湖保护与治理、生态系统保护和修复等领域开展的深度研究。地区报告是湖南省各市州及部分试点示范区推进生态文明建设的成效、经验及未来规划。专题报告是专家学者对湖南生态文明建设热点、难点问题的解读与思考。

Abstract

The book is the annual report compiled by the Development Research Center of Hunan Provincial People's Government. Focusing on Ecological Civilization Construction of Hunan Province, the book overall analyzed the progress of 2020, and discussed the ideas, orientations, focuses, difficulties and policy suggestions in 2021. The book consists of five sections, including Keynote Report, General Report, Divisional Reports, Regional Reports and Special Reports. The Keynote Report is about the important exposition of Ecological Civilization Construction by leader of Hunan Province. The General Report is about the current situation analysis and prospect of Hunan Ecological Civilization Construction in 2020 - 2021 by the Development Research Center of Hunan Provincial People's Government. The Divisional Reports are about the thorough research of Hunan Province's green development, territorial spatial planning and nature resources management, ecological environment protection, green manufacturing, urban and rural environmental infrastructure construction, agriculture non-point source pollution treatment, rivers and lakes protection, ecosystem protection and restoration, etc. The Regional Reports are about the achievements, experiences and future plans of Ecological Civilization Construction of cities, autonomous prefecture, and some demonstration zones and pilot areas in Hunan. The Special Reports are the interpretation and thinking on hot issues and difficulties of Hunan Ecological Civilization Construction by experts and scholars.

目　录

Ⅰ　主题报告

Ⅱ　总报告

Ⅲ　分报告

Ⅳ 地区报告

Ⅴ 专题报告

CONTENTS

Ⅰ Keynote Report

Ⅱ General Report

Ⅲ Divisional Reports

Ⅳ Regional Reports

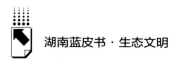

V Special Reports

主题报告

Keynote Report

B.1

在大力实施“三高四新”战略中展现湖南生态环境保护新作为

陈文浩*

摘　要： 2020年，湖南省委、省政府全面贯彻落实习近平生态文明思想和习近平总书记考察湖南重要讲话精神，坚决打好污染防治攻坚战，持续改善生态环境质量，加快生产生活方式绿色转型，协同推进生态环境高水平保护和经济高质量发展。2021年，立足“十四五”生态环境保护的新形势新任务，湖南要进一步压实责任，坚决抓好突出环境问题整改、重金属污染治理、污染防治攻坚战、生态保护修复、启动实施碳达峰行动等重点工作，在大力实施“三高四新”战略中展现湖南生态环境保护新作为。

* 陈文浩，湖南省人民政府副省长。

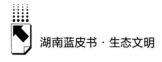

关键词：“三高四新”战略　污染防治攻坚战　生态保护修复　碳达峰行动

党的十九届五中全会审议通过的《中共中央关于制定国民经济和社会发展第十四个五年规划和二〇三五年远景目标的建议》明确提出的二〇三五年“美丽中国建设目标基本实现”的社会主义现代化远景目标和“十四五”时期“生态文明建设实现新进步”的新目标新任务，为新时代加强生态文明建设和生态环境保护提供了方向指引和根本遵循。在以习近平同志为核心的党中央的坚强领导下，湖南省委、省政府坚持以习近平新时代中国特色社会主义思想为指导，全面贯彻落实党的十九届五中全会精神和习近平总书记考察湖南时的重要讲话精神，着力实施“三高四新”战略，坚持“稳进高新”工作要求，坚决打好污染防治攻坚战，持续改善生态环境质量，加快生产生活方式绿色转型，协同推进经济高质量发展和生态环境高水平保护。

一　2020年的主要工作

（一）坚决落实习近平生态文明思想，牢牢扛起生态环境保护政治责任

始终牢记习近平总书记殷切嘱托，坚定不移走生态优先、绿色发展的路子，在推动长江经济带发展中彰显新担当。一是高位组织领导。湖南省委、省政府主要领导多次主持召开省委常委会会议、省政府常务会议以及专题会议，研究部署推动生态环境保护工作。省委书记许达哲履新后首次调研地点为长江湖南段和环洞庭湖三市，组织召开推动长江经济带发展调研座谈会；省长毛伟明多次专题研究污染防治攻坚战和突出生态环境问题整改工作；各市州党委和政府及省直相关部门主要负责人一线指挥、现场督办，层层压实

责任。二是周密组织落实。在湖南省委、省政府领导下，省突出环境问题整改工作领导小组、省生态环境保护委员会、省环境保护督察工作领导小组等议事协调机构全面加强统筹，印发《湖南省污染防治攻坚战2020年度工作方案》《湖南省污染防治攻坚战“2020年夏季攻势”任务清单》《湖南省2020年污染防治攻坚战考核办法》《湖南省生态环境保护督察“回头看”实施方案》等系列文件，明确目标任务及工作要求；对污染防治攻坚战实行“一月一调度一通报”制度，召开全省污染防治攻坚战推进会议，对标对表强化调度督促，推动工作落实落地。三是压紧压实责任。湖南省委将污染防治攻坚战纳入省管领导班子和领导干部政治建设考察、年度考核，纳入对市州党委和政府政治巡视、绩效考核；省政府将污染防治攻坚战纳入真抓实干督察。开展县（市、区）党政主要领导干部自然资源资产离任（任中）审计，实现省级生态环境保护督察“回头看”全覆盖，曝光典型案例26个。省委深改委强力推进生态文明体制改革和垂直管理改革，完善生态环境保护机制体制。省纪委监委组织开展“洞庭清波”等专项行动，为打好污染防治攻坚战提供坚强纪律保证。

（二）坚决打赢污染防治攻坚战，生态环境质量稳步提升

按照中央部署，结合湖南实际，瞄准“十三五”收官，坚持问题导向，以打好蓝天、碧水、净土三大保卫战为主线，统筹打好长江保护修复等重大标志性战役，推动全省生态环境质量明显改善。一是一江碧水更加清澈。落实《湖南省湘江保护和治理第三个“三年行动计划”（2019~2021年）实施方案》《洞庭湖生态环境专项整治三年行动计划（2018~2020年）》，推进长江保护修复攻坚战八大专项行动和长江经济带生态环境污染治理“4+1”工程。2020年，完成64处千吨万人、591处乡镇级千人以上和2121处其他千人以上水源保护区划定任务；加强不达标水体整治，大通湖水质好转为Ⅳ类；持续开展园区水环境专项整治行动，排查的176个问题全部完成整改销号。二是空气质量显著改善。出台《关于印发〈湖南省重污染天气防范和应对2020年实施方案〉的通知》，成立省重污染天气应急指挥协调小组，及时启动重污染天气应急响应。2020年完成113个工业炉窑污染治理

项目、20 个钢铁和 6 台火电机组超低排放改造、50 家重点企业无组织排放深度治理；完成 161 家企业的挥发性有机物末端污染治理和 30 家企业的在线监测设施建设。截至 2020 年底，14 个市州均划定并公布非道路移动机械限制使用区，完成 9.2 万辆非道路移动机械编码登记和 8.9 万辆号牌发放。三是土壤环境质量更加巩固。出台《湖南省实施〈中华人民共和国土壤污染防治法〉办法》。完成全省重点行业企业用地土壤污染状况调查，基本完成全省耕地土壤与农产品重金属污染加密调查。制定《湖南省建设用地安全利用工作方案》《湖南省 2020 年受污染耕地安全利用工作方案》，推进污染地块和受污染耕地安全利用。开展涉镉等重金属污染源排查整治工作，完成第一批整治清单 359 个污染源和第二批整治清单 69 个污染源问题整治。开展危险废物专项大调查大排查，提升危废全过程监管能力。四是“夏季攻势”圆满完成。统筹推进“2020 年夏季攻势”。对 7 个方面 1501 项任务进行“一月一调度一报告一通报”，倒排工期，挂图作战，综合采取预警、约谈、挂牌督办和问责等方式，压紧压实各方面责任。及时组织现场检查，严把整改质量关，防止表面整改、数字整改、虚假整改。“夏季攻势”任务全部完成，包括中央交办突出生态环境问题整改、176 个省级及以上工业园区水环境问题整治、937 辆老旧柴油货车淘汰、676 个“千吨万人”饮用水水源地生态环境问题整治、1000 个村生活污水治理、340 个乡镇污水处理设施建设、144 家重点企业挥发性有机物综合治理等。

2020 年，全省市州平均空气质量首次达到国家二级标准，其中有 7 个市州达到国家二级标准，3 个市州空气质量改善幅度位居全国重点城市前 20 名，空气优良天数比例、PM2.5 年均浓度均创“十三五”以来最优。全省国考断面水质优良率持续提升，洞庭湖总磷浓度持续下降，长江干流湖南段和湘、资、沅、澧干流全部达到或优于Ⅱ类水质；森林覆盖率达到 59.96%，绿水青山已成为湖南的一张亮丽名片。

（三）聚焦突出生态环境问题整改，完成整治工作任务

建立省领导分片督导的推动整改机制，部署推动打好张家界大鲵国家级

自然保护区小水电项目整治、大通湖环境治理等环保硬仗，不折不扣落实中央交办的突出生态环境问题整改任务，强化省级销号核查。截至2020年底，中央环保督察反馈的76个问题已完成整改70个；中央环保督察“回头看”反馈的41个问题，已完成整改销号33个；2018年长江经济带生态环境警示片披露的18个问题已完成整改销号17个；2019年长江经济带生态环境警示片披露的19个问题已完成整改销号16个；2019年全国人大水污染防治执法检查指出7个点上问题，已全部完成整改。2020年，对14个市（州）开展省级生态环保督察“回头看”及有关领域生态环境问题专项督察，向被督察地方转办群众来电、来信投诉2485件，提交责任追究案例39个，在全省生态环境厅官微、官网通报典型案例26个；出台日常督察工作规程，全年日常督察累计查看现场214处，发现问题143个，提出督察建议199条。

（四）加强生态保护和修复，生态系统功能得到提升

54个国家重点生态功能区县域生态环境总体保持稳定，编制省级生态廊道建设总体规划，完成国家第三批山水林田湖草生态保护修复工程。截至2020年，治理岩溶面积134万亩，洞庭湖区累计清退欧美黑杨38.25万亩，修复清理迹地及洲滩、岸线32.29万亩，拆除矮围、网围472处，在“四水”流域完成退耕还林还湿3.85万亩、开展小微湿地试点85个；完成矿山生态修复总面积9795公顷；完成湘江流域露天开采非金属专项整治行动，关闭矿山59家，55家矿山企业纳入国家级绿色矿山名录。强化生态脆弱区修复，累计退耕还林2159.67万亩，工程建设区内水土流失量普遍下降50%以上。对32个重点县开展了石漠化治理。全省野生动植物资源得到良好保护，黑鹳、中华秋沙鸭、白尾海雕等珍稀濒危动物及银杉、南方红豆杉、伯乐树等珍稀濒危植物种群保持稳定。洞庭湖越冬候鸟达28.8万只，麋鹿、江豚、小天鹅、白琵鹭等珍稀濒危物种数量成倍增加。出台《湖南省人民政府办公厅关于全面禁止非法野生动物交易、革除滥食野生动物陋习、切实保障人民群众生命健康安全的意见》（湘政办发〔2020〕22号），禁食野生动物后续工作进展位居全国前列。截至2020年底，累计有11个县

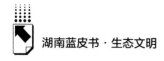

（市、区）被评为国家级生态文明建设示范县、2 个县（市、区）被评为国家“绿水青山就是金山银山”实践创新基地、26 个县（市、区）被评选为省级生态文明建设示范县。

（五）服务“六稳”“六保”，推动经济高质量发展与生态环境高水平保护协同发展

坚决打好疫情防控阻击战。严格监管全省涉新冠肺炎医疗废物收集、运送、贮存、处置，安排专项资金用于医废收集处置单位补助和应急防护物资购置，切实加大对医疗废水、城镇污水、农贸市场废水等监管力度，开展应急监测，确保医疗机构监管全覆盖、医疗废物废水全处理。积极推动复工复产。制定出台生态环境领域 19 条支持复工复产措施，对 171 个三类建设项目（国家和地方政府认定急需的医疗卫生、物资生产、研究试验等建设项目）的环评管理采取豁免、告知承诺制、先开工后补办等简化手续，积极主动服务省内重大项目建设，开辟审批“绿色通道”。生态环境管控得到强化，发布省级“三线一单”分区管控意见，完成排污许可证核发全覆盖工作，在相关区域行业执行污染物特别排放限值，运用环境标准推动沿江化工产业搬迁改造和“散乱污”企业整治，淘汰落后产能。强化污染源自动监控，建成电力环保智慧监管平台，严格现场执法。2020 年，全省生态环境执法 2361 宗，罚款金额 1.4 亿元，移送污染环境犯罪案件 40 宗。生态环境安全得到保障。组织开展危险废物专项大调查大排查工作，关注饮用水源地、工业园区污水处理厂、危险化工企业等的安全隐患排查，加强核与辐射监管，加强舆情应对，妥善处置突发环境事件，有效防范和化解了环境风险。

（六）加强生态文明体制机制建设，治理体系和治理能力现代化稳步推进

体制机制更加完善。全面推进生态文明体制改革和生态环境保护垂直管理制度改革，基本建成以环保法规、“三线一单”、自然资源统一确权登记、国家公园试点、生态环境损害赔偿和生态补偿等为代表的生态文明建设制度

体系，基本完成生态环境机构监测监察执法垂直管理制度改革，修订出台《湖南省生态环境保护工作责任规定》《湖南省重大生态环境问题（事件）责任追究办法》《湖南省生态环境保护督察工作实施办法》，进一步压紧压实生态环境保护“一岗双责、党政同责”。生态环境基础能力建设得到加强。稳步推进生态环境领域的自然资源和地理空间信息管理平台、国土空间规划信息管理平台、建设用地全生命周期管理平台、生态环境保护督察信息管理平台、生态环境质量监测网络信息管理平台、自然保护地监管平台和城乡环境基础设施建设监管等平台的建设，全省生态环境领域信息化能力进一步提升。城乡环境基础设施建设成效显著。大力推进供水、供气、污水治理、垃圾治理、黑臭水体整治和智慧建设增效城乡环境基础设施建设六大工程，截至2020年底，全省城市公共供水普及率达95.33%，水质全部达到国家饮用水卫生标准；城市燃气普及率达94.2%，燃气管道覆盖11个市州的72个县（市、区）；地级城市、县级城市生活污水集中收集率分别较2018年底提高9.4个和5个百分点，119座污水处理厂执行一级A排放标准，占比达75%，洞庭湖区域所有乡镇、湘资沅澧干流沿线建制镇以及全国重点镇污水处理设施基本实现全覆盖；城镇生活垃圾无害化处理率达99.57%，建成焚烧发电设施13座，处理能力占比达40%，农村生活垃圾收运体系覆盖行政村比例达93.8%，90%以上的村庄实现干净整洁的基本要求；全省地级城市建成区184条黑臭水体已消除181条，城乡人居环境得到有效改善，城镇综合承载能力稳步提高。

二　准确把握“十四五”生态环境保护形势任务

党的十九届五中全会擘画了我国未来发展的宏伟蓝图，做出了应对变局、开辟新局的顶层设计，在党和国家发展进程中具有全局性、历史性意义。坚持以习近平新时代中国特色社会主义思想为指导，深入贯彻习近平生态文明思想，做好生态环境保护工作，必须认真贯彻落实全会精神，准确把握进入新发展阶段、贯彻新发展理念、构建新发展格局对生态环境保护提出的新任务新要求，为大力实施“三高四新”战略、奋力建设现代化新湖南，充分发挥生态环境高水平保护的支撑保障推动作用。

（一）在把握新发展阶段中明确生态环境保护新目标新任务

进入“十四五”，国家建设踏上了开启全面建设社会主义现代化国家的新征程。十九届五中全会对“十四五”和2035年远景目标做出了部署和安排。到2025年，生态文明建设要实现新的进步，国土空间开发保护格局得到优化，生产生活方式绿色转型成效显著，能源资源配置更加合理、利用效率大幅提高，主要污染物排放总量持续减少，生态环境持续改善，生态安全屏障更加牢固，城乡人居环境明显改善；到2035年，要广泛形成绿色生产生活方式，碳排放达峰后稳中有降，生态环境根本好转，美丽中国建设目标基本实现。习近平总书记在联合国大会、气候雄心峰会等国际重大会议上，向世界做出了“二氧化碳排放力争于2030年前达到峰值，努力争取2060年前实现碳中和”的重大承诺。生态环境保护已经深刻融入经济社会发展全局、中华民族伟大复兴、人类共同命运，目标更加远大、步伐更加紧凑。全省上下要以时不我待的紧迫感和舍我其谁的历史担当，志存高远、紧盯目标、笃毅前行。

（二）在贯彻新发展理念中推动绿色低碳发展

习近平总书记深刻指出：“理念是行动的先导，一定的发展实践都是由一定的发展理念来引领的，发展理念是否对头，从根本上决定着发展成效乃至成败。”进入新发展阶段，新发展理念赋予了绿色发展更丰富的内容，以减污降碳为总抓手，实现绿色低碳循环发展，在持续减污的同时，通过降碳来从源头上推动倒逼结构调整、实现资源能源集约利用、降低能源消耗和污染排放，提高绿色发展水平。2021年2月，国务院印发了《关于加快建立健全绿色低碳循环发展经济体系的指导意见》，对绿色低碳循环发展做出了具体部署。部分省市已明确提出碳达峰的时间表和路线图。要坚决贯彻落实中央决策部署，进一步增强绿色低碳循环发展的政治自觉、思想自觉、行动自觉。

（三）在构建新发展格局中发挥生态环境保护的支持、保障、推动作用

习近平总书记强调：“构建新发展格局的关键在于经济循环的畅通无阻。”生态环境保护工作要紧紧围绕中心、服务大局，在推动构建新发展格局中勇于担当、彰显作为。要进一步推动供给侧结构性改革，通过完善生态环境保护领域法规、政策、标准，加强规划引导、加大政策供给，发挥好市场在资源配置中的决定性作用，扶持培育绿色建筑等战略性新型产业，推动“三去一降一补”，激活市场主体的创新能力、竞争力和综合实力，让市场更加规范、公平、公正、活跃；要进一步推动绿色消费，加快构建绿水青山转化为金山银山的政策制度体系，探索政府主导、市场化运作、可持续的生态产品价值实现路径，推进生态产业化和产业生态化，培育绿色消费市场，广泛开展绿色生活创建活动，提升绿色消费品质，扩大和拉动内需。要推进生态环境治理体系和治理能力现代化，抓好生态文明体制改革，做好环保垂改“后半篇文章”。要不断完善生态环境保护领导责任体系和排污许可、生态环境信用评价、排污权交易、生态损害赔偿等制度。要通过严格督察、监测和执法来压实企业的主体责任，真正推动高质量发展和高水平保护。

（四）在落实“三高四新”战略中做出生态环境保护新贡献

“三个高地”“四新使命”是习近平总书记从战略和全局高度对湖南作出的科学指引和全新定位，构成了“十四五”乃至更长一个时期湖南发展的指导思想和行动纲领。生态环境保护工作要紧紧围绕贯彻落实“三高四新”战略，出实招、办实事、做贡献。要发展壮大环保产业。加快制定实施湖南省环保产业强链三年行动计划，充分发挥湖南先进装备制造业优势，大力发展环保装备制造业，形成新的增长板块和增长极；加快扶持培育绿色建筑等战略性新型产业发展，不断延伸产业链，催生新业态；不断拓展污染治理市场，撬动市场资源参与污染治理，营造更加公平公正的市场秩序和更加广阔的市场前景。要加大科技攻关力度。积极整合各大院校、科研机构、企事业单位研究力量，推动建立建强一批环境科学研究和技术研发中心。要针对土壤污染、重金属污染、危险废物废渣处置利用、总磷污染等重点课题开展深入研究，力争掌握一批先进环保技术，加强推广运用。要优化营商环境。要加大“放管服”改革力度，优化审批流程，提高行政效率，为企业提供优质服务；要严格落实“三线一单”管控措施，调整优化产业布局，加快淘汰落后产能，腾出更多生态容量和发展空间；要切实加强和改进工作作风，严禁环保执法督察“一刀切”。

三 2021年生态环境保护重点工作

2020 年 9 月，习近平总书记考察湖南时指出：“要做好洞庭湖生态保护修复，统筹推进长江干支流沿线治污、治岸、治渔。湖南环境保护历史欠账较多，要持续改善生态环境质量，落实生态环境保护责任制，坚决打好蓝天、碧水、净土保卫战。特别是要推进长株潭地区重金属污染耕地治理，加强固体废物和磷污染治理，保证‘米袋子’‘菜篮子’‘水缸子’安全。要统筹推进山水林田湖草系统治理，推动生态系统功能整体性提升。要加强农业面源污染治理，推进农村人居环境整治。”必须把贯彻落实习近平总书记的重要指示作为重中之重，进一步聚焦加快还清历史欠账、聚焦改善环境质量、聚焦推进污染防治攻坚战、聚焦生态功能整体提升，着力抓好五个方面的工作。

（一）切实压实责任，坚决抓好突出环境问题整改

严格落实新颁布的《中华人民共和国长江保护法》，把抓好中央交办的突出生态环境问题整改作为重要政治任务，紧盯中央环保督察“回头看”、长江经济带生态环境警示片披露问题等重点整改任务，严格对标对表、严格整改标准、严格销号程序，巩固整改成果，确保问题整改经得起群众检验。要建立健全督察整改长效机制，加强《湖南省生态环境保护工作责任规定》《湖南省生态环境保护督察工作实施办法》《湖南省重大生态环境问题（事

件）责任追究办法》宣传贯彻，进一步完善挂牌督办、约谈、区域限批等制度，压紧压实整改责任。要扎实推进第二轮中央生态环境保护督察反馈问题整改工作，推进省级生态环保督察“回头看”问题整改，以督察促整改、以整改促提升。坚持以人民满意为导向，坚决杜绝整改不实、敷衍整改等问题。

（二）加强重金属污染治理，保证“米袋子”“菜篮子”“水缸子”安全

一要加快推进以长株潭地区为重点的重金属污染耕地治理，精准划分耕地土壤环境质量类别，并落实到每一丘块农田，对优先保护类、安全利用类、严格管控类耕地实施分类分区管理；要全面深入排查耕地土壤污染成因，继续巩固和深化长株潭地区重金属污染耕地治理试点成果。二要加强土壤污染治理和安全管控，紧盯受污染耕地安全利用率，深入开展涉镉等重金属污染源头排查整治，逐步消除环境安全隐患，基本实现农用地污染源头全面管控；紧盯受污染地块安全利用率，精准建立建设用地风险名录和污染地块信息库，将建设用地风险名录、污染地块信息与建设用地审批相衔接，实现对建设用地的精准管控。三要全面完成危险废物专项大调查大排查大整治，通过大调查大排查，全面掌握全省危险废物产生、转移、处置情况，摸清危险废物家底；以大整治为契机，进一步建立健全危险废物全过程的监管体系，推动危废遗留问题整改。同时，扎实开展涉铊、涉锑专项整治，进一步完善应急监测监控体系，严格涉铊、涉锑企业排放监管监控，及时消除安全隐患。

（三）深入打好污染防治攻坚战，持续改善生态环境质量

坚持精准治污、依法治污、科学治污总方针，持续推进“夏季攻势”，不断巩固深化污染防治攻坚战成果。一要加强长株潭及传输通道城市大气污染联防联控和重污染天气处置应对，推进 PM2.5 和臭氧污染协同控制，持续开展重点行业超低排放改造和挥发性有机物综合整治，强化氮氧化物和挥

发性有机物协同减排；进一步完善重污染天气应急协调工作机制，推进区域大气污染联防联控；强化监督帮扶，对夏季臭氧高发期、特护期开展专项执法，落实以减排清单为主的重污染天气应对各种应急减排措施。二要确保农村饮用水安全，对全省“千吨万人”和“千人以上”水源地环境组织拉网式问题排查，形成问题清单，制定整改措施，集中力量攻坚。三要推进洞庭湖总磷整治，以“水陆并重、河湖共治、空间管控、分区施策”的原则，突出抓好农村生活污水、农业面源污染治理，降低农药化肥施用强度，加强农药化肥施用管控，持续降低总磷污染物排放总量；进一步加大湿地保护、湖滨河滨生态缓冲带建设等工作力度，切实提升环境自净能力。四要切实加强工业园区管理。要做好园区规划环评审查工作，严格工业园区调区扩园审批管控；加快推进工业园区环境污染第三方治理工作，强化园区污染源自动监控设施建设和电力环保智慧监管平台建设，严密监控园区污染排放行为，提升园区环境管控水平。

（四）加强生态保护和修复，提升生态系统整体功能

一要推进长江保护修复攻坚，推进长江干支流岸线治污、治岸、治渔，优化拦河水利工程管控和整治，加强水土流失综合治理，巩固拓展流域退耕还林还湿成果，改善河湖连通性。二要加强自然生态保护修复，推进“绿盾”行动，加强自然保护地问题整改和生态保护红线监管；建立和推行林长制，全面推进矿山整治和生态修复，开展采砂采石专项整治、绿色矿山创建、尾矿库治理；进一步加强生物多样性保护。三要加强生态文明示范创建，扎实做好第五批国家生态文明建设示范市县和“两山”实践创新基地申报工作，启动全省第三批生态文明建设示范县评选，已创建的地区要巩固成效，强化示范引领。

（五）启动实施碳达峰行动，积极应对气候变化

科学谋划“十四五”生态环境保护工作，以应对气候变化、实施减污降碳为总抓手，落实国家对湖南二氧化碳排放达峰行动要求，加快编制全省

二氧化碳排放达峰行动方案。深度对接“十四五”总规划及相关专项规划，确保碳达峰方案落实到能源、交通、建筑、农业等各个领域。结合推进能源结构调整、相关行业超低排放改造，推动有条件的行业率先开展碳达峰。积极推进碳排放权交易市场的建设运行，推动近零碳示范园区建设，开展气候投融资试点，争取在探索以市场化机制推动碳达峰中走在前列。

总报告

General Report

B.2
2020～2021年湖南省生态文明建设情况与展望

湖南省人民政府发展研究中心调研组*

摘　要：2020年，湖南省委、省政府认真贯彻落实习近平生态文明思想，坚持新发展理念，加快转变产业发展方式，完善生态环境法规政策，坚决打赢污染防治攻坚战，深入推进生态文明体制改革，有力地推动全省生态环境质量持续改善。然而仍存在生态环境质量还不够高、治理成效不够稳固、治理能力有待提升等问题。2021年是“十四五”规划的开局之年，湖南将全面落实“三高四新”战略，从转变发展方式、解决突出问题、深化体制改革、强化要素保障等方面发力，协同推进

* 调研组组长谈文胜，湖南省人民政府发展研究中心党组书记、主任。调研组副组长唐宇文，湖南省人民政府发展研究中心党组副书记、副主任、研究员。调研组成员：唐文玉、刘琪、田红旗、周亚兰、罗会逸，均为湖南省人民政府发展研究中心研究人员，其中，周亚兰为执笔人。

经济高质量发展和生态环境高水平保护，谱写美丽湖南新篇章。

关键词：　湖南　生态文明　生态环境治理　“三高四新”战略

2020 年，湖南省委、省政府以习近平新时代中国特色社会主义思想为指导，深入贯彻新发展理念，坚持走生态优先、绿色发展之路，围绕转变生产生活方式、打赢污染防治攻坚战、深化生态文明体制改革等重点工作，锐意进取，推进湖南生态环境保护和生态文明建设取得了显著成效。2021 年是“十四五”规划的开局之年，湖南应继续全面贯彻落实习近平生态文明思想，立足新发展阶段，贯彻新发展理念，服务“三高四新”战略实施，以织牢生态环境保护法规网络为前提，以推进发展方式绿色转型为主线，以污染防治和生态修复为重点，以改善生态环境质量、推进环境治理体系和治理能力现代化为目标，凝心聚力、攻坚克难，促进全省经济高质量发展和生态环境高水平保护相得益彰。

一　2020年湖南生态文明建设总体情况

（一）以制度改革为前提，环境治理长效机制逐步确立

1. 健全地方性法规政策体系

一是完善地方法规及标准。2020 年，湖南进一步完善生态环境领域党内督察问责机制，修订出台《湖南省生态环境保护工作责任规定》《湖南省重大生态环境问题（事件）责任追究办法》，并制定《湖南省生态环境保护督察工作实施办法》等规定。同时，加快完善地方性法规、标准体系，修订完善《湖南省实施〈中华人民共和国土壤污染防治法〉办法》及《湖南省野生动植物资源保护条例》等地方性法规，在全国率先出台《湖南省人

民政府办公厅关于全面禁止非法野生动物交易、革除滥食野生动物陋习、切实保障人民群众生命健康安全的意见》（湘政办发〔2020〕22号）等地方部门规章；出台关于地方标准用水定额、污染物特别排放限值、省级生态廊道建设导则等地方标准和技术规范，进一步筑牢了湖南生态文明建设的法治基础。二是健全环境治理基础性制度。2020年，湖南通过实施“四严四基”（严督察、严执法、严审批、严监控、构建基本格局、夯实基础工作、强化基本数据、提升基本能力）三年行动计划，进一步完善了环境治理基础性制度，推动形成齐抓共管的大生态环境保护格局。同时紧跟中央部署，出台了全省构建现代环境治理体系的纲领性文件，即2021年3月，湖南省委办公厅、省政府办公厅联合印发的《关于构建现代环境治理体系的实施意见》（湘办发〔2021〕2号），明确了构建现代环境治理体系的总目标、重点任务及具体措施等。此外，围绕统筹疫情防控、服务“六稳”“六保”，制定出台了生态环境领域19条支持复工复产措施，切实帮助企业解决环境治理困难。

2. 深化生态文明体制重点改革

一是推进生态环境监管体制改革。稳步推进生态环境监管体制改革，成果可圈可点。如开辟生态环境审批“绿色通道”，主动服务省内重大项目建设；在全国率先发布省级“三线一单”生态环境分区管控意见和省级以上产业园区生态环境准入清单；提前完成所有行业固定污染源清理整顿和排污许可发证登记任务，初步构建了以排污许可制为核心的固定污染源监管制度体系；积极开展工业园区环境污染第三方治理试点等。二是构建国土空间规划体系。扎实开展第三次国土调查，摸清国土空间资源环境底数，启动自然资源确权登记工作。制定《关于建立全省国土空间规划体系并监督实施的意见》，统筹推进三条控制线划定，确保生态功能极重要区域应划尽划、矛盾冲突应调尽调、技术问题应改尽改。全面编制国土空间规划，做好过渡期规划保障工作。三是探索多层次的生态补偿机制。完善流域生态补偿机制，加快推动省内市（州）及县（市、区）之间签订流域生态补偿协议。落实环境空气质量奖惩机制，分年度对14个市（州）

所在地城市环境空气质量状况进行考核奖惩。完善长株潭城市群生态绿心补偿机制，加强对绿心地区生态保护工作评估考核，将考核结果运用于生态补偿资金的分配。

（二）以污染防治攻坚战为抓手，生态环境质量持续改善

1. 打好蓝天、碧水、净土保卫战

一是打好蓝天保卫战。成立省重污染天气应急指挥协调小组，加强重污染天气防范及应对。2020 年，全省环境空气质量年均浓度首次达到国家二级标准，14 个市（州）城市空气优良天数比例达 91.7%，比上年上升 8 个百分点；PM2.5 平均浓度同比下降 14.6%。二是打好碧水保卫战。以湘江保护和治理“一号重点工程”及洞庭湖水环境综合整治为重点，统筹“一湖四水”生态环境综合整治。2020 年，率先完成“千吨万人”及乡镇级千人以上集中式饮用水水源保护区划定；全省国家考核断面水质优良比例为 93.3%，比上年上升 1.7 个百分点；湘、资、沅、澧四水干流全部达到或优于Ⅱ类，洞庭湖总磷平均浓度同比下降 9.1%。三是打好净土保卫战。开展重点行业企业用地土壤污染状况调查、耕地土壤与农产品重金属污染加密调查，推进污染地块、受污染耕地安全利用，全省土壤环境质量总体安全可控。2020 年全省安全利用耕地面积 640.7 万亩、严格管控面积 48.4 万亩，分别完成年度任务 131% 和 101.8%。

2. 狠抓生态环境突出问题整改

以督促改、压实责任，统筹推进中央环保督察及“回头看”、长江经济带生态环境警示片、全国人大水污染防治法执法检查、省级环保督察等反馈的突出生态环境问题的整改。截至 2020 年底，全省生态环境突出问题整改工作取得积极进展。其中，中央环保督察反馈的 76 个问题已完成整改 92.1%；中央环保督察“回头看”反馈的 41 个问题已整改销号 80.5%；第一批长江经济带生态环境警示片披露的 18 个问题整改销号 94.4%；第二批长江经济带生态环境警示片披露的 19 个问题整改销号 16 个；全国人大水污染防治法执法检查指出的 22 个问题已完成整改 68.2%；2018 年省级生态环境保护督察反馈的

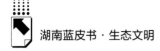

611 项整改任务，各市（州）已上报整改 531 项，完成总任务的 86.9%[①]。

3. 深入开展城乡人居环境整治

一是提升城市生活垃圾和污水处理能力。2020 年，全省新（扩）建污水处理厂 13 座，增加处理能力 42.5 万吨/日，新建（改造）排水管网 1576 公里；全省新增建成（接入）污水处理设施的乡镇 340 个，实现洞庭湖区域乡镇及湘、资、沅、澧干流沿线建制镇以及全国重点镇污水处理设施全覆盖。全面推动地级城市生活垃圾分类，并以垃圾分类为主线，推进垃圾处理设施建设改造。2020 年，全省新建垃圾焚烧厂数量和规模居全国第一；长沙市基本建成了生活垃圾分类处理系统；其他地级城市的公共机构生活垃圾分类基本实现全覆盖。二是开展农村人居环境专项整治。农村人居环境整治三年行动圆满收官，各项指标要求均已完成。2020 年，全省 1277 个非正规垃圾堆放点完成整治，建成乡镇垃圾中转设施 123 座，农村生活垃圾收运体系覆盖行政村比例达 93.8%，90% 以上的村庄实现干净整洁的基本要求。突出抓好厕所革命，全面推行“首厕过关制”。2020 年，全省改（新）建农村户厕 106.1 万个，建成农村公厕 1071 座。三是黑臭水体整治初见成效。将黑臭水体整治纳入河长制、污染防治攻坚战考核内容，督促各地加快整治。截至 2020 年底，184 个地级城市黑臭水体，完成整治 181 个，全省黑臭水体平均消除比例达 98.37%，各地级城市建成区消除比例均达 90% 以上。

（三）以生态修复为要领，山水林田湖草系统治理进一步加强

1. 推进矿山地质生态保护修复

一是积极推进湘江流域和洞庭湖生态保护修复工程试点。启动湘江流域和洞庭湖生态保护修复工程试点攻坚行动，成立攻坚行动指挥部及专项小组，突出省级统筹、部门联动，实行清单管理、督导考核机制，优化审批流程、加强资金监管，全面完成五大矿区生态保护修复项目主体治理工

---

① 李璐、贾建旺、陈勇：《湖南治理生态环境：已完成 70 个中央环保督察反馈问题整改》，红网，https：//hn.rednet.cn/content/2021/02/04/8979002.html，最后访问日期：2021 年 3 月 11 日。

程。二是全面推进长江经济带（湖南段）废弃露天矿山生态修复工程。因地制宜，制定“一矿一策”修复方案，强化分类实施、动态监管，狠抓推进落实。2020 年全面完成长江经济带（湖南段）545 处废弃露天矿山（点）1911.52 公顷的修复任务。三是加大非煤矿山、河道非法采砂整治力度。大力推进以砂石土矿整治为重点的露天矿山专项整治工作，推进砂石土矿更新换证，组织跨部门联合监督检查和执法专项行动，严厉打击非法采矿采砂行为。

2. 推进生态系统安全巩固及质量提升

一是优化自然保护地体系建设。推进以国家公园为主体的自然保护地体系建设。加快自然保护地整合优化，全面完成张家界和安化县整合优化试点任务。2020 年 5 月，《南山国家公园总体规划（2018 ~2025 年）》及《南山国家公园管理办法》的出台，标志着南山国家公园建设进入规划落地实施的新阶段。2020 年 8 月，南山国家公园体制试点顺利通过国家评估验收。二是加强林地和湿地管理。推动国土绿化行动和“生态廊道”建设，实施湿地保护修复工程，全省生态系统质量稳步提升。截至 2020 年底，全省完成营造林 1747.3 万亩，超额完成年度计划；森林蓄积量达 6.18 亿立方米，同比增长 2300 万立方米；森林覆盖率达 59.96%、草原综合植被盖度达 87.04%，同比分别增长了 0.06 个百分点和 1.6 个百分点；湿地保护面积 1159 万亩，湿地保护率达 75.77%。三是强化生物多样性保护。在全国率先采取“一封控四严禁”（封控隔离所有人工繁育场所的野生动物、严禁猎杀野生动物、严禁运输野生动物、严禁交易野生动物、严禁展演野生动物）措施，出台陆生野生动物养殖退出补偿、转产帮扶政策，扎实开展人工繁育陆生野生动物处置补偿各项工作。

（四）以转变生产方式为路径，绿色发展基础不断夯实

1. 全面推行绿色制造体系

一是加大绿色制造体系建设。2020 年，制定出台了《湖南省绿色制造体系建设管理暂行办法》，在全国率先对绿色制造体系建设实施动态管理；

制定出台了《湖南省绿色设计产品评价管理办法》，在全国率先开展省级绿色设计产品评价及推广应用。二是扎实推进沿江化工企业搬迁改造和“散乱污”企业整治。截至2020年底，在列入沿江化工企业搬迁改造公告名单的30家关闭退出类企业中，有24家已全面完成关闭退出并具备验收条件，有3家已完成异地迁建；在搬迁改造城镇人口密集区危险化学品生产企业方面，提前完成“2020年底前须完成搬迁改造42家”的任务。2020年底，全省整治“散乱污”企业3675家，其中提升改造871家，整合搬迁191家，关停取缔2613家。

2. 推进农业生产绿色发展

一是优化种植养殖结构。建立一批优质湘米生产基地、绿色精细高效示范基地，加快实施耕地轮作休耕试点，推广稻渔综合种养。2020年，全省发展稻渔综合种养面积477.32万亩，同比增长1.66%。推动养殖业转型升级，全省畜禽粪污综合利用率达到85%以上，规模养殖场粪污处理设施装备配套率为99.97%；江河、湖泊等天然水域已全面禁止投肥养鱼，饮用水源一级保护区的养殖网箱全部清理拆除。二是推进农药、化肥减量增效行动。据湖南省农业农村厅统计，2020年全省化肥使用量同比减少3.68万吨，降幅达1.61%；农药使用量4.23万吨，同比降低4.2%，实现五连减，农药利用率达40%以上，主要农作物病虫害专业化统防统治面积2634万亩、覆盖率为40.1%。

3. 积极开展资源综合利用

一是开展工业节能及资源综合利用。抓好高耗能的重点行业、重点企业的节能降耗，同步推进节能监察执法和节能诊断服务。加强工业资源循环利用，开展工业固体废物资源综合利用示范创建，推进新能源汽车动力蓄电池回收利用试点，为全国提供了有益的经验借鉴。二是开展农业节水及废弃物综合利用。推广农业节水灌溉，开展节水农业工程建设或技术推广，积极推进秸秆综合利用以及农膜、农药包装废弃物等回收。2020年，圆满完成“到2020年全省秸秆综合利用率达到85%”及“2020年全省农膜回收率达80%”的任务；浏阳市、岳阳县等8个县（市、区）的农药包装废弃物回

收处置试点取得明显成效，试点示范区农药包装废弃物田间回收率达 85% 以上。

二　湖南生态文明建设中存在的主要问题和困难

（一）生态环境质量效益不高

1. 生态环境保护与区域经济发展不协调

从区域流域来看，全省生态环境保护未能与经济发展实现协同共进。如长株潭地区经济“领跑”，然而生态绿心地区生态屏障和生态服务功能仍需进一步加强，经济与生态环境未能实现“齐跑”；湘江流域土壤环境质量堪忧，受污染地块安全利用、污染耕地修复、废弃矿山及矿涌水重金属污染等问题和风险依然存在；洞庭湖总磷浓度降幅减缓，短期内难以达到Ⅲ类标准，湖区饮用水水源地等隐患依旧存在；湘西地区黑臭水体、饮用水水源地、畜禽水产规模养殖污染等重点领域问题突出等。

2. 城镇建设给自然生态空间造成明显冲击

随着城镇化推进，城市硬质铺装问题突出，给自然生态环境造成诸多冲击。生态保护红线与基本农田保护红线存在重叠，生态景观人工化趋势显著，城乡绿色空间破碎化程度偏高，造成城市气候调节、污染净化、水源涵养等生态功能逐步退化。如长株潭生态绿心建设存在斑块破碎化、生态廊道缺失等问题；洞庭湖区域湿地旱化、退化，植被破坏较严重，湖泊块状化，部分生态缓冲带破坏严重或功能基本丧失，湿地生态系统的完整性和原真性受损，湿地生态系统调蓄洪水、净化水体、保护生物多样性的湿地功能亟待恢复。①

---

① 湖南省人民政府发展研究中心调研组：《学习贯彻习近平总书记考察湖南的重要讲话精神系列研究之五——加强生态文明建设》，湖南省人民政府发展研究中心《对策研究报告》第 107 号（总第 788 号），2020 年 10 月 26 日。

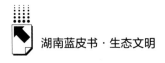

（二）生态环境改善成果不够稳固

1. 大气、水、土壤等环境质量不稳定

大气环境质量仍然不高。PM2.5 和臭氧成为大气环境质量改善的难点，区域协同治理机制仍待完善。一些重点城市 PM2.5 浓度依然居高不下，全省臭氧平均浓度仍保持高位，重污染天气时有发生。水生态质量有待改善。个别国控、省控断面刚刚退出劣Ⅴ类和Ⅴ类，水质并不稳定；洞庭湖枯水期面积萎缩，水环境承载力不足；湘江、资江存在铊、锑污染隐患；涟水、沩水等部分河流出现枯水期水质大幅下降问题；部分区域乡镇、农村水源水质超标，部分水厂出水水质不稳定，部分黑臭水体存在返黑返臭现象等。全省土壤重金属污染问题欠账较多，治理任重道远。

2. 部分领域生态安全隐患依然存在

矿业、化工企业生产历史遗留性问题仍较多。如重金属超标耕地修复、尾矿库治理、重金属超标断面整治、入河排污口整治、危险废物超期贮存治理等，后续整改任务依然繁重。部分区域环境整治项目存在反弹迹象，如洞庭湖地区存在已拆除或复绿的砂石码头堆场重新恢复生产、部分已退养的养殖场复养、已清退的欧美黑杨树兜发芽返青等情况。农业农村面源污染问题亟待破解。“大肥大药”的传统种养方式没有得到根本转变；养殖污染整治存在薄弱环节，如部分规模化养殖场治污设施建设标准不高、运行不到位，大多水产养殖户仍采用粗放型养殖方式，养殖尾水处理不够；农村生活污染治理滞后，垃圾乱倒及生活污水直排问题突出。

（三）生态环境治理能力仍较弱

1. 治理体制机制亟须理顺

环保垂直改革与综合执法改革的相关配套机制尚未完全理顺，仍存在诸多体制机制障碍。如部门间及不同层级间生态环保职责有待明晰，导致“三管三必须”的源头预防和治理责任未能有效压实；流域监督管理、区域环境督察、派出机构与地方环境执法之间的分工、协调联动机制有待完善；

各层级及部门间信息共享不充分、协同推进力度不够；基层执法力量薄弱，小马拉大车问题严重。企业、社会公众参与环境治理的配套机制尚不健全，如企业环境信息披露、信用评价、联合惩戒机制有待完善，企业违法成本普遍太低；社会组织和公众参与治理的渠道、方式及权益保障等有待明确。

2. 要素保障支撑能力亟待提高

有限财力与治理需求之间的矛盾较为突出。生态环境存量污染治理的难度高、资金需求量大，而全省多数县、市属于“吃饭型”财政，在当前“三保”压力倍增且政府债务管控空前严格的情况下，各级财政进一步加大环保投入的空间有限。同时，由于环境领域事权与支出责任尚未明确，存在政府为污染主体承担治理责任的被动“买单”现象；部分地方“等、靠、要”思想明显，工作缺乏拓展性，过度依赖中央、省级的政策和资金支持。人才、技术支撑严重不足，主要表现为专业性人才缺乏，监管执法能力有待增强；信息化管理手段及技术支撑不足，先进适用技术研发与示范推广还不够。

三　2021年湖南推动生态文明建设的政策建议

（一）强化思想认识，筑牢绿色发展理念

1. 加强党对生态文明建设的领导

一是落实“党政同责”“一岗双责”“三管三必须”制度。各级党委、政府要提高政治站位，全面深入理解和把握习近平生态文明思想，深刻认识加强生态文明建设的重大意义，树牢“绿水青山就是金山银山”理念，增强把绿水青山与金山银山统筹协同推动的意识和能力，切实担负起生态文明建设的政治责任。落实生态文明建设和生态环境保护“党政同责”“一岗双责”“三管三必须”制度，建立科学合理的考核评价体系，严格考核问责。全面推行领导干部自然资源资产离任审计、完善重大环境问题（事件）调查问责制度。二是进一步健全领导机制。充分发挥湖南省生态环境保护委员会、省生态环境保护督察工作领导小组、省突出环境问题整改工作领导小组

的统筹协调作用。认真配合中央生态环境保护督察，持续开展省级生态环境保护督察及“回头看”，严肃查处和曝光一批典型案例，推动各级党委、政府和相关职能部门增强生态文明建设的政治自觉。

2. 完善企业和社会共同参与治理机制

一是推动企业主体责任落实。严格推进“清单”管理，及时出台生态环境领域的产业准入正面及负面清单、环保责任清单以及市场化生态补偿方案，引导和约束企业积极参与环境治理。健全企业环境信息披露、信用评价、联合惩戒机制，督促企业严格执行环境法律法规，加强内部环境治理，切实履行主体责任。二是优化社会公众参与治理的途径及方式。发布公民生态环境行为规范，广泛开展绿色机关、学校、社区等创建活动，引导公众全领域、多层次参与生态环境治理。发挥各类社会团体、环保志愿者作用，鼓励开展环保教育和宣传，支持环保组织参与环保公益诉讼。畅通社会监督渠道，完善举报监督反馈机制。加强生态文化建设，加快形成节约适度、绿色低碳的生活方式和消费模式，提高全民生态环保意识。

（二）围绕发展主线，加快推动产业绿色转型升级

1. 推进全周期的绿色生产

一是实施生产全过程绿色化。全面构建绿色制造体系，实施全生命周期绿色管理。以工业绿色转型升级为重点，大力开展绿色工厂、绿色园区和绿色供应链等创建。加快推进农业绿色生产，发展绿色种植，深入实施农药化肥减量增效及秸秆、农膜等综合利用行动；坚持生态养殖理念，全面推进畜禽养殖废弃物处理资源化和无害化，加强水产养殖尾水治理。二是继续推进行业专项整治。以化工、钢铁、水泥、造纸等行业为重点，依法依规推动落后产能退出。做好沿江化工企业搬迁改造和城镇人口密集区危险化学品生产企业搬迁改造，全面完成“散乱污”企业整治，积极推行水泥行业错峰生产。继续推进农业面源污染治理，深入开展种植业、畜禽和水产养殖业污染防治专项行动。三是大力发展绿色环保产业。培育壮大环境治理技术及应用产业链，着力发展节能环保、清洁生产、清洁能源等绿色产业，扶持永清环

保、华时捷环保、力合科技等企业做大做强，打造一批百亿级环保产业龙头企业，推进一批环保新技术产品产业化。

2. 推进资源节约与综合利用

一是加强资源有效节约。推进工业节能提效，督促指导高耗能行业重点企业加强内部节能管理。继续实施节能监察执法和诊断服务“双轮驱动”，强化督察诊断结果运用。不断优化能源结构，提高非化石能源的消费占比和利用效率。大力发展绿色建筑，开展绿色生活创建活动。落实节水行动计划，全面加强农业、工业节水，强化用水总量和强度双控，推进农业水价综合改革，建立健全合理水价形成机制。二是推进资源综合利用。强化工业固体废物、冶炼和化工废渣等综合利用，推动建筑垃圾、动力蓄电池等高效回收利用，加快构建固体废物协同处置和循环利用产业体系，提升资源循环利用水平。加快郴州、耒阳、湘乡 3 个国家工业资源综合利用基地建设，扎实开展省级工业固体废物资源综合利用示范创建。深入推进新能源汽车动力蓄电池回收利用试点，加快形成多方联动、资源共享的动力电池回收利用产业链。建立区域性农药包装废弃物回收体系，深入开展农残膜回收与再利用。

（三）抓住突出问题，巩固提升生态环境质量

1. 狠抓环境污染治理

一是打好升级版的污染防治攻坚战。精准改善空气质量。以长株潭及常德、岳阳、益阳等传输通道城市为重点，聚焦 PM2.5 和臭氧协同控制、一氧化氮代谢产物和挥发性有机物协同减排，统筹秋冬季和春夏季、统筹重点区域和城市，推进产业结构、能源结构、交通运输结构持续优化，减少二氧化硫、氮氧化物和挥发性有机物等排放；突出区域联防联控，完善信息共享、综合协同执法机制。持续改善水生态环境质量。以饮用水水源地安全、“一江一湖四水”支流小流域水质提升、洞庭湖总磷污染治理等为重点，持续强化流域水环境系统治理。继续加强化肥农药减量化、城乡生活污染、工业污染、黑臭水体等专项治理行动，大幅减少主要水污染物排放。深入推进土壤污染治理与修复。强化源头治理，加强工矿企业固体废物、危险废物污

染和农业面源污染、生活垃圾污染等防治。以农用地、建设用地和饮用水水源地为重点，持续推进株洲清水塘、湘潭竹埠港、衡阳水口山等重点区域的重金属污染集中整治。加强涉重金属行业污染管控，推进废渣、尾矿库等治理，分阶段、分类型处理历史遗留问题。二是注意防范和化解生态环境风险。坚决抓好突出生态环境问题整改。重点围绕中央环保督察和“回头看”、长江经济带生态环境警示片、全国人大水污染防治法执法检查及省级环境保护督察反馈的任务及问题，对标对表，限期整改落实。紧盯“一废一库一品”（危险废物、尾矿库、危险化学品）等高风险领域，切实防范和化解生态环境风险。

2. 加大生态保护修复力度

一是统筹山水林田湖草综合治理。强化河、湖长制及林长制，强化水源涵养林和天然林保护、退化森林和湿地生态系统修复、生物多样性保护。深入推进国土绿化行动，大力实施长（珠）江防护林、退耕还林、国家储备林等重点工程，全面铺开生态走廊建设。全面推进自然保护地体系建设，制定自然保护地建设负面清单、项目责任清单，探索出台自然保护地综合执法指导意见。推动湿地生态提质，推进洞庭湖湿地综合治理，探索建立湿地生态效益补偿长效机制，巩固拓展“四水”流域退耕还林还湿试点成果。积极开展衡邵干旱走廊及矿区、受污染地区等生态脆弱区生态修复，探索林草修复治理新机制新模式。二是加强生物多样性保护。制定生物多样性保护规划，开展生态系统保护成效监测评估。做好野生动物禁食禁养、“长江十年禁渔”后续工作，持续开展转产帮扶。调整省重点保护野生动物名录，出台《湖南省野生动物人工繁育许可证管理办法》。开展野生动植物资源调查，加强麋鹿、银杉等珍稀濒危物种保护，实施野生动物疫源疫病监测预警体系等生物多样性保护重大工程。

（四）聚焦关键领域，深化生态文明体制改革

1. 加快试点示范的集成升级

一是创建国家生态文明试验区。以生态文明建设示范区和“两山”

实践创新基地建设为重点，持续开展生态文明示范省、市、县、乡、村“五级联创”。全面总结推广“两型社会”试验区改革成效，重点在长株潭一体化发展、湘江流域综合治理、长株潭城市群生态绿心保护、大气污染联防联控等领域形成一批创新示范点，加快推动试点内容由“两型社会建设”向生态文明建设和高质量发展演进，积极创建国家生态文明试验区。二是申报生态产品价值实现机制试点。借鉴浙江丽水市等地的试点经验，探索政府引导、市场起决定性作用的生态产品价值实现机制。完善生态环境保护、节能减排约束性指标管理，按照“地方为主、省级引导，绩效评价、财政奖补”原则，建立与生态环境领域治理成效挂钩的激励约束机制。采用市场手段，加快健全资源环境价格机制，完善用水、用能、碳排放、排污等权益市场交易体系，实施多元化生态补偿机制，形成生态产品价值实现的持续内在动力。三是出台实施碳排放达峰行动湖南方案。加紧编制实施2030年前碳排放达峰行动方案，从产业结构调整、能源结构变革、精准高效减排、资源循环利用等方面协同推进，循序渐进推进单位国民生产总值的碳排放强度逐步降低。以点带面，推进重点领域、重点行业率先碳达峰，支持基础较好的园区、社区开展碳达峰和碳中和试点示范。

2. 完善资源环境监管体制

一是健全联防联控共管机制。加快建设生态环境大数据资源中心，建立统一规范的生态环境和自然资源基础数据库和标准体系，加强数据统筹及共享共用。建立健全环境污染问题发现、预警溯源、分析研判、案件查办等全流程、闭环式、智能化治理系统，实现生态环境问题及时、精准、科学、有效管控。针对长江岸线专项整治、湘江保护和治理、洞庭湖水环境治理、长株潭地区大气同治等重大区域环境治理工程，完善部门协调和市州联动机制。针对自然保护地体系管理职责交叉、重叠问题，省级层面要尽快建立自然保护地议事协调机构，形成省级统筹、部门联动的保护合力。二是持续推动生态环境“放管服”改革。进一步清理和规范行政审批事项，加大简政放权力度，落实减税降费措施，全面提高生态环境政务服务水平。提高生态环境监管水平，强化事前、事中、事后全过程监管，推动政府职能由重监管向监管和服务并重转变，继续推行工业园区第三方治理模式。健全环境应急处置政企联动机制，定期联合开展应急演练，提升生态环境突发事件应对能力。

3. 健全国土空间规划管控机制

一是完善国土空间规划体系。科学编制“十四五”生态环境保护规划及相关重大专项规划。完善省级国土空间总体规划，优化国土空间总体布局。围绕长株潭一体化、洞庭湖生态经济区等重大区域发展战略，编制好长株潭城市群等区域性国土空间规划。以建立约束传导机制为重点，有序推进市、县、乡国土空间总体规划编制，统筹推进村庄规划编制。二是完善国土空间规划管控体系。坚持全省国土空间“一张图”，全面落实总体规划指导约束作用。建立规划编制、审批、修改和实施监督全程留痕制度，切实规范规划管理行为。严格长株潭绿心地区项目准入管理，督促长沙、株洲、湘潭三市编制并落实绿心地区片区规划、禁限开区村庄规划和控建区控制性详细规划等涉绿心专项规划。

（五）强化要素保障，夯实生态文明建设支撑基础

1. 强化法规政策引领

一是完善地方法规体系。加快制定《湖南省洞庭湖湿地保护条例》《湖南省河道采砂管理条例》《湖南省草地管理条例》等地方性法规，为保护、管理和科学利用生态环境资源提供有力的法治保障。二是完善地方标准和技术体系。尽快出台《湖南省生态文明建设标准体系发展行动指南》，包括不限于生态环境质量、空间布局、城乡发展、绿色金融、绿色智造、资源节约循环利用等领域的生态文明标准体系。抓紧完善大气、水、土壤等环境保护标准和技术规范体系，集中开展湖南省重金属污染土壤修复、工业废水铊污染物排放以及污染源排放废水锰、铅、镉在线监测等标准和技术规范的评估与修订工作，加快出台关于排污许可证、空间管控等新领域以及重点行业绿色生产等配套技术规范。

2. 加大资金保障力度

一是拓展资金筹措渠道。加大洞庭湖水环境整治、湘江流域重金属污染治理等重点领域资金投入力度，对财政实力较弱的市、县，适当增加省级财政投入比重。做好生态环保领域政府专项债券的项目储备和债券发行工作。大力发展绿色金融，积极参与国家绿色发展基金筹建，探索设立土壤污染修复基金，吸引社会资本并争取中央土壤污染防治专项资金支持基金。鼓励银行等法人金融机构，组建绿色金融事业部或独立子公司，强化环保产业及相关环保项目信贷融资服务。引导私募基金、风险投资和社会资金加大对节能环保领域项目的资金投入，推动低碳金融、绿色信贷全方位运行。二是整合资金使用效益。进一步加大中央和省级两级专项资金统筹整合力度，切实优化财政资金配置。开展省与市县生态环保领域财政事权和支出责任划分改革工作。适当扩大市县对环境保护领域转移支付资金分配的自主权，支持市县对中央和省级下达的涉环类专项资金，在不改变资金使用大类的情况下，有效整合用于各项工作。积极开展环保类资金绩效评价，提高资金使用效益。

3. 突出科技创新支撑

一是加快绿色技术研发。坚持问题导向和目标导向，充分发挥市场在绿色技术创新领域、技术路线选择及创新资源配置中的决定性作用，加快构建市场导向的绿色技术创新体系。聚焦湖库富营养化治理、土壤重金属污染防治等生态环保领域的热点和难点问题，集中优势创新资源，开展基础性研究和治理技术攻关，着力形成一批生态环境监测预警、保护修复等成套技术以及生态环境治理机制集成与示范。二是完善科研支撑体系。坚持本土人才培养和外部人才引进并重，培育壮大全省生态环境领域科技人才队伍。创新利益分配机制，加快推进成果转化。鼓励高校、科研院所开展生态环境保护基础科学和应用科学研究。发挥企业创新主体作用，支持企业开展技术研发推广。鼓励企业与高校、科研机构、环保组织等加强合作，参与国家重点科研项目，共建重点实验室、工程技术应用中心和环保智库等，广泛凝聚生态环境领域的科研创新力量。

分 报 告

Divisional Reports

B.3
大力改革创新　加快绿色发展

湖南省发展和改革委员会

摘　要：　本文从湖南省发改委生态文明建设职能职责出发，结合发展改革的部门定位，通过改革创新，推动绿色发展，从政策研究、机制建设、资金投入、试点示范、改革攻坚等方面，落实、推进、补齐、完善、提升了生态文明建设的成效，形成了2020年度工作总结。同时，围绕巩固生态文明建设的工作成果，研究提出了2021年政策研究、机制建设、生态保护的重点事项，为全省生态文明建设工作的实施开展提供了借鉴、参考。

关键词：　生态文明　机制建设　改革攻坚

2020年，湖南省发改委坚持学习实践习近平生态文明思想，深入贯彻落实省委、省政府各项决策部署，持续开展生态文明体制改革，大力推进污染防治攻坚和生态保护修复，加快建设美丽湖南，取得了一定的成绩。

一　强化政策研究，完善生态文明建设制度

充分发挥制度建设的保障作用，强化政策研究，完善生态文明建设的制度体系，提升环境治理能力和水平，推动生态环境质量持续改善。

1. 构建现代环境治理体系

按照国家部署和省领导批示精神，湖南省发改委、省生态环境厅牵头起草了《关于构建现代环境治理体系的实施意见》。经湖南省人民政府第92次常务会议、省委深改委第十次会议审议通过，湖南省委办公厅、省人民政府办公厅以湘办发〔2021〕2号文联合印发。

2. 深化“白色污染”治理制度建设

一是制定实施方案。围绕塑料制品禁限管控和“白色污染”防治要求，湖南省发改委起草了《湖南省进一步加强塑料污染治理的实施方案》，报省政府同意后以湘发改环资规〔2020〕857号文印发实施。二是建立调度机制。省发改委、省生态环境厅联合印发《关于加快推进塑料污染治理相关工作的函》，督促推动省直有关部门、相关市州定期报送塑料污染治理工作进展。三是引导主体落实。湖南省发改委、省生态环境厅加强政策引导，鼓励、支持涉塑行业协会、企业、研究机构合作，发起成立了“湖南省可降解产业创新联盟”，现联盟成员约140余家，在标准制定、平台建设、产品筛选、公益宣传方面开展了大量工作。四是严格执法监管。按照塑料污染治理部委联合专项行动的要求，湖南省发改委、省生态环境厅组织相关部门，对集贸市场、商场、超市、书店、药店等塑料制品消费量大、塑料废弃物产生量大的场所严格监督检查，进一步加强日常监管、例行检查工作力度。

二　完善工作机制，落实生态文明建设要求

围绕生态文明建设的核心要求，着力构建全方位、全地域、全过程的落实机制，细化实化落实措施，有序推进生态文明建设。

1. 有效构建能效水平提升机制

一是健全工作体系。根据节能要求，鼓励、支持相关单位，成立湖南省节能战略联盟，由联盟单位共同筹建节能基金，为合同能源管理项目落地提供资金支持；安排专项工作经费，对重点用能单位进行综合节能义诊，摸清节能家底，建立需求信息库；推动节能供给需求精准对接，组织省内重点用能领域的重点用能单位赴外省考察先进节能技术，邀请外省节能专家团队来湘开展技术交流，敲定节能技改项目 8 个，投资 3.88 亿元。二是推行合同能源管理。湖南省发改委指导远大公司在省内外卫生系统推广合同能源管理，与湖南省人民医院、宁波市第一医院签订建筑能耗总包等合同能源管理项目，2020 年完成投资 2500 万元。三是优化新上项目用能。2020 年完成长沙机场扩建等 34 个固定资产投资项目节能评审，从源头核减能耗 7.1 万吨标准煤。四是推进节能监察执法。湖南省发改委完成《湖南省节能监察办法》立法调研论证；下达全省 2020 年节能监察计划，对省内 14 家火电企业开展专项节能监察执法；对省内 9 个固定资产投资项目开展能评监察，监察结果对外公告。同时，省发改委、省工信厅联合开展利用能耗标准依法依规推动落后产能退出的专项监察。

2. 着力规范绿心准入管理机制

一是完善配套政策。湖南省发改委起草并报请省政府审定后印发《长株潭城市群生态绿心地区建设项目准入暂行管理办法》（湘发改环资规〔2020〕967 号），制定了绿心禁止开发区、限制建设区、控制建设区可以兴建的项目清单，明确了准入办理流程；制定印发《长株潭城市群生态绿心地区生态保护工作评估考核方案（试行）》（湘发改环资〔2020〕1001 号），对长沙、株洲、湘潭三市绿心地区保护工作进行考核评估，将考核结果运用于生态补偿资金的分配；督促长沙、株洲、湘潭三市发展改革部门抓紧编制绿心地区片区规划，协调湖南省自然资源厅牵头编制绿心地区控制性详细规划及村庄规划；印发《关于进一步做好长株潭城市群生态绿心地区生态修复治理有关工作的通知》，要求三市制定生态修复治理总体方案，加快推进绿心地区生态修复治理。二是建立完善监管机制。湖南省发改委、省两型服务中心开展绿心地区遥感监测工作，按季度出具绿心地区土地斑块异常变化情况报告，及时发现绿心地区土地使用变化情况，锁定破坏绿心行为，通过省级交办、市级核查、限期整改的模式，实现监测与监管紧密结合。三是严格项目准入。根据绿心条例和绿心总规要求，对绿心地区建设项目准入申请进行严格把关。年内共办理绿心地区项目准入事项53项。

3. 优化完善绿色发展价格机制

一是污水处理收费机制。落实国家政策要求，制定《关于进一步完善全省乡镇污水处理收费政策和征收管理制度的通知》（湘发改价费〔2020〕29号），利用价格杠杆，强化水污染防治工作。到2020年末，全省31个设市城市和68个县城全部开征污水处理费，112个乡镇已发文开征污水处理费。其中，27个设市城市、46个县城、94个乡镇收费标准已达到国家规定。二是生活垃圾处置收费机制。进一步完善《湖南省城镇生活垃圾处理收费管理办法》，推动城镇生活垃圾资源化、无害化处理。针对农村生活垃圾治理存在的“盲区”，探索农村生活垃圾收费措施，指导湘潭市全面建立农村生活垃圾处理付费机制，为促进湖南农村环境综合治理和全面推行农村生活垃圾处理付费机制积累了经验。三是危险废物处置收费机制。出台《湖南省危险废物处置收费管理办法》，合理调整全省危险废物、医疗废物处置收费标准。

4. 细化实化环保电价机制

湖南省发改委、省生态环境厅、省市场监管局联合制定印发了《湖南省燃煤发电机组环保电价及环保设施运行监管实施细则》（湘发改价调规〔2020〕865号），通过价格杠杆的激励和约束作用，引导燃煤发电企业减少污染物排放，改善大气质量。同时，督促电网公司按季及时足额支付燃煤发电企业环保电费。2020年湖南省电网公司已向14家燃煤发电企业支付环保电费18.26亿元，其中脱硫电费9.08亿元，脱硝电费6.05亿元，除尘电费1.21亿元，超低排放电费1.92亿元。

5. 建立健全园区污染防治机制

一是推进工业集聚区水污染防治。湖南省发改委、省生态环境厅联合印发《关于做好产业园区污水处理设施问题排查整治销号和“一园一档”管理工作的通知》（湘环函〔2020〕39 号），将 176 个省级及以上产业园区污水处理设施整治问题纳入年度污染防治攻坚战“夏季攻势”，对污水集中处理设施问题严重且未整改的园区进行处理。湖南省发改委等 5 部门联合印发《关于进一步规范和加强产业园区生态环境管理的通知》，从规范园区环境准入、加强园区环境基础设施建设、完善环境风险防控措施、加强园区环境综合整治等方面，进一步规范和加强产业园区的生态环境管理。湖南省发改委与省生态环境厅联合下发《关于加快推进工业园区水环境问题整改工作的通知》（湘环函〔2020〕166 号），进一步推进工业园区水环境等问题整治，确保整治效果。二是加强沿江化工污染防治。湖南省有关部门正抓紧研究起草化工园区认定评估导则，组织市州对化工企业进行全面摸底排查，有序开展化工园区认定工作。

三　加大资金投入，补齐生态文明建设短板

强化政策和工作对接，积极争取财政资金支持，拓宽项目建设筹融资渠道，引入合格战略投资者，加快推进生态文明项目建设，补齐生态文明领域的设施短板。

1. 积极争取中央预算内资金

湖南省发改委通过生态文明建设、长江经济带绿色发展、农业农村污染治理等专项，2020 年争取中央预算内投资约 25 亿元，支持了 100 余个城乡生产生活污染治理、生态保护修复、节能和循环经济项目建设；积极推进区域治理，支持 10 个县（市、区）实施农村人居环境整治、6 个县（市、区）实施农业面源污染治理、15 个县（市、区）实施畜禽粪污资源化利用、21 个县实施石漠化综合治理整县推进。

2. 加强省预算内资金支持

一是长江经济带和洞庭湖绿色发展。2020 年湖南省发改委安排 1.5 亿元，支持了 13 个长江经济带绿色发展、146 个洞庭湖生态经济区“五结合”

（黑臭水体治理、沟渠清淤清污、农业面源污染治理、人居环境改善和湿地生态保护修复）项目建设。二是园区循环化改造。增设园区循环化改造省预算内专项，2020年安排5000万元，支持了8个省级以上产业园区实施循环化改造。三是锡矿山砷碱渣治理。按照中央环保督察“回头看”整改方案要求，切实加大问题整改投入力度，强化技改研发攻关，累计安排7000万元，推动了2万吨/年砷碱渣治理生产线技改和配套填埋场建设。截至2020年底，治理生产线技改已完工并带料试运行，配套填埋场主体工程基本建成，圆满完成了阶段性整改任务。

3. 着力争取专项债券支持

按照“六稳”“六保”的工作要求，及时争取环境基础设施项目纳入国家专项债券笼子，推动建设实施。年内共获得国家专项债资金54亿元，支持70个城镇污水处理设施建设项目。

4. 大力引入央企战略投资

积极抢抓三峡集团（长江环保集团）与中国节能环保集团在长江经济带污染治理中发挥骨干主力与主体平台作用的政策机遇，引导以两大集团为首的社会资金投入湖南长江经济带生态环境保护与修复工作。三峡集团（长江环保集团）已与岳阳市、益阳市、株洲市等市县签订共抓长江大保护框架合作协议，共有9个项目顺利落地实施，投资规模超180亿元。中国节能环保集团已与长沙市、衡阳市、株洲市、湘潭市等市县进行深入合作，总投资8.9亿元的衡阳湘江左岸白沙片区污染综合治理示范工程进展顺利。

通过上述资金支持，有力提升了环保设施设备能力水平，有效改善了生态环境质量，截至2020年底，全省县以上城镇污水处理率达到97.3%，生活垃圾无害化处理率达到99.57%，大型畜禽养殖场、规模养殖场粪污处理设施装备配套率分别达100%、97.3%，畜禽粪污资源化利用率达85.98%。

四　争取试点示范，推动生态文明建设开展

紧跟国家政策要求，积极争取更多领域、更多地区纳入生态文明试点范

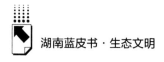

围。充分发挥试点的标杆示范作用，推动生态文明建设。

1. 指导编制长江经济带绿色发展示范方案

立足实际情况，湖南省发改委指导岳阳市编制完成《岳阳创建长江经济带绿色发展示范区实施方案》，并顺利获得国家长江办批复同意，成为全国5个长江经济带绿色发展示范区之一。

2. 组织申报园区环境污染第三方治理试点

积极支持省级以上重化工产业园区申报环境污染第三方治理第二批试点，攸县高新区、汨罗高新区、津市高新区、湘乡经开区已通过国家评审并下发通知，为同批次全国最多的省份之一。

3. 争取获批绿色产业发展示范基地

积极支持符合条件的产业园区开展首批绿色产业示范基地建设，汨罗高新区已通过国家评审并下发通知，实现了生态文明建设领域新的突破。

4. 加快推进产业转型升级试点示范

持续推进老工业地区和资源型地区转型，着力推动采煤沉陷区综合治理、推进创新链整合以及产业转型升级示范区建设，相关工作得到国家部委高度肯定和表彰激励。其中，株洲老工业基地调整改造获国务院通报表扬，湖南中部（株洲－湘潭－娄底）产业转型升级示范区被国家7部委评为优秀档次。

五　着力改革攻坚，提升生态文明建设成效

以改革手段，破除生态文明建设深化推进的体制机制障碍；以攻坚决心，强化生态文明建设的实施保障。多措并举，综合施策，推动生态文明建设向纵深推进。

1. 深入推进农业水价综合改革

调整湖南农业水价综合改革联席会议制度，进一步完善了工作机制；起草《湖南省2021～2025年农业水价综合改革实施方案》，就未来5年全省农业水价综合改革做出总体安排；依程序从农田水利建设项目资金中先期安排

2400 万元，用于存量高标准农田计量设施安装；完成全省 23 处大型灌区和 161 处重点中型灌区的农业供水成本核算，编制完成《湖南省大中型灌区农业供水成本核算报告》，为下一步各级物价部门价格监审奠定基础。同时，出台湖南省地方标准《用水定额》（DB43/T388－2020），其中农业用水定额 23 项。2020 年全省完成改革实施面积约为 217 万亩。

2. 全面推进城市居民阶梯水价改革

印发《湖南省发展和改革委员会关于 2020 年部分县城建立居民阶梯水价制度的通知》（湘发改价调〔2020〕165 号），推进怀化市中方县等 7 个县城建立居民阶梯水价制度。2020 年底，全省已实现县级以上城市全面执行居民阶梯水价的改革目标。

六　谋划重点事项，巩固生态文明建设成果

2021 年，湖南省发改系统将坚持以习近平生态文明思想为指导，贯彻落实党的十九届五中全会精神以及省委、省政府关于全面深化改革、推动绿色发展的决策部署，继续完善工作机制，推动重大政策措施实施落地，重点开展以下工作。

1. 建立健全绿色低碳循环发展经济体系

贯彻国家《关于加快建立健全绿色低碳循环发展经济体系的指导意见》文件精神，研究提出具体落实举措。

2. 扎实推进长株潭城市群生态绿心建设

协调解决绿心地区历史遗留问题。健全绿心保护工作考核机制和生态保护补偿机制。优化绿心项目审批流程。推进绿心地区生态修复和林相改造，提升绿心地区生态品质。督促长沙、株洲、湘潭三市编制并落实绿心地区片区规划、禁限开区村庄规划和控建区控制性详细规划等涉绿心专项规划。

3. 完善污水处理收费机制，调整收费标准

进一步扩大城乡污水处理费开征面，调整市州县乡镇收费标准，达到国家和省确定的开征起步价。

B.4
切实发挥好生态文明建设主力军作用

湖南省自然资源厅

摘　要：深入践行习近平生态文明思想，湖南着力提升自然资源治理能力，压实生态文明建设责任，统筹抓好国土空间规划、自然资源节约集约利用、耕地保护、生态保护修复、矿业转型发展、突出生态环境问题督导整改等自然资源领域生态文明建设各项工作，充分发挥自然资源部门的生态文明建设主力军作用。

关键词：自然资源治理能力　节约集约利用　国土空间规划　生态保护修复

习近平总书记在湖南考察时强调："要牢固树立绿水青山就是金山银山的理念，在生态文明建设上展现新作为"。湖南省自然资源厅始终坚持以习近平总书记重要讲话精神为根本遵循，深入践行习近平生态文明思想，在湖南省委、省政府的坚强领导下，强力推进自然资源领域各项生态文明建设工作，较好地发挥了生态文明建设主力军作用。

一　以打好污染防治攻坚战为主线，全面落实生态文明建设责任

（一）提高政治站位，强化组织保障

湖南省自然资源厅党组按照"党政同责、一岗双责、齐抓共管、失职

追责”要求，成立了由“一把手”任组长的生态文明建设工作领导小组，设立中央环保督察整改（长江经济带突出环境问题整治）、推动长江经济带发展（长江保护修复攻坚战）、河长制湖长制等专项工作小组，统筹推进自然资源领域的生态文明建设各项工作。2020年3月，召开生态文明建设领导小组第一次会议，专题研究部署自然资源领域生态文明建设相关工作任务，印发《关于切实强化政治担当　高质量完成生态文明建设工作任务的通知》，将牵头负责的44项工作任务全部纳入办公内控管理，建立月调度机制，实行台账管理，强化跟踪问效。湖南省自然资源厅多次召开党组会专题研究2020年污染防治攻坚战、夏季攻势、长江保护修复攻坚战行动计划、湘江保护和治理第三个“三年行动计划”、生态环境保护工作要点等相关的具体任务，制定工作方案，细化落实措施，明确责任分工，做到牵头任务切实担当，配合任务尽职尽责。同时把完成污染防治攻坚战任务情况纳入处室局和个人年度考核的重要内容，作为评先评优和干部选拔任用的重要依据。

（二）统筹划定“三条控制线”，加快构建国土空间规划体系

一是全面摸清国土空间资源环境底数。高质量完成第三次国土调查，调查成果一次性通过国家内业核查，全面掌握了21.18万平方千米土地利用现状和自然资源变化情况，为自然资源管理和生态文明建设提供真实准确的基础数据。扎实开展资源环境承载能力和国土空间开发适宜性评价，为生态保护红线评估调整、城镇开发边界划定等提供了重要的参考依据。二是完善生态空间管控体系。省委、省政府印发《关于建立全省国土空间规划体系并监督实施的意见》。统筹划定三条控制线，形成了生态保护红线评估调整和自然保护地整合优化及城镇开发边界模拟划定成果，确保生态功能极重要区域应划尽划、矛盾冲突应调尽调、技术问题应改尽改。三是积极优化空间布局。在省级国土空间规划中，强化水域空间保护，加强河湖水域岸线管理保护，让“一湖四水”成为湖南水域空间保护的重要区域。在洞庭湖生态经济区国土空间规划中明确加快工业污染治理，取缔不符合国家产业政策的严重污染环境、破坏生态建设项目，淘汰落后产能，加快产业转型升级，集中

治理工业集聚区水污染。四是严格用地准入。做好过渡期规划保障工作，对因土壤污染而需要修改规划的建设项目，积极予以支持。在国土空间规划编制时，充分考虑污染地块的环境风险，将土壤污染情况纳入“双评价”的重要指标，与生态保护红线评估调整成果进行充分衔接。将污染地块信息导入全省“净地”出让监管系统，加强“净地”供应审核，对建设项目用地的规划条件中注明涉及建设用地土壤污染风险的，严格把关，禁止作为住宅、公共管理与公共服务用地使用。依托“多规合一”协同审批平台，严禁在商住、学校、医疗、养老机构、人口密集区和公共服务设施等周边新建冶炼、化工等可能产生建设用地污染的项目。

（三）坚持严控增量、盘活存量，切实提升土地节约集约利用水平

习近平总书记深刻指出：“生态环境问题，归根到底是资源过度开发、粗放利用、奢侈消费造成的。”盘活土地存量，严格控制增量，大力促进土地集约利用，对于预防和减少生态环境问题具有十分重要的意义。一是优化新增计划管理。坚持土地要素跟着项目走，实行“可报尽报、应审尽审、省配指标、限期供地、‘净地’出让”，省级统筹保障产业发展、民生工程、基础设施、公共管理四类项目计划指标。2020 年全省批准用地 25.5 万亩，同比增长 7.1%；供应土地 50.2 万亩，同比增长 38.3%，疫情防控、生态环保等项目得到有效保障。二是积极盘活存量低效用地。实行“增存挂钩”，新增计划安排与处置存量土地直接挂钩。强力推进批而未供土地处置，建立“限期承诺供地 + 逾期公告撤批”制度，所有报批土地必须承诺供地时间，逾期未供地的撤销批文。切实加快闲置土地处置，打好“净地”攻坚战，组建全省攻坚指导组进驻相关市县，督促指导逐宗制定非净地转净地的处置方案。2020 年全省处置批而未供土地 22.2 万亩、闲置土地 17.1 万亩，处置率分别达 43.9%、77.9%，均排全国第一。三是建立健全月清“三地”工作机制。建立省、市、县三级自然资源主管部门“一把手”土地管理月调度机制，逐宗研究处理新发现的撤批土地、闲置土地、违法用地问题。湖南省自然资源厅直接承担内业比对和外业核查任务，变“交问题”

为“交任务”，有效减轻地方压力。加强与纪检监察、检察院、法院、公安、审计、发改等单位和部门的工作联动，不断完善月度卫片执法机制，执法合力和威慑力不断增强，全省土地违法问题数量同比下降60%。

（四）突出生态和安全两大主题，扎实推进矿业转型发展与生态保护修复

一是推进矿业转型发展。加强工作研究和政策创新，形成“1+1+4”矿业转型发展制度体系。扎实抓好矿业转型发展改革试点，加快推进湖南省绿色矿山建设，建成国家级绿色矿山65家、省级绿色矿山124家。郴州市和花垣县被自然资源部授予全国绿色矿业发展示范区称号。有关做法被新华社、中央政府网站、学习强国、《中国自然资源报》等主流媒体宣传推介。二是强化矿山地质环境源头管控，印发《关于进一步加强新设采矿权生态修复前期论证的通知》，严格新设采矿权生态修复前期论证，新设采矿权时同步编审矿产资源开发利用方案、矿山地质环境综合防治方案，实行矿管部门和生态修复部门“双负责”制，避免矿山后续开采造成难以修复或修复成本较高的生态环境问题。三是扎实推进长江经济带废弃露天矿山生态修复。制定“一矿一策”生态修复实施方案，实行半月调度、每月通报、适时督导，开发“湖南省长江经济带废弃露天矿山生态修复监管系统”，强化卫星监测和实地核查，对项目实施动态监管和验收管理。合理利用废弃土石料推进矿山生态修复的做法，获自然资源部宣传推广。全省545处矿点修复任务已全部完成，修复面积1911.52公顷。四是牵头推进湘江流域和洞庭湖生态保护修复工程试点。纳入市州绩效考核、省直部门重点工作考核、省政府重点督察内容，成立试点攻坚指挥部，抽调精干力量组建五大矿区服务攻坚团，切实规范工程试点项目监管、资金使用、验收销号。2020年底，主体治理工程全部完成，并通过行政验收销号。

（五）抓好突出生态环境问题整改督导，切实强化生态环境监测监管

湖南省自然资源厅采取现场调研与明察暗访等形式，全年先后开展16

次实地调研和督导，对生态环境问题整改实现全覆盖督导检查。采用卫星遥感技术，对问题整改进展和成效进行月度监测和评价，为准确掌握整改进展、科学评估整改成效提供有力技术保障。牵头督导有关市县较好完成长江经济带生态环境突出问题、中央环保督察“回头看”及洞庭湖专项督察指出问题、长江经济带生态环境“举一反三”自查问题整改销号。一是严格土壤污染风险管控。湖南省自然资源厅与省生态环境厅联合印发《湖南省建设用地安全利用工作方案》，对列入污染风险管控和修复名录的建设用地，未达到风险评估报告确定的风险管控、修复目标的，严禁开工与风险管控、修复无关项目，有关部门不得批准环评、颁发建设工程规划许可。二是强化耕地保护监测监管。开展耕地数量、耕地使用、违法用地、农民建房等专题监测，强化水稻种植和污染耕地情况监测，实行用地报批和动态监测“两个耕地占补平衡”，切实加强督察执法监管，初步构建自然资源与纪检监察、检察院、法院、公安、审计、发改委等单位和部门联动执法工作模式。三是加大非煤矿山整治力度。全力推进以砂石土矿整治为重点的露天矿山专项整治工作，推进砂石土矿更新换证，全省砂石土矿数量由 2019 年底的 3043 个整合优化至 2020 年底的 1995 个。四是严厉打击河道非法采砂。落实《湖南省河道采砂管理条例》，严格禁采区、可采区、保留区和禁采期管理措施，组织跨部门联合监督检查和执法专项行动，严厉打击非法采砂行为。对相关采砂企业的违法用地堆场行为严厉进行打击，关停大批非法采砂制砂企业。五是推进自然保护（区）地内矿权退出。湖南省自然资源厅牵头持续开展对自然保护（区）地内矿业权的清理处置工作，联合相关厅局对全省自然保护区内的 116 宗部省级发证矿业权进行清理与处置。

二　以提升自然资源治理能力为抓手，全力助推湖南生态文明建设迈上新台阶

2021 年，湖南省自然资源厅将继续坚持以习近平新时代中国特色社会

主义思想为指导，深入学习贯彻习近平生态文明思想和习近平总书记考察湖南重要讲话精神，以高度的政治责任感、使命感，抓好、抓实、抓细自然资源领域生态文明建设各项工作，坚决打好打赢污染防治攻坚战，为全省生态文明建设和社会经济高质量发展做出更大贡献。

（一）打造“三大体系”，提升自然资源治理能力

一是强化土地全生命周期管理，打造用地全程一体化管理体系。利用信息化手段，建立贯穿审批、供应、登记、储备等全流程的信息化管理系统，实现对每一宗土地的全程监管，全面落实规划管控和用途管制要求。二是加强调查监测和任务督办，打造自然资源监测保护体系。强化卫星影像统筹，提升自动比对分析能力，推动1米分辨率影像季度覆盖、重点区域月度覆盖，0.5米分辨率影像年度覆盖，持续开展耕地数量、耕地使用、违法用地、农民建房、无证采矿、生态保护红线等专题监测，动态监测全省自然资源变化情况。三是完善内外联动的工作机制，打造自然资源执法保障体系。强化自然资源主管部门督察执法，推进督察执法一体化运行，聚焦月清“三地”和耕地保护，完善三级自然资源主管部门主要负责人土地管理月调度机制，推动违法用地“分级全立案、限期全结案、依法全移交”。积极与纪检监察、检察院、法院、公安、审计、发改委等单位和部门联动，形成强大执法合力。

（二）落实“五大举措”，守住耕地保护红线

一是推行“两个耕地占补平衡”，确保“现有耕地数一亩不少”。严格落实用地报批占补平衡，未做到先补后占、占优补优、占水田补水田的一律不通过用地审查。全面推行动态监测占补平衡，对耕地流失问题，由湖南省自然资源厅直接冻结或扣减相关县（市、区）相应规模的耕地占补平衡指标或增减挂钩耕地节余指标，以经济手段倒逼地方人民政府落实占补平衡责任。二是全程监管新增耕地开发，确保“新增耕地一亩不假”。建立耕保、调查监测部门双把关机制，对包括补充耕地开发、增减挂钩、土地整治等在

内的所有新增耕地项目严格审核把关。新增耕地要逐地块拍视频、入库、上图、可查，公开接受全社会监督。三是从严控制建设占用耕地，做到能不占就不占。在用地预审和规划选址阶段从严把关，引导科学选址，尽量避让耕地特别是永久基本农田，确实无法避让的，能占劣不占优、能少占不多占。四是编制耕地保护专项规划，从源头上落实耕地占补平衡。以“三调”数据为基础开展耕地后备资源调查，加快编制耕地保护专项规划，科学回答“占在哪里”“补在哪里”“提升在哪里”等重大问题，并纳入国土空间规划体系管理。五是加强耕地保护督察执法，确保“乱占耕地一亩不让”。用“长牙齿”的硬措施落实最严格的耕地保护制度，稳妥推进农村乱占耕地建房问题整治，坚决遏制耕地“非农化”、防止“非粮化”。

（三）以强化土地管理为重点，大力推进自然资源节约集约利用

一是充分发挥成片开发政策在规划管控、计划调节、耕地保护、节约用地、权益维护等方面的积极作用。二是完善“承诺供地时间+逾期公告撤批”制度，坚决防止新增批而未供土地。三是实行闲置土地“三清单三行动”管理，建立政府主体闲置土地清单，实行“摘帽”行动；建立市场主体非“净地”闲置土地清单，实行“净地”攻坚行动；建立市场主体“净地”闲置土地清单，纳入月清“三地”，实行“执法”行动。四是推进土地要素市场化配置和二级市场平台建设，建立完善政府引导、市场参与的城镇低效用地再开发政策体系。五是开展自然资源节约集约示范县创建活动，注重探索、总结和推广节约集约用地经验做法。

（四）构建国土空间规划体系，优化国土空间布局

一是完成省、市、县总体规划编制。围绕“三高四新”战略，有序推进省、市、县土地空间规划编制和审查报批，加快落实生态保护红线成果并严格分类管控；有序推进永久基本农田核实整改补划；在依法划定的城镇开发边界内，合理确定城市新增建设用地规模，科学划定省级及以上产业园区发展边界。编制长株潭都市圈国土空间专项规划。完善详细规划和专项规

划，引导促进城市更新。二是统筹推进村庄规划编制。紧扣“多规合一”和实用性两个关键，尽快实现有条件、有需要的村庄应编尽编。经批准的村庄规划，作为核发乡村建设规划许可证的法定依据。三是完善国土空间规划管控体系。依据全省国土空间“一张图”，建立完善专项规划和详细规划审批前合规性比对、审批后强制性汇交的工作机制，全面落实总体规划指导约束作用。没有或不符合总体规划的一律不批地，没有或不符合详细规划的一律不供地。建立规划编制、审批、修改和实施监督全程留痕制度，切实规范规划管理行为。

（五）推进“三项改革”，强化生态保护修复

一是聚焦生态和安全两个主题，深化矿业转型改革。对新设矿业权，逐矿落实规划环评、排污许可制度，统筹用矿、用地、用林审批，严格“净矿”竞争性出让要求，确保新设矿山绿色开发。对已设矿业权，分类推进提质改造和治理修复，未按规定时限达到绿色矿山标准的，一律不予延续登记。加快构建矿权出让边界、生产设计边界、实际开采边界比对机制，实时发现、严厉打击“超深越界”行为。加快建立“矿源、矿权、矿企”三位一体管理系统，加强无证采矿卫星监测和生产矿山视频监控。持续推进砂石土矿专项整治。二是推进全域土地综合整治试点和生态修复机制创新。紧紧围绕乡村振兴战略，稳步推进全域土地综合整治试点，着力解决耕地布局破碎、土地利用粗放、人居环境不优等突出问题。持续深入打好2021年度自然资源领域污染防治攻坚战，配合开展2021年度中央环保督察工作。全力抓好中央环保督察“回头看”及洞庭湖专项督察指出问题、污染防治攻坚战等相关生态环境突出问题督导整改。进一步摸排全省矿山环境突出问题，实行清单管理，强化整改督导和监测监管，推动历史废弃矿山环境持续改善。统筹推进湘江流域和洞庭湖生态保护修复工程试点核查验收。探索矿山生态修复市场化运作机制。落实“自然保护公益伙伴计划”。三是稳步推进自然资源资产产权制度改革。完成全民所有自然资源资产清查。开展全民所有自然资源资产所有权委托代理机制试点。积极申报自然资源领域生态产品

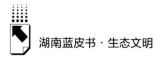

价值实现机制试点。构建统一完善的自然资源资产处置、配置及收益管理制度。加强自然资源储备体系建设，完善计划管理模式和业务管理方式，加大储备土地资产管护力度。

（六）建好平台底图，夯实自然资源管理基础

形成“一平台、一底图、一云”相互衔接的管理信息化支撑体系，为全面提升自然资源治理能力奠定基础。一是建设湖南省自然资源政务平台。对各级权限内的土地批供、不动产登记、矿权审批、资质审查、工程项目等所有数据实行省级存储、统一运维、分级共享，加快推进现有的办公内控、用地联审、规划管控、执法督察、矿权审批等各类管理系统贯通联动、集成升级，完善用地全程一体化管理和自然资源监测保护、执法保障等应用模块。二是建设湖南国土空间“一张图”。以地理空间框架为基础，以“三调”数据及空间规划成果为底板，全面整合土地批供、确权登记、资产清查、矿权管理、实体测绘、风险勘察等各类空间数据，打造覆盖全面、更新及时、管控精准的“一张图”。三是建设湖南自然资源“大数据云”。省级统一建设大容量、广带宽、双备份并具有一定超级计算能力的“大数据云”。

B.5

彰显新作为　展现新担当 奋力谱写湖南生态环境保护新篇章

湖南省生态环境厅

摘　要：2020年，湖南省生态环境系统围绕统筹疫情防控、服务"六稳""六保"、决战决胜全面小康，对标对表、挂图作战，圆满完成了污染防治攻坚战阶段性目标任务，全省生态环境质量明显改善，"十三五"圆满收官。2021年，全省生态环境保护工作将落实"一保持、二坚持、三突出、四统筹、五推进、六进步"工作思路，为"十四五"生态环境保护起好步、开好局。

关键词：生态环境保护　污染防治攻坚战　"三高四新"战略

2020年，在湖南省委、省政府领导下，全省生态环境系统围绕统筹疫情防控、服务"六稳""六保"、决战决胜全面小康，对标对表、挂图作战，圆满完成了污染防治攻坚战阶段性目标任务，全省生态环境质量明显改善，"十三五"圆满收官。2021年，全省生态环境保护工作将以习近平新时代中国特色社会主义思想为指导，全面贯彻习近平生态文明思想、党的十九届五中全会和习近平总书记关于湖南的重要讲话指示精神，立足新发展阶段，贯彻新发展理念，助推新发展格局，紧紧围绕"三高四新"战略，落实"一保持、二坚持、三突出、四统筹、五推进、六进步"工作思路，为"十四五"生态环境保护起好步、开好局，以优异成绩迎接中国共产党建党100周年。

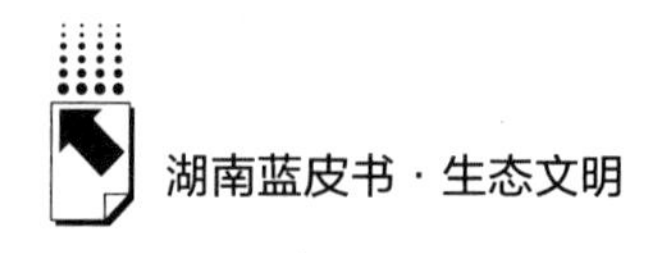

一　2020年及“十三五”期间湖南省生态环境保护工作成效和经验

（一）2020年取得的主要成绩

2020 年，对全国经济社会发展和生态环境保护工作是极不寻常的一年。面对新冠肺炎疫情、国际国内形势急剧变化和经济下行压力加大的严峻考验，以及繁重的改革攻坚任务，在省委、省政府和各级党委、政府的坚强领导下，全省生态环境系统牢记嘱托、保持定力、奋勇拼搏，圆满完成了各项目标任务。

1. 党的建设得到全面加强

坚持将政治理论学习列为党组会议第一议题，及时学习传达习近平总书记最新重要讲话，以及中央和省委重要会议精神，以正确的理论武装头脑；深入开展“肃清蒋益民、谢立恶劣影响营造良好政治生态”专项治理，连续三年将突出的“老大难”生态环境问题列入党组主题教育整改清单，一月一调度，强力抓整改；将 2020 年作为“作风提升年”，持续深化“两个主义”整治。肃清蒋、谢恶劣影响专项治理获部省肯定性批示，“两个主义”整治在省级层面专项会议上做经验介绍，“党建红引领生态绿”党建工作经验在国内、省内主流媒体推荐。

2. 污染防治攻坚战取得阶段性胜利

坚持目标、问题导向，倒排工期、挂图作战。完成钢铁和火电机组超低排放改造、工业炉窑污染治理、重点企业挥发性有机物治理等一批治理项目，成立湖南省重污染天气应急指挥协调小组，加强联防联控和重污染天气防范及应对；推进长江保护修复攻坚战八大专项行动和长江经济带生态环境污染治理“4+1”工程，完成“千吨万人”及千人以上集中式饮用水水源保护区划定，加强不达标水体整治，持续开展园区水环境专项整治行动；推进全省重点行业企业用地土壤污染状况调查、全省耕地土壤与农产品重金属

污染加密调查和污染地块、受污染耕地安全利用，开展危险废物专项大调查大排查、涉镉等重金属污染源排查整治；开展农村黑臭水体治理试点示范，完成禁养区划定调整，污染防治攻坚战三年行动计划目标任务全面完成。

3. 污染防治攻坚战“夏季攻势”任务全面完成

持续发起污染防治攻坚战“夏季攻势”，筛选一批影响环境质量和人民群众反映强烈的突出问题，以项目化、工程化形式纳入 2020 年“夏季攻势”任务清单。纳入任务清单的中央交办突出生态环境问题整改、176 个省级及以上工业园区水环境问题整治、937 辆老旧柴油货车淘汰、676 个“千吨万人”饮用水水源地生态环境问题整治、1000 个村生活污水治理、340 个乡镇污水处理设施建设、144 家重点企业挥发性有机物综合治理等 1501 项任务全部完成，为全面打赢污染防治攻坚战奠定了坚实的基础。

4. 突出生态环境问题整改成效明显

加强现场督察核查和帮扶指导，严格验收销号程序，将中央层面交办突出问题整改列为重点，开展省级生态环保督察“回头看”及专项督察。截至 2020 年底，中央环保督察反馈的 76 个问题完成整改 70 个；中央环保督察“回头看”反馈的 41 个问题，整改销号 33 个；第一批长江经济带生态环境警示片披露的 18 个问题整改销号 17 个；第二批长江经济带生态环境警示片披露的 19 个问题整改销号 16 个；全国人大水污染防治法执法检查指出的 7 个点上问题全部完成整改。其中，益阳宏安矿业整改被中央督察办作为十大案例在全国推介。

5. 自然生态得到保护和修复

全面完成湘江流域和洞庭湖生态保护修复工程试点任务；强力推进“绿盾”问题整改，完成 766 个重点问题整改任务；完成 255 座尾矿库、545 座长江经济带废弃矿山污染治理，建成国家级绿色矿山 55 座；推动国土绿化行动和“生态廊道”建设，生物多样性保护得到明显加强。

6. 统筹疫情防控和经济社会发展成效显著

严格医疗废物、废水处置监管，确保医疗机构监管全覆盖，医疗废物、废水日产日清；服务“六稳”“六保”，制定出台生态环境领域 19 条支持复工复产措施，对171个三类建设项目予以豁免、告知承诺或补办、简化审批手续；开辟审批“绿色通道”，积极主动服务省内重大项目建设。

7. 监管执法和风险防范有序有力

强化污染源自动监控，建成电力环保智慧监管平台，严格现场执法。全省生态环境执法2361宗，罚款金额1.4亿元，移送污染环境犯罪案件40宗。组织开展危废大调查大排查、饮用水源地、工业园区污水处理厂、危险化工企业等安全隐患排查，加强核与辐射监管，加强舆情应对，妥善处置突发环境事件，有效防范和化解了环境风险。

8. 生态环境保护治理体系和治理能力现代化稳步推进

推进“四严四基”三年行动计划，在全国率先发布省级“三线一单”生态环境分区管控意见和省级以上产业园区生态环境准入清单，完成所有行业固定污染源清理整顿和排污许可发证登记任务；修订、出台《湖南省生态环境保护工作责任规定》《湖南省重大生态环境问题（事件）责任追究办法》《湖南省生态环境保护督察工作实施办法》；加快生态环境损害赔偿、排污权交易、环境信用评价制度改革；进一步提高监测、监管能力和信息化水平。

一年来，全省生态环境质量明显改善。全省环境空气质量年均浓度首次达到国家二级标准；14个市州城市空气优良天数比例为91.7%，同比上升8个百分点；PM2.5平均浓度35微克/立方米，同比下降14.6%，国家考核断面水质优良比例为93.3%，同比上升1.7个百分点；湘、资、沅、澧四水干流全部达到或优于Ⅱ类，洞庭湖总磷平均浓度同比下降9.1%；安全利用耕地面积640.7万亩、严格管控面积48.4万亩，分别完成年度任务131%和101.8%；累计有11个县（市、区）被评为国家级生态文明建设示范县，2个县（市、区）被评为国家“绿水青山就是金山银山”实践创新基地。

（二）“十三五”时期取得的主要成绩

回顾湖南三年污染防治攻坚战和“十三五”生态环境保护工作，全省各级各方面勠力同心、艰苦奋斗，生态环境保护发生了历史性的变革。“十三五”时期，全省对生态环境保护的认识程度之深、政策举措之实、工作力度之大、改善效果之好、群众满意度之高前所未有。

1. 圆满实现“十三五”生态环境约束性指标

全省地级及以上城市优良天数比率、细颗粒物平均浓度、地表水优良水质断面比例、消除劣Ⅴ类水体、四项主要污染物减排总量、单位GDP二氧化碳排放强度等9项指标均超额完成。

2. 实现生态环境质量明显改善

从2018年4个市州实现零的突破、首次达到国家空气质量二级标准以来，2020年有7个市州实现达标，有3个城市空气质量改善幅度进入全国前20名；长江湖南段和四水干流监测断面稳定达到或优于Ⅱ类水质，所有地表水国家监测断面全部退出劣Ⅴ类，市级在用饮用水水源达标率达100%。

3. 推动解决了一大批过去长期想解决而没有解决好的突出生态环境问题

通过强化督察问责，加快整改和有效控制顽瘴痼疾，如洞庭湖及四水流域非法采砂、长株潭绿心地区违规建设、自然保护地违法开矿和小水电开发、危险固体废物超期贮存、尾矿库尾砂库污染等。

4. 生态环境保护工作实现重大变革、全面转型

通过推进机构改革、生态文明体制改革和省以下垂直管理改革，全面构建了湖南生态文明建设的“四梁八柱”，初步形成了“党政同责”“一岗双责”齐抓共管的大生态环保格局；形成了统一规划、统一评估、统一监测、统一执法、统一督察的新生态环保体制；探索形成了“五个转变”的生态环境保护新的工作局面。

5. 全面提升了人民群众对生态环境的满意度、获得感

全省城乡面貌发生了翻天覆地的变化，长株潭等重点城市雾霾天气明显减少、蓝天白云渐成常态，美丽乡村干净整洁、绿水青山随处可见，全面建成小康社会的颜值更高、成色更足。

（三）“十三五”时期加强生态环境保护的主要经验

回顾“十三五”时期湖南生态环境保护工作取得的成效，关键是做到

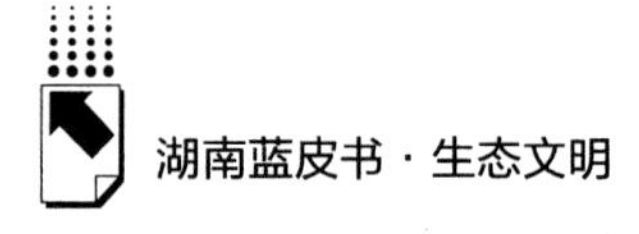

"五个始终坚持"。

1. 始终坚持用习近平生态文明思想武装头脑、指导实践、推动工作

通过全面加强习近平生态文明思想的深入学习和宣传教育，"绿水青山就是金山银山"的发展理念深入人心，全省各级党政领导干部进一步树立生态优先、绿色发展的理念，推进生态文明建设和生态环境保护的责任更加落实、行动更加自觉、措施更加有力。

2. 始终坚持在党的领导下推动生态环境保护工作

紧紧依靠各级党委、政府的坚强领导，把生态环境保护工作置于党的绝对领导之下，防止工作走向偏航；切实加强请示汇报和工作沟通，各级党政主要领导，在体制改革、机构编制、队伍建设、重点任务推进等方面高度重视、亲自挂帅、高位推动，为生态环境系统提供了坚强后盾。

3. 始终坚持推动构建大生态环境保护工作格局

充分发挥湖南省生环委、省生态环境保护督察工作领导小组、省突出环境问题整改工作领导小组的统筹协调作用，相关职能部门密切配合、社会各界广泛参与，凝聚了推进生态文明建设的广泛共识，形成了生态环境保护齐抓共管的强大合力。

4. 始终坚持强化督察问责

通过配合中央生态环境保护督察，开展湖南省级生态环境保护督察及"回头看"，严肃查处和曝光一批典型案例，推动各级党委、政府和相关职能部门增强生态文明建设的政治自觉，切实压紧压实生态环境保护责任。

5. 始终坚持加强生态环境保护宣传

推动生态环境保护知识进社会、进家庭、进学校、进课堂，每年认真举办"6.5"世界环境日宣传活动，开展系列绿色创建活动，引导公众广泛参与，营造浓厚的社会氛围。

二　科学谋划"十四五"生态环境保护工作

跨入"十四五"，进入全面开启社会主义现代化建设的新阶段，必须清

醒地认识到湖南生态文明建设存在的一些突出问题和挑战。一是生态环境历史欠账仍然较多。通过打好污染防治攻坚战，虽然完成了一批艰巨的治理任务、解决了一批突出的问题，但有的才刚刚起步或者破题，如重金属超标耕地修复、尾矿库治理、重金属超标断面整治、入河排污口整治、危险废物超期贮存治理等，后续整改任务依然繁重、环境风险仍然突出。二是污染防治攻坚成果并不巩固。大气环境质量仍然不高，一些重点城市 PM2.5 浓度依然居高不下，全省臭氧平均浓度仍然保持高位甚至不降反升，重污染天气时有发生；水环境质量改善不全面，个别国控、省控断面刚刚退出劣Ⅴ类和Ⅴ类，水质并不稳定，湘江、资江仍然存在铊、锑污染隐患，随时可能出现反弹。三是生态环境治理能力仍然较弱。通过各项改革，虽然已经初步构建了“四纵三横”的生态环境保护格局，加强了机构队伍建设，但还普遍存在体制机制不顺、监管执法能力不强、工作作风不实、信息化程度不高等问题。为此，既要充满必胜的信心，又要保持清醒的头脑，全面分析、准确把握、科学谋划“十四五”时期生态环境保护工作。

（一）深刻认识“十四五”生态环境保护的新形势

对照“三新”和“三高四新”战略的要求，“十四五”湖南生态环境保护工作面临新的形势。一是任务更重。在继“十三五”深入打好污染防治攻坚战，继续实施水、气、土污染防治行动和推进突出生态环境问题整改的基础上，增加了常态化疫情防控、助力构建新发展格局、实施“三高四新”战略和碳排放达峰、应对气候变化等新的任务。二是要求更高。统筹经济高质量发展与生态环境高水平保护，要求不仅要加快还清历史欠账，更需要以减污降碳为总抓手，着力推动绿色低碳循环发展，加快构建绿色生产生活方式，从源头上减少污染排放，提升生态整体功能。三是难度更大。在经济社会高质量发展过程中，既要尽可能削减污染存量，又要努力控制和抵消新的增量；在改善空间已经很小、剩下都是难啃的“硬骨头”的情况下，既要努力巩固污染防治现有成果，更要在结构调整、精准科学依法治污方面下功夫、要潜力，因而全省实现生态环境持续改善的步履将更为艰难。

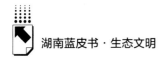

（二）准确把握“十四五”生态环境保护的新要求

适应新形势新任务，要求工作思路上要有新突破，工作举措上要有新调整。在工作思路上，要做到“五个两手抓”。一手抓减污、一手抓降碳，将减污和降碳一体筹划、一体部署、一体考核，实现减污降碳相协同。一手抓环境、一手抓生态，在完成环境治理项目的基础上，必须注重提高生态系统质量和稳定性，治理成效要体现到生态功能提升上来。一手抓城市、一手抓农村，更好地统筹城乡环境治理协调发展，将更多资源向不发达地区、农村地区倾斜，确保良好的生态产品更好地惠及全体人民。一手抓末端、一手抓源头，形成源头治理、过程治理、末端治理的系统治理链条，构建源头严控、过程严管、后果严惩的全周期监管体系。一手抓整治、一手抓根本，在抓紧治标的同时，注重治本，始终着力推动绿色低碳循环发展、构建绿色生产生活方式，从根本上解决污染问题。

在工作举措上，要做到“五个更加重视”。要更加重视应对气候变化。将“碳达峰”作为“十四五”生态环境保护的重中之重，作为倒逼产业升级、结构调整的重要抓手。要更加重视生态功能提升。将山水林田湖草系统治理、生物多样性保护、长江干支流治污治岸治渔等工作摆上重要位置，把生态功能提升作为工作成效的重要衡量标准。要更加注重农业农村污染治理。巩固深化农业农村污染治理成果，全面加强农业农村面源污染治理，不断提高从源头解决污染的能力和水平。要更加重视源头系统治理。深入推进产业、能源、交通、用地等结构调整，从源头减少污染物排放，强化系统治理思路，从根本上改善生态环境质量。要更加重视推动绿色转型发展。充分发挥市场在资源配置中的决定性作用，大力发展绿色金融，支持绿色技术创新，推进清洁生产，开展绿色生活创建活动。

（三）科学确定“十四五”生态环境保护的新目标

按照国家对生态环境保护“十四五”时期和到 2035 年远景目标的总体

部署，以及到2030年碳达峰、2060年碳中和的总体规划，结合湖南实际，全省“十四五”生态环境保护的总体目标是：到2025年，生产生活方式绿色转型成效显著，能源资源配置更加合理、利用效率大幅提高，国土空间开发与保护格局得到优化，污染物排放总量持续减少，环境质量持续改善，突出生态环境问题基本解决，重大环境风险基本化解，生态安全屏障更加牢固，城乡人居环境明显改善，生态环境治理体系和治理能力现代化水平明显增强，生态文明建设实现新进步。具体目标设置，一方面要聚焦持续改善目标任务，在环境质量指标基础上，研究增加生态功能、经济结构转型、绿色生产生活方式等方面的目标指标，充分体现高质量发展的内涵和要求；另一方面要遵循实事求是的基本原则，加强论证、尊重规律，量力而行、留有余地，确保可操作性、科学性、可达性。

（四）认真贯彻做好“十四五”生态环境保护工作的相关原则

一要保持战略定力。要坚定敢打必胜的信心，克服松劲畏难情绪，始终做到不动摇、不松劲、不开口子，保持方向不变、力度不减、标准不降，一仗接着一仗打，绵绵用力、久久为功。二要坚持稳中求进。要坚持稳中求进的总基调，巩固好已取得的工作成效，稳打稳扎、稳步前进，在打基础、求深化中出实招、见实效；要坚持科学、精准、依法治污，以目标为导向，推动环境质量不断改善。三要坚持党建引领。始终坚持把党的政治建设摆在首位，以党建为引领，通过抓党建强班子、带队伍、促工作，推动党建与业务工作的深度融合。四要坚持以人民为中心。持续改善生态环境质量、加快解决影响人民群众身边的突出的生态环境问题，不断满足人民群众对优美生态环境的热切期盼。五要坚持加强队伍建设。坚持在不断学习和实践中锤炼队伍，提高业务素质、转变工作作风、持续正风肃纪，努力打造生态环保铁军。六要持续加强能力建设。继续深化生态环境体制机制改革，进一步释放改革红利；着力推进治理体系和治理能力现代化，全面提升生态环境督察、执法、监测、宣传、科研等各方面能力。

三 扎实做好2021年生态环境保护工作

2021 年是实施“十四五”规划的第一年，是开启全面建设社会主义现代化国家新征程的第一年，是向着第二个百年奋斗目标进军起步的第一年，也是落实省委、省政府“三高四新”战略的第一年。2021 年生态环境保护工作的总体思路是：以习近平新时代中国特色社会主义思想为指导，全面贯彻习近平生态文明思想和习近平总书记关于湖南的重要讲话指示精神，立足新发展阶段，贯彻新发展理念，助推新发展格局，紧紧围绕“三高四新”战略，保持生态环境保护战略定力，坚持以人民为中心的发展思想，坚持稳中求进的工作总基调，突出精准治污、科学治污、依法治污，以减污降碳为总抓手，统筹常态化疫情防控、经济高质量发展、碳排放达峰行动和生态环境保护，深入打好污染防治攻坚战、持续改善环境质量，着力推进绿色低碳循环发展、构建绿色生产生活方式，加快还清历史欠账、防范化解生态环境风险，加强生态保护和修复、提升生态系统整体功能，加快生态环境体系制度建设、推进治理体系和治理能力现代化，实现环境质量进一步改善、生态功能进一步提升、环境风险进一步降低、排放总量进一步削减、经济结构进一步优化、人民群众获得感进一步增强，为“十四五”生态环境保护起好步、开好局，以优异成绩迎接中国共产党建党 100 周年。具体抓好以下工作。

（一）深入学习贯彻习近平生态文明思想

一是继续抓好习近平生态文明思想宣传。组织全省生态环境系统加强创新理论学习，推动将习近平生态文明思想纳入各级党校和行政学院教育培训内容，加强在全社会宣传贯彻生态文明思想的力度。二是认真学习贯彻党的十九届五中全会和习近平总书记考察湖南重要讲话精神，推进贯彻落实方案和措施。三是以习近平生态文明思想为指引，科学谋划“十四五”生态环境保护工作，完成“十四五”生态环境保护规划编制，并推动实施。

（二）深入打好污染防治攻坚战

一是深入开展水污染防治行动。完成湘江保护和治理第三个“三年行动计划”，继续抓好洞庭湖水环境综合整治。持续开展大通湖、春陵水等不达标水体专项整治。加强美丽河湖创建，重点加强源头水系和水质良好湖库生态保护。巩固深化城镇、乡镇“千吨万人”饮用水水源整治成果，推进“千人以上”饮用水水源问题整治。深入推进城镇污水处理提质增效三年行动计划，强化污水收集配套管网建设。进一步规范工业园区污水处理环境管理，加强船舶、港口、码头和高速服务区污染防治。加强重点河流生态流量保障，积极推进小水电有关问题整改。推进洞庭湖等重点区域水生态调查评估，推进重点河湖生态环境保护修复试点示范，加强河湖生态缓冲带建设和管控。

二是深入开展大气污染防治行动。制定空气质量改善规划，按照城市空气质量限期达标计划推进空气质量提升。加强细颗粒物和臭氧协同控制。继续推进钢铁行业超低排放改造、挥发性有机物综合整治、工业炉窑大气污染综合治理和水泥等重点行业深度治理，强化氮氧化物和挥发性有机物协同减排；强化新生产车辆达标排放监管，提高铁路货运比例，加强机动车和非道路移动机械污染治理。强化长株潭及传输通道城市大气污染联防联控，持续开展夏季臭氧和特护期强化帮扶工作。加强重污染天气防范与应对，制定轻中度污染管控措施，更新完善应急减排清单，实施重污染天气应急减排分级管控。加强噪声污染防治，提升城市区域、交通和功能区声环境质量。

三是深入开展土壤污染防治行动。加强重金属污染治理。巩固深化危废专项大排查大调查成果；加强固体废物污染治理；开展涉铊、涉镉污染专项治理行动；开展重金属监测断面达标行动。推进受污染耕地安全利用和严格管控，加强土壤污染重点监管单位环境监管，巩固长株潭地区重金属污染耕地治理成效，持续推进农用地分类管理。加强受污染地块安全利用和保护，加强关停退出企业的污染场地管理，推进污染场地调查和治理。开展地下水污染防治试点，推进化工园区、危险废物填埋场等地下水环境状况调查评

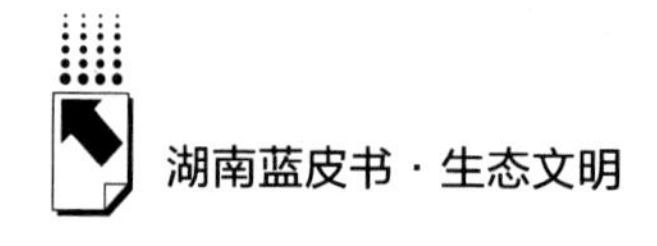

估。深入开展农村环境整治，加强农村黑臭水体、生活污水、生活垃圾污染治理。加强有毒有害化学物质环境风险防控，重视新污染物评估治理体系建设。

四是加强农业农村面源污染治理。深入开展化肥农药减施增效行动。加强农业投入品规范化管理，大力推进绿色防控技术和高效大中型植保机械。加强畜禽水产养殖污染治理。推动种养结合和粪污综合利用，加强畜禽规模养殖场粪污处理设施监管，推进水产养殖节水减排。加强农膜等废弃物回收利用。强化农村生活污水治理设施监管，开展农村黑臭水体治理示范，健全农村生活垃圾收运处置体系。

五是持续发起污染防治攻坚战“夏季攻势”。继续筛选一批群众反映强烈、对环境质量影响较大的环境问题，采取项目化、工程化、清单化形式进行重点污染防治攻坚。

（三）持续推进突出生态环境问题整改

一是坚决抓好中央层面反馈、指出问题整改。完成中央环保督察及“回头看”年度整改任务，对整改完成情况组织“回头看”；完成长江经济带生态环境警示片披露的第一批、第二批问题整改及第三批问题的年度整改任务；持续推进全国人大水污染防治法执法检查反馈问题以及中央巡视、国家审计、中央领导和中办、国办批示问题整改。

二是抓好省级生态环保督察“回头看”反馈问题整改。落实《湖南省生态环境保护督察工作实施办法》，审定市州整改方案并督促实施，推动完成年度整改任务。

（四）加强生态保护和修复

一是推进长江保护修复攻坚。统筹推进长江干支流岸线治污治岸治渔，强化综合治理、系统治理、源头治理。巩固拓展流域退耕还林还湿成果，加强洞庭湖区沟渠塘坝清淤疏浚、生态化改造，改善河湖连通性。实施好长江“十年禁渔”，推动水生生物多样性恢复。继续推动实施城镇污水垃圾处理、

工业污染治理、农业面源污染治理、船舶污染治理、尾矿库污染治理等工程。

二是推进绿盾行动和国土绿化行动。全面推进以国家公园为主体的自然保护地体系建设，推进自然保护地问题整改和生态保护红线监管，全面推进矿山生态修复、砂石土矿专项整治、绿色矿山创建和尾矿库治理。

三是加强生物多样性保护。推进生物多样性保护重大工程，加强特有珍稀濒危野生动物及其栖息地保护，完善生物多样性保护网络。

四是推进生态文明示范创建。配合做好第五批国家生态文明建设示范市县和“绿水青山就是金山银山”实践创新基地申报评选，启动湖南省第三批生态文明建设示范县评选工作。

（五）实施碳排放达峰行动

一是健全议事协调机构。调整湖南省应对气候变化及节能减排工作领导小组，统筹碳排放达峰行动。

二是制定碳排放达峰行动计划。启动全省碳排放达峰相关工作，编制应对气候变化达峰行动方案和“十四五”应对气候变化专项规划。

三是开展试点示范。推进低碳发展示范区建设，将马栏山视频文创产业园等打造为近零碳示范园区，开展气候投融资试点，积极争取将亚太绿色低碳发展高峰论坛升级为国家级论坛。

（六）构建绿色生产生活方式

一是推动产业结构调整。继续推动沿江化工企业搬迁改造工作，淘汰过剩落后产能，控制高耗能行业新增产能规模。推动高污染企业搬迁入园或者依法关闭，大力推进绿色制造。

二是推进能源结构调整。推动煤炭清洁高效利用，强化煤炭消费总量控制；推进重点行业企业清洁化生产，提高新能源占能源消费总量比例。加快推进液化天然气（LNG）以及双燃料动力船舶建设，加大新能源汽车推广力度。

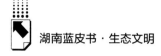

三是推动运输结构调整。促进铁路专用线进港口、进大型工矿企业、进物流枢纽，提高铁路运输占比。

四是推进绿色生活和绿色消费。在全省县级及以上党政机关范围内开展节约型机关创建工作，完善制度体系，推行绿色办公，实行生活垃圾分类，开展禁塑限塑行动，推进“厕所革命”、“光盘行动”和“无废城市”建设。

（七）严格生态环境监管执法

一是加强生态环境保护督察。配合中央开展中央生态环境保护第二轮督察，抓好边督边改；推进省级环保督察“回头看”指出问题整改，加强日常督察，提高发现和解决突出生态环境问题的能力。

二是严格生态环境行政审批。进一步完善生态环境行政许可制度，规范流程，做到严格把关、依法行政。

三是强化生态环境执法。落实“双随机、一公开”制度，围绕深入打好污染防治攻坚战，开展系列专项执法行动，强化两法衔接，严厉打击生态环境违法行为，配合生态环境部开展监管帮扶。

（八）防范化解生态环境风险

一是加强生态环境监控。推进空气、地表水等监测站点与国家联网共享，进一步推进固定污染源排污许可重点企业自动在线监控系统建设，强化平台监管和数据运用。深化电力环保智慧监管平台建设，不断创新非现场监管手段。完善生态环境质量评价办法，并在国家重点生态功能区县域开展生态环境质量监测与评价。严厉打击监测数据弄虚作假，保障数据真准全。

二是加强“一废一库一品”环境监管。组织开展以“一废一库一品”企业为重点的生态环境安全隐患排查整治，继续推进重点流域区域涉锑、镉、铊等重金属治理，建立尾矿库分级分类环境管理制度，加强化学物质环境风险管理。

三是强化应急处置。健全环境应急指挥体系，推进应急预案、监测预警、应急处置、物资保障等体系建设，推动上下游联防联控机制建设和化工

园区有毒有害气体预警体系建设，组织开展应急演练和应急培训，加强重大舆情应对和处置。协调推进与周边省份涉环保项目问题防范与化解。

四是加强核与辐射安全监管。运行好省级核安全工作协调机制，完善核与辐射安全法规标准体系和管理体系。推进辐射安全隐患排查，加强放射源、射线装置监管，确保核与辐射安全。

（九）服务经济高质量发展

一是立好绿色发展规矩。推进全省“三线一单”分区管控成果集成和措施落地应用。深入贯彻《排污许可管理条例》等制度，构建以排污许可制为核心的固定污染源监管制度体系，加强排污许可证事中、事后监管。落实企事业单位和产业园环保信用评价管理办法，加快推进环保信用体系建设。

二是进一步提高服务质量。推进环评审批和监督执法“两个正面清单”改革举措制度化。动态更新重大项目环评审批服务台账，对符合环保要求的项目开辟绿色通道。强化生态环境政策宣传和帮企治污，支持服务企业绿色发展。

三是扶持壮大环保产业。完善扶持环保产业发展相关政策措施，引导环保产业积极参与污染治理，培育一批龙头骨干企业。

（十）推进生态文明体系制度建设

一是深入推进“四严四基”三年行动计划。部署实施全省“四严四基”三年行动计划第二批试点，探索形成一批经验和制度，在全省推广。

二是进一步完善生态环境保护法律法规和标准。落实“一规定两办法”，推动《湖南省水污染防治条例》立法。印发实施湖南省生态环境损害赔偿管理有关制度。开展《地表水非饮用水源地锑环境质量标准》等地方生态环境标准的制修订和评估工作。

三是着力完善生态环境保护市场机制。推动建立健全绿色低碳循环发展经济体系，完善排污许可证、排污权有偿抵押、生态补偿、生态赔偿、生态产品价值实现等制度和机制。推进企业环境信息依法披露。探索开展区域环境综合治理托管服务模式和生态环境导向的开发模式试点。

四是构建全民行动体系。落实新闻发布会制度，巩固政务新媒体宣传阵地。在全省开展生态环境警示片拍摄，进一步加大和完善环保设施向公众开放，完善生态环境公益诉讼制度，开展绿色生活创建行动，构建全民参与的社会格局。

（十一）加强生态环境能力建设

一是推进督察、执法、监测能力建设。全面完成市、县、区生态环境机构监测监察执法垂直管理制度改革，完善督察工作制度；大力实施生态环境监测能力三年行动计划，推进综合执法职责职能和队伍整合，进一步配齐配强执法装备。

二是推进生态环境信息化建设。推进信息化平台建设，推进和完善督察信息化平台、审批平台、执法平台、监控平台、宣传平台等信息化建设，推进生态环境大数据建设，整合数据资源，提高生态环境保护信息化能力。

三是加强生态环境保护科技攻关。对 PM2.5 与臭氧协同控制、矿涌水治理、“一湖四水”总磷控制、重金属污染治理、砷碱渣铍渣危废治理等组织技术攻关，提高科学治污水平。

（十二）全面加强党的建设

一是始终把党的政治建设摆在首位。以党建为引领抓班子、带队伍、促工作。加强党的理论学习，开展党史学习教育活动，强化思想理论武装。加强全省系统领导班子建设和党建机制建设，压紧压实各级领导班子党建工作责任。

二是坚定不移推进全面从严治党。坚持严的总基调，持之以恒正风肃纪。严格落实中央八项规定、省委九项规定，坚决整治形式主义、官僚主义问题。一体推进不敢腐、不能腐、不想腐，深化巡视问题整改成效，营造良好政治生态。

三是推动党建和业务深度融合。注重突出党建引领作用，建立健全党建和业务工作一起谋划、一起部署、一起落实、一起检查的运行机制。

四是加强生态环境保护铁军建设。贯彻落实新时代党的组织路线，全面加强系统干部队伍建设和干部队伍作风建设，加大年轻干部培养锻炼力度，建设高素质生态环境保护干部人才队伍，持续激发干部队伍活力。

进入2021年，新的蓝图已经擘画、新的目标已经确定、新的征程已经开启，站在新的历史起点上，全省生态环境系统要更加紧密地团结在以习近平同志为核心的党中央周围，以习近平新时代中国特色社会主义思想为指导，深入贯彻习近平生态文明思想、十九届五中全会精神和习近平总书记考察湖南重要讲话精神，全面落实“三高四新”战略，脚踏实地、迎难而上，共同为建设现代化新湖南、奋力谱写美丽中国湖南新篇章贡献智慧和力量！

B.6
践行生态文明理念 促进湖南工业绿色高质量发展

湖南省工业和信息化厅

摘　要：近年来，湖南省认真贯彻落实习近平生态文明思想，把推动工业绿色发展作为制造强省建设和生态文明建设的重要着力点，推动全省工业绿色发展取得显著成效。2021年，湖南将继续坚持以习近平新时代中国特色社会主义思想为指导，坚定不移贯彻落实新发展理念和“三高四新”战略，切实做好节能降耗、清洁生产和资源综合利用等重点工作，加快推进绿色制造体系建设，持续深入开展工业专项整治，依法依规推动落后产能退出，扎实推进产业结构优化调整升级，积极培养壮大环境治理技术及应用产业链，努力提高资源能源利用效率和绿色化发展水平，力促湖南工业绿色低碳高质量发展。

关键词：绿色制造　节能　综合利用

近年来，湖南省坚决贯彻落实习近平生态文明思想，践行“生态优先、绿色发展”理念，积极推动供给侧结构性改革，坚决淘汰落后产能，整治“散乱污”企业，加快沿江化工企业搬迁改造，深入推进节能与综合利用，推行绿色制造，构建绿色制造体系，优化提升传统产业，培育壮大新兴产业，构建现代产业格局，全省提前超额完成国家下达的“十三五”节能目标任务，湖南工业呈现新旧动能加快转换和绿色高质量发展的良好势头。

一　2020年湖南工业绿色发展主要工作及成效

（一）全面推行绿色制造，为工业发展增绿赋能

推进湖南工业走生态优先、绿色发展之路，必须全面推行绿色制造，加快构建资源消耗低、环境污染少、科技含量高的产业结构和生产方式，实现工业生产方式“绿色化”。近年来，湖南省认真落实工信部关于工业领域实施绿色制造的部署和要求，发布了《湖南省绿色制造体系建设实施方案》等政策文件，重点围绕20条工业新兴优势产业链建设需要，积极推动绿色制造体系建设，为湖南工业高质量发展增绿赋能。

1. 加大绿色制造示范单位创建工作力度

2020年，省工信厅认真总结多年开展绿色制造体系建设工作情况，制定出台了《湖南省绿色制造体系建设管理暂行办法》，在全国率先对绿色制造体系建设实施动态管理，进一步加大了绿色制造体系建设工作推动力度。全省有3家园区获评国家级绿色园区，27家企业获评国家级绿色工厂，28个产品获评国家级绿色设计产品，3家企业获评国家绿色供应链管理示范企业，3家企业获批国家工业产品绿色设计示范企业，4家企业成功中标国家绿色制造系统解决方案供应商，13个绿色制造系统集成项目按时完成验收，全部通过工信部审核。全省有21家企业获评省级绿色工厂，6家园区获评省级绿色园区。

2. 创新性推动省级绿色设计产品评价及推广应用

制定出台了《湖南省绿色设计产品评价管理办法》，在全国率先开展省级绿色设计产品评价及推广应用，并将绿色设计产品纳入政府采购首购目录和湖南自由贸易试验区建设实施方案中，享受预留份额、首购、评审优惠以及出口减税等优惠政策。2020年共发布绿色设计产品标准制定计划41个，出台地方团体标准10个，评选省级绿色设计产品16个，向工信部推荐绿色设计产品35个、工业节能与绿色标准研究项目14个。湖南省开展工业绿色

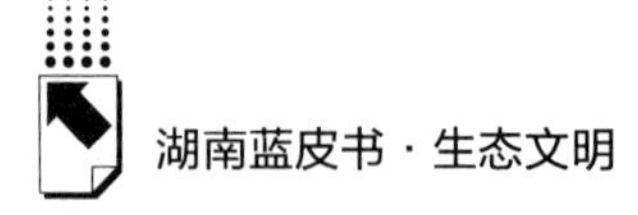

设计产品评价工作经验在工信部举办的工业绿色设计产品培训班上受邀做典型发言。

3. 组织举办绿色制造体系建设交流对接会

2020 年 9 月，在 2020 中国（湖南）国际绿色发展博览会上举办了“湖南推进绿色制造体系建设交流对接会”，邀请中南大学冶金与环境学院院长柴立元院士做了《科技创新，助推湖南工业发展》主题演讲，部分绿色园区、绿色企业代表在会上交流了绿色发展经验，对 27 家获评 2019 年度国家级绿色工厂、园区、产品、供应链企业进行授牌表彰，并与交通银行、兴业银行签订了推进全省绿色发展的战略合作协议。组织 110 余家省内企业及园区参展了本届“绿博会”。

（二）扎实推进节能与综合利用，不断提升工业能效、水效和资源综合利用率

1. 多措并举狠抓工业节能提效

节能提效是推进工业绿色发展的基础性工作。一是突出抓好高耗能的重点行业、重点企业的节能降耗，以点带面抓出成效。重点督促六大高耗能行业重点企业，改进设备、工艺技术和生产流程，强化内部节能管理，将节能措施落实到生产各环节。二是实施节能监察执法和节能诊断服务“双轮驱动”。加强高强度的节能监察执法，持续推动企业依法依规合理用能。2020 年，对炼油等 20 多个行业的 205 家用能企业实施了节能监察，其中国家重大工业专项节能监察 174 家、省级节能监察 31 家，圆满完成了 2020 年初确定的 200 家重点企业专项监察任务。据统计，“十三五”期间，全省累计查处未达到强制性单位产品能耗限额标准的违法用能企业 20 余家，查处在用落后用能设备超 2 万多台。开展节能诊断服务，发挥节能诊断服务机构作用，帮助企业查找问题，挖掘节能潜力。2020 年，共组织 28 家节能诊断服务机构对 242 家企业实施了节能诊断服务，涉及水泥、有色、电力、焦炭等 14 个行业和 92 个县（市、区），共提出 705 条节能措施建议，全部实施后每年可实现节能 15.6 万吨标煤。三是组织开展节能对标达标。一方面，组织中南大学、湖南省节

能研究与综合利用协会等单位编制了《石灰单位产量综合能耗限额及计算方法》《先进陶瓷单位产品能耗限额及计算方法》《车用退役电池材料回收综合能耗限额及计算方法》《工业固体废物资源综合利用示范企业评价方法》《工业企业能源管理与评价》等5个节能地方标准，填补了相关行业标准国内空白。另一方面，组织对标达标，争先创优。指导企业创造条件申报国家能效“领跑者”、水效“领跑者”、资源综合利用“领跑者”、“能效之星”产品目录，引导企业对标达标，加快高效节能技术产品推广应用，提高能源资源利用率，促进企业降本增效。2020年，临澧冀东水泥有限公司等3家企业入围能效“领跑者”，实现了近年来湖南省能效“领跑者”零突破；长沙云谷数据中心和东江湖数据中心入选2020年度国家绿色数据中心名单。

2. 持续推进资源综合利用

一是开展工业固体废物资源综合利用示范创建。研究出台了《湖南省工业固体废物资源综合利用示范创建工作方案》（湘工信节能〔2019〕459号），通过实施示范创建，树立行业标杆，引导和推动湖南工业固体废物资源综合利用产业向“高效、高值、规模利用”发展。2020年，全省4个工业园区、17家企业、10个项目纳入第一批示范创建计划，郴州市、耒阳市、湘乡市等3市县纳入国家工业资源综合利用基地建设名单。二是创新工作思路，积极推进新能源汽车动力蓄电池回收利用试点。湖南省是全国17个试点省市之一。2019年以来，湖南省工信厅联合省科技厅、生态环境厅等7部门印发试点方案，建立工作会商机制，成立产业联盟，强化动力电池全生命周期溯源管理，加强政策宣贯培训，各项工作取得积极进展。全省已基本形成“上游收集－检测评价－梯次利用－有价组分再生利用－残余物清洁安全处置”全产业链。2020年9月，湖南省工信厅创新工作思路，以公开招标方式征集并实施新能源汽车动力蓄电池回收利用系统集成解决方案项目，聚集省内优势资源，围绕动力电池回收利用瓶颈问题开展协同攻关，加快推动形成多方联动、资源共享的动力电池回收利用发展机制。这一工作举措得到工信部高度肯定，其门户网站报道称“湖南省大力推进动力电池回收利用试点工作，创新工作思路，积极协调利用专项资金加大支持力度，围绕动力电池回收利用瓶颈问题，聚集省内优势资源，开展协同攻关，加快推动形成多方联动、资源共享的动力电池回收利用发展机制，为全国提供了有益经验借鉴。”

3. 深入开展清洁生产

积极落实《湘江流域工业企业清洁生产实施方案》，印发了《湖南省自愿性清洁生产审核工作规程》，组织企业开展自愿性清洁生产审核，通过审核提出清洁生产方案，实施清洁生产技术改造项目，力求从源头上削减工业生产过程中污染物的产生和排放。截至2019年底，累计组织了1200余家企业通过自愿性清洁生产审核验收。2020年，全省有200家工业企业列入自愿性清洁生产审核计划名单。

4. 积极推进工业节水

按照《国家节水行动湖南省实施方案》的工作要求，湖南省工信厅与省水利厅等相关部门积极沟通协调，推进工业节水技术改造，推动高耗水行业节水增效。一是在实施工业绿色制造体系建设中推行和鼓励工业节水，将工业节水作为创建绿色工厂、绿色园区、绿色供应链企业等的一项重要评价指标。二是按照工信部及相关部委的要求，组织开展年度重点用水企业水效“领跑者”遴选工作，湖南省工信厅会同省水利厅等部门评选出省级节水标杆企业，推荐申报国家水效“领跑者”企业。三是组织节水设备生产企业申报国家绿色制造系统集成项目，株洲南方阀门股份有限公司获得国家支持。

（三）着力实施工业行业专项整治，优化提升传统产业

1. 扎实推进化工企业搬迁改造

一方面，扎实推进沿江化工企业搬迁改造。出台了《湖南省人民政府办公厅关于印发〈湖南省沿江化工企业搬迁改造实施方案〉的通知》（湘政办发〔2020〕11号）和《湖南省沿江化工企业搬迁改造实施方案》，在省政府官网上公告了沿江化工企业名单，全省距离沿江岸线1千米范围内化工生产企业110家，关闭退出30家、鼓励搬迁38家、保留42家。截至2020年底，列入公告名单的30家关闭退出类企业中，全面完成关闭退出并具备

验收条件的24家，已完成异地迁建的3家。另一方面，坚决完成危化品企业搬迁改造。制定出台了城镇人口密集区危险化学品生产企业搬迁改造实施方案，确定了需搬迁企业45家，2020年底前须完成搬迁改造的42家已提前完成。

2. 积极推进“散乱污”企业整治

建立了湖南省“散乱污”企业整治工作联席会议制度，印发了《关于印发〈湖南省“散乱污”企业整治工作方案〉的通知》（湘工信产业〔2019〕275号），全面开展摸底排查，建立工作台账，扎实推进专项整治。截至2020年底，全省共整治“散乱污”企业3675户，其中提升改造企业871户，整合搬迁企业191户，关停取缔企业2613户。

3. 依法依规淘汰落后产能

成立了以湖南省政府领导为组长的工作领导小组，出台了《湖南省关于利用综合标准依法依规推动落后产能退出的实施意见》（湘经信产业〔2018〕41号）等政策文件，设立了举报平台，以化工、钢铁、水泥、造纸等行业为重点，通过完善综合标准体系，严格常态化执法和强制性标准实施，促使一批能耗、环保、安全、技术达不到标准和生产不合格产品或淘汰类产能依法依规关停退出。2018～2020年，全省公告利用综合标准完成落后产能退出任务2724家。共查处“地条钢”生产企业24家，涉及粗钢产能约500万吨。洞庭湖区造纸企业全部退出，共淘汰35条落后生产线，涉及16家企业。

4. 扎实开展水泥行业错峰生产和水泥生产线协同处置城市生活垃圾

下发《关于做好2020～2021年大气污染防治特护期水泥行业错峰生产工作的通知》，并下达《2020年大气污染防治特护期间（2020年10月16日～12月31日）全省新型干法水泥熟料生产企业错峰生产计划》，对特护期全省水泥企业错峰生产进行了周密部署，各级工信、环保部门定期对错峰生产实施情况进行监督检查。全省63条干法水泥窑生产线全部实施错峰生产并严格执行错峰生产计划。与此同时，积极协调推进水泥生产线协同处置城市生活垃圾，承担生活垃圾及污泥协同处置任务的熟料生产线减半执行水泥错峰生产计划。现有株洲华新、祁阳海螺、双峰海螺、石门海螺、株洲中材等水泥企业投入营运协同处置生活垃圾或城市污泥，对行业稳增长、减少排放及环境治理发挥了重要作用，取得了良好的社会经济效益。

（四）加快培育发展新兴优势产业，推动湖南制造业向中高端迈进

1. 积极培育发展新兴优势产业

出台了新兴优势产业链政策升级版，持续落实省领导联系产业链制度，分链协调服务438家产业链重点企业，提升20个工业新兴优势产业链发展水平。推进重点项目建设，14个项目获国家重点专项支持近4亿元，2020年，工业投资增长11.4%，快于全国平均增速超过10个百分点。工程机械、轨道交通装备、中小航空发动机三大产业集群服务国家战略参与全球竞争的做法，在全国工业和信息化工作会议上推介。长沙工程机械、株洲先进轨道交通装备全力冲刺国家先进制造业集群决赛。确定首批17个省级先进制造业集群培育对象。引导园区产业高质量发展，创建国家新型工业化产业示范基地1个、省级基地11个。2020年制造业税收占全省税收收入的33.7%，在20个门类行业中稳居第一。新兴产业中培育出一大批规模工业企业，2016~2019年共新增规模工业企业8266家。千亿企业实现零的突破，华菱集团、湖南中烟、三一集团先后成长为千亿企业，70家企业成为国家“专精特新”小巨人企业，22个企业（产品）成为国家制造业单项冠军。

2. 积极培育壮大环境治理技术及应用产业链

环境治理技术及应用产业链是全省20条工业新兴优势产业链之一。2019年以来，湖南省工信厅积极围绕产业链开展深度调研，全面梳理产业链各环节各领域存在的问题，研究补链、强链、延链对策。一是开展调查摸底。共征集产业链重点企业46家，将其中33家年产值1亿元以上的企业纳入重点调度名单；征集产业链重点项目67个，将其中30个纳入重点调度名单。二是建立专家咨询库。共征集产业链专家20名，建立了由院士领衔的

环境治理技术及应用产业链专家咨询库。三是制定三年行动计划。向100余家企业、部门、协会征求意见，制定出台了《湖南省环境治理技术及应用产业链三年行动计划（2020～2022年）》。四是大力扶持产业链企业发展。针对产业链的薄弱环节和供需短板精准施策，积极培育专精特新中小环保企业、资源综合利用企业，扶持龙头企业做大做强。五是积极申报国家鼓励发展的重大环保技术装备目录。根据工信部、科技部、生态部办公厅开展《国家鼓励发展的重大环保技术装备目录（2020年版）》推荐工作的要求，组织开展重大环保技术装备征集遴选工作，山河智能等12家企业19项技术装备入列目录名单；九九环保、智水环境、力合科技3家企业入列国家环保装备制造行业规范条件企业名单。2020年，全产业链保持较快增长，预计全年实现主营业务收入950亿元，环境治理技术及应用产业链已成为推动全省工业经济高质量发展的新动能。

二　2021年湖南工业绿色发展工作思路及重点

（一）总体思路

坚持以习近平新时代中国特色社会主义思想为指导，以习近平总书记考察湖南重要讲话精神为根本遵循，坚决落实“三高四新”战略，践行绿色发展和生态文明理念，深化供给侧结构性改革，推动工业节能降耗、资源综合利用、清洁生产，加快构建绿色制造体系，培育壮大环境治理技术及应用产业链，做大做强节能环保产业，力促湖南工业绿色高质量发展。

（二）工作重点

1. 扎实推进工业节能提效

积极推进工业低碳发展，督促指导六大高耗能行业重点企业进一步改进工艺设备和生产流程，强化内部节能管理，提升节能降耗效率。实施节能监察执法和诊断服务“双轮驱动”，推动企业依法依规用能，充分挖掘节能潜力。加强节能监察和节能诊断结果运用，征集发布一批节能节水产品和技术目录，加快企业节能节水技术和产品推广应用。组织制定一批节能地方标准，推动节能标准体系进一步完善，运用能耗标准依法依规淘汰落后产能。推荐申报一批工信部能效“领跑者”、水效“领跑者”、“能效之星”产品目录，引导企业对标达标，促进降本增效。贯彻落实“节水优先”方针政策，推进工业节水减排，建设节水型企业。

2. 扎实推进工业资源综合利用

从减量化、资源化和再利用入手，通过项目资金、税收优惠和政策引导推动工业固废资源综合利用向专业化、规范化、规模化和绿色化发展。落实资源综合利用税收优惠政策，鼓励使用国家工业资源综合利用先进适用技术装备目录进行绿色化技改，实施再生资源准入规范管理。加快郴州、耒阳、湘乡 3 个国家工业资源综合利用基地建设，扎实开展省级工业固体废物资源综合利用示范创建。深入推进新能源汽车动力蓄电池回收利用试点，全面加强动力电池溯源管理，强化政策宣传及业务培训，创新回收利用模式，构建回收网络体系，加快发展网络完善、技术先进、管理规范的新能源汽车退役报废动力蓄电池回收利用产业链。

3. 全面构建绿色制造体系

编制实施《湖南省工业绿色发展“十四五”规划》，以工业绿色转型升级为重点，推动全省工业绿色改造、绿色制造、绿色创造、绿色智造、绿色服务和绿色消费融合互动。组织申报国家绿色制造名单，开展好省级绿色工厂、绿色园区创建工作；落实《湖南省绿色制造体系建设管理暂行办法》，加强绿色制造示范单位监管，总结推广绿色发展成果和经验。落实《湖南省绿色设计产品评价管理办法》，发布绿色设计产品名录和标准制定计划，做好省级绿色设计产品认定工作，引导企业开发绿色设计产品，实施全生命周期绿色管理，促进绿色制造和绿色消费。

4. 深入推动生产过程清洁化改造

提高先进适用清洁生产技术工艺及装备普及率。紧密结合湘江保护和治理“一号重点工程”，以长株潭城市群为重点区域，继续组织工业企业开展

自愿性清洁生产审核并推进中高费方案实施。狠抓“一江一湖四水”临近企业自愿性清洁生产审核，每年通过100家以上企业，加强沿江化工产业污染防治，优化磷化工产业布局。研究探索以园区为主体推进清洁生产新思路，创新清洁生产审核模式，分步指导和推动工业园区开展整体审核，提升工业园区清洁生产水平。

5. 积极培育壮大环境治理技术及应用产业链

组织实施《湖南省环境治理技术及应用产业链三年行动计划（2020～2022）》，围绕壮大产业规模、提升产业水平和市场竞争力，着力培育一批优势骨干企业，实施一批重大产业项目，推进一批新技术产品产业化，积极补链、强链和延链，全面推进产业链向高端化、基地化、集群化、绿色化发展。依托重点环境治理龙头企业和相关联盟、协会，强化培训和试点示范带动作用，在工业园区推行第三方治理模式。开展环境治理技术及应用产业先进技术及装备产品典型案例征集、评选和宣传推广活动，建立完善全省环境治理技术及应用产业装备产品目录。

6. 大力发展先进制造业

以推动高质量发展为主题，以深化供给侧结构性改革为主线，以智能制造为主攻方向，以20个工业新兴优势产业链为抓手，全力建设“3＋3＋2”先进制造业集群，推进先进装备制造业倍增、战略性新兴产业培育、智能制造赋能、食品医药创优、军民融合发展、品牌提升、产业链供应链提升、产业基础再造等“八大工程”，构建现代化制造业新体系，奋力打造国家重要先进制造业高地。

7. 继续推进工业行业专项整治

以化工、钢铁、水泥、造纸等行业为重点，完善综合标准体系，利用综合标准依法依规推动落后产能退出，保持打击取缔“地条钢”高压态势，做好冶金、建材、石化行业产能置换工作。继续推进沿江化工企业搬迁改造和城镇人口密集区危险化学品生产企业搬迁改造，全面完成“散乱污”企业整治，积极推行水泥行业错峰生产。

B.7
加强生态文明建设
着力改善城乡人居环境

湖南省住房和城乡建设厅

摘　要：　2020年，湖南住建系统始终坚持把生态文明建设摆在突出位置，坚决打好污染防治攻坚战，加快推进城乡环境基础设施建设，统筹抓好园林绿化、城市节水等工作，推动全省城乡人居环境得到有效改善。下一阶段，湖南将按照党中央和国务院的部署要求，进一步提高政治站位，强化工作举措，补齐短板弱项，推动住建领域生态文明建设迈上新的台阶，不断增强人民群众的获得感和幸福感。

关键词：　生活污水垃圾治理　城市节水　园林绿化　绿色出行

生态文明建设是关系党的使命宗旨的重大政治问题，也是关系民生的重大社会问题。党的十八大以来，党中央提出了一系列新理念、新思想、新战略，部署开展了一系列根本性、开创性、长远性的工作，全力推进生态文明建设。习近平总书记在湖南考察时强调，要牢固树立绿水青山就是金山银山的理念，在生态文明建设上展现新作为。2020 年以来，全省住建系统始终坚持贯彻落实习近平生态文明思想，牢记总书记嘱托，坚持生态优先、绿色发展，大力推进生态环境突出问题整改、生活污水垃圾治理、黑臭水体整治、城市节水、园林绿化、绿色出行等工作，为全省生态文明建设做出了积极的贡献。

一　2020年湖南住建系统生态文明建设工作成效

（一）生态环境突出问题整改有序推进

2020年，中央环保督察“回头看”、长江经济带警示片反馈住建领域的16个问题，已完成整改销号13个，剩余3个问题正按计划抓紧整改。坚持将突出生态环境问题整改作为湖南省住房和城乡建设厅领导联点督导工作重点任务之一，定期开展现场督导。委托第三方技术服务单位，每季度开展一次全覆盖技术服务督导，发现问题及时交办当地政府。印发《关于确保实现年度重点任务目标的若干措施》，建立联合惩戒机制。

（二）生活污水治理水平稳步提升

1. 城市污水处理提质增效

2020年，全省新（扩）建污水处理厂13座，增加处理能力42.5万吨/日，新建（改造）排水管网1576千米；地级城市、县级城市生活污水集中收集率分别较2018年底提高了10个和5个百分点；地级城市建成区污泥无害化处理处置率达到100%。编制市政排水管网数据采集和地理信息系统建设技术导则，指导30个城市启动排水管网GIS建设，62个市、县编制“一厂一策”方案；争取中央财政城市管网及污水处理补助资金3.1亿元，排全国第三，引入社会资本参与污水处理提质增效项目建设达178亿元；召开海绵城市暨污水处理提质增效培训会；开发排水与污水处理项目库系统。

2. 乡镇污水处理设施建设

2020年，全省新增建成（接入）污水处理设施的乡镇340个，实现洞庭湖区域乡镇、湘资沅澧干流沿线建制镇以及全国重点镇污水处理设施全覆盖。积极完善配套政策，出台项目审批、污水处理收费、用地保障、智慧管理、设备指南和财政奖补等6个配套政策文件。制定《全省乡镇污水处理设施建设四年行动财政奖补办法》，省财政按总投资的20%予以奖补，下达奖补资金9.5亿元。全年省以上支持达到37.2亿元。构建湖南省乡镇生活污水治理信息管理平台，全面实施智慧水务管理，努力实现“全流程跟踪、全方位监管”。浏阳市、沅江市获批全国农村生活污水治理示范县市。

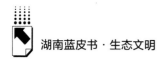

（三）生活垃圾治理能力不断增强

1. 推进城镇垃圾治理

全面推动地级城市生活垃圾分类，印发地级城市生活垃圾分类工作实施方案等系列文件，举办全省生活垃圾分类工作现场会暨“新湖南　新时尚”生活垃圾分类地铁专列发车仪式。通过宣传发动，长沙市基本建成生活垃圾分类处理系统；其他地级城市实现公共机构生活垃圾分类全覆盖，26个街道开展示范片区建设。以垃圾分类为主线，推进垃圾处理设施建设改造。全年新建垃圾焚烧厂数量和规模居全国第一，在建18个（其中新开工13个），建成5个焚烧发电项目，完成投资46.91亿元，超额完成年度任务；建成餐厨项目1个，开工7个，完成投资4.32亿元。印发《全省城镇生活垃圾填埋场问题整改推进生活垃圾处理设施建设实施方案》等文件，采取超常规措施推动填埋场问题整改，全省共投入资金12.23亿元，新增渗沥液处理能力1.13万吨/日，整改力度之大、投入之多，为历年之最，其中临湘市被2020年长江经济带警示片作为整改典型推介。

2. 推进农村生活垃圾治理

2020年，全省1277个非正规垃圾堆放点完成整治，共处理陈年垃圾3230万吨。建成乡镇垃圾中转设施123座，农村生活垃圾收运体系覆盖行政村比例达93.8%，90%以上的村庄实现干净整洁的基本要求，圆满完成农村人居环境整治三年行动目标任务。长沙县、韶山市获批全国农村生活垃圾分类与资源化利用示范县。

（四）黑臭水体整治初见成效

将黑臭水体整治纳入河长制、污染防治攻坚战考核内容，提请省河长办公布黑臭水体河湖长名单，督促各地加快整治。截至2020年底，全省184

个地级城市黑臭水体，完成整治 181 个，全省黑臭水体平均消除比例达 98.37%，各地级城市建成区消除比例均达到 90% 以上。昔日“臭水沟”蝶变为城市生态公园、网红打卡地，长沙市龙王港黑臭水体整治两次获人民日报推介，岳阳市东风湖治理重现水清岸绿获省委书记许达哲高度肯定。

（五）园林绿化管理持续加强

2020 年，永州市、湘潭县等 7 个市县申报国家园林城市（县城），创历史新高。国家级、省级园林城市（县城）占全省县以上城市比例达到 56%。修订湖南省园林城市园林县城管理办法及标准。邀请住建部专家对申报国家、省级园林城市（县城）的 10 个市县进行实地调研指导。开展园林城市系列宣传活动。建立健全管理制度，加强行业事中事后监管。积极开展公园绿地建设，全省县以上城镇建成区人均公园绿地面积 12.1 平方米、绿地率达到 36.8%，步入全国先进行列。

（六）城市节水工作取得新进展

鼓励各地积极创建节水型城市，截至 2020 年底，长沙市、衡阳市、湘潭市、桂阳县成功创建省级节水型城市；全省城市公共供水管网漏损率平均为 9.3%，31 个设市城市公共供水管网漏损率均控制在 10% 以内，地级城市均达到《城市节水评价标准》Ⅱ级以上要求。

（七）绿色出行加快推广

指导各地开展人行道净化和自行车专用道建设试点，2020 年，全省共有 28 个试点项目，累计完成投资 0.58 亿元。组织开展“922”绿色出行活动，进一步提升绿色出行的认知度和接受度。

二　湖南住建领域生态环境建设中存在的问题

（一）生活垃圾分类意识有待提升

垃圾分类宣传力度还不够大，氛围还不够浓厚，除了示范片区外，其他地区群众垃圾分类意识和参与度有待提升，居民从“要我分”到“我要分”的自觉还需时日。

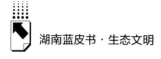

（二）需进一步加大污水治理工作力度

部分地区城市污水管网仍然存在短板，污水处理厂运营管理不规范，污水收集处理效能低；黑臭水体河长制工作落实不到位，有返黑返臭风险。

（三）公园绿地建设有待加强

人均公园绿地面积有待提升，公园绿地分布不均衡，尤其是旧城区公园绿地偏少。

三　2021年重点工作

2021 年，全省将继续深入贯彻落实习近平生态文明思想，落实“三高四新”战略，深入打好污染防治攻坚战，加快推动形成绿色生活方式，进一步提升城乡人居环境品质，为建设富饶、美丽、幸福新湖南做出更大的贡献。

（一）扎实抓好突出生态环境问题整改

全面梳理 2018 年以来中央环保督察、长江经济带生态环境警示片、全国人大执法检查等反馈的突出问题和整改情况，对已完成整改的，开展“回头看”，严防出现整改不彻底、整改效果反弹问题；对未完成整改的，与新整改任务合并，实行台账管理，制定“问题清单、责任清单、销号清单”，指导各地严格按照整改方案和销号标准要求，高质量推进问题整改。全面配合中央第二轮环保督察，并抓好交办问题整改。

（二）加快推进生活污水治理

1. 大力推进城市污水处理提质增效

落实《湖南省县以上城市污水治理提质增效三年行动工作方案（2019 ~

2021年）》，争取到2021年底，地级城市、县级城市污水集中收集率较2018年分别提高15个、12个百分点，设市城市污水处理厂进水BOD_5（五日生化需氧量）浓度在2018年基础上提高30%，地级城市进水BOD_5浓度小于100毫克/升的污水处理厂提升至100毫克/升的规模占比不低于30%。强化项目储备，积极争取各类补助资金及债券资金支持，按照“城乡一体、供排一体、厂网一体”原则，盘活存量资产，引入社会资本参与提质增效工作；督促各地尽快将污水处理收费调整到现行标准，并按照补偿污水处理成本和运行成本的原则，研究提高污水处理费标准；指导常德市、益阳市、汨罗市、醴陵市开展污水处理提质增效示范建设，召开全省污水处理提质增效现场会。强化污水处理设施运营管理，建立污水处理设施运营管理等级评价标准体系，开展运营等级评价并实行挂牌制度。

2. 积极开展乡镇污水治理

全年计划建成280个乡镇污水处理设施。出台规范乡镇污水处理设施运营管理的政策文件和技术指南，建立绩效评价体系，完善乡镇污水运营监管制度，开展技术培训。开展已建成项目“后评估”。建立乡镇污水收费制度，推动全面开征收费。持续开展乡镇污水建设和运营专项评估督导。

（三）强力推动生活垃圾治理

1. 强化城市生活垃圾分类及处理设施建设管理

成立全省城市生活垃圾分类领导小组，组织召开领导小组会议、经验交流现场会，形成高位推动工作机制。制定出台进一步推进生活垃圾分类工作实施意见等政策文件。落实《湖南省地级城市生活垃圾分类工作实施方案（2020）》，到2021年底，一个市辖区的地级城市（含吉首市）至少要将2条街道建成示范区，两个以上市辖区的地级城市至少要将1个市辖区或4条街道建成示范区。指导常德市、衡阳市开展生活垃圾分类示范，鼓励有条件的县级城市开展生活垃圾分类试点。继续开展城市生活垃圾分类评估工作。补齐垃圾分类和处理设施短板，建成长沙市生活垃圾清洁焚烧二期工程等5个项目，开工建设衡阳县等9个焚烧项目，力争设市城市生活垃圾焚烧处理能力占比达到55%以上；正在编制“全省厨余垃圾处理设施建设中长期规划（2021～2035年）”，建成湘潭市等9个餐厨垃圾处理厂，实现地级城市餐厨垃圾处理设施全覆盖；积极推进亚贷项目建设，永州市餐厨垃圾资源化利用等4个项目竣工，衡阳县豆陂存量垃圾填埋场封场等13个项目完成50%以上工程量；开展95座生活垃圾填埋场问题整改“回头看”，确保年底所有问题全部销号。着力提升设施运营水平，出台城镇生活垃圾处理设施运营等级评价管理办法、实施细则，开展运营等级评价并实行挂牌制度；编制生活垃圾中转站建设运行管理规程和评价标准，规范垃圾中转站新改扩建和运营管理。

2. 组织开展镇村垃圾治理

开展区域性的垃圾处理设施调查研究，引入社会资本参与建设和管护，推动城乡一体化的垃圾处理模式，全年计划新建乡镇垃圾中转设施100座。出台农村生活垃圾收转运体系运行维护管理指南，推动农村生活垃圾处理付费制度，建立农村生活垃圾治理信息系统，加强对垃圾收运处置设施的运行情况监测。

（四）巩固提升黑臭水体治理成效

按照“源头化、流域化、系统化”的思路，推动地级城市增加工程措施，消除地级城市建成区黑臭水体，巩固提升整治成效。稳步推进县级城市建成区黑臭水体治理。以河湖长制为抓手，建立长效管护机制，防止返黑返臭。继续开展湖南省住房和城乡建设厅领导联点督导和第三方技术服务督导，做好第三期典型案例汇编。开展澧水干流省级河长巡河，召开澧水干流省级河长会议。

（五）持续加强城市园林绿化管理

召开全省城市园林绿化工作现场会。印发《湖南省园林绿化工程质量综合评价标准（征求意见稿）》，将评价结果纳入市场主体信用记录。印发《湖南省省级园林城市园林县城管理办法》《湖南省园林城市园林县城标

准》，做好国家园林城市系列初审及省级园林城市（县城）评审工作，对达到年限的市县进行复查。对设市城市进行园林绿化等级评价。指导长沙市、常德市等有条件的城市创建国家生态园林城市。

（六）稳步提高城市节水能力

督促各地进一步加大老旧供水管网改造力度，重点抓好县城供水管网改造，实施管网分区计量、消火栓分色管理等措施，进一步降低城市供水管网漏损率。鼓励各地积极创建节水型城市，增强市民节水意识，健全城市节水管理制度，形成长效管理机制。

（七）积极倡导绿色出行

强化城市交通与其他交通方式的衔接，构建便捷顺畅的城市（群）交通网，建设快速路、主次干路和支路级配合理、适宜绿色出行的城市道路网络。积极推动人行道净化和自行车道建设工作，着力完善城市慢行系统，持续改善绿色低碳出行环境。

B.8
湖南省2020年度农业农村生态文明建设报告

湖南省农业农村厅

摘　要： 2020年，湖南省农业农村部门大力推进生态文明建设，主要在“治”“减”“禁”“用”“建”“转”“改”等七个方面发力，取得较好成绩，但也面临诸多困难和挑战。2021年，湖南将继续以习近平生态文明思想为指导，贯彻落实习近平总书记关于“三农”工作的重要论述和考察湖南时的重要讲话精神，履职尽责，落实“三高四新”战略，从农业发展方式转型、污染防治攻坚战、受污染耕地安全利用、农村人居环境整治等重点领域狠抓执行，促进农业高质高效、乡村宜居宜业、农民富裕富足。

关键词： 农业农村　生态文明　减量增效　禁捕退捕　资源化利用

2020年，湖南省农业农村发展极不平凡。面对全面建成小康社会和打赢脱贫攻坚战的艰巨任务，面对突如其来的新冠肺炎疫情和历史罕见自然灾害，全省各级农业农村部门深入学习习近平生态文明思想、习近平总书记关于“三农”工作重要论述和对湖南工作重要指示批示精神，认真贯彻落实中央和省委、省政府决策部署，以高度的使命感、责任感、紧迫感，扎实做好涉农生态文明建设工作，全省农业农村生态环境质量持续改善，为促进农业高质高效、乡村宜居宜业、农民富裕富足，提供了更优更好的生态环境。

湖南省农业农村厅把推动农业农村生态文明建设、打好农业农村污染治理攻坚战作为践行习近平生态文明思想，增强“四个意识”、坚定“四个自信”、做到“两个维护”的具体行动，强化责任担当，严格落实“一岗双责”“三管三必须”责任制，狠抓推进落实，污染防治攻坚战工作位居农口前列，被湖南省生态环境保护委员会评为优秀单位。

一 2020年湖南农业农村生态文明建设主要工作

2020 年，全省农业农村生态文明建设主要在七个方面发力。

（一）治：持续推进环境治理

1. 持续推进受污染耕地治理

湖南省委、省政府将受污染耕地安全利用工作纳入污染防治攻坚战三年行动计划和农村面源污染综合治理行动。2020 年，全省圆满完成了国家下达的受污染耕地安全利用和种植结构调整的目标任务，长株潭种植结构调整任务清零。全省组建 5 个技术团队，分片对口指导市县受污染耕地安全利用工作。率先在全国建立健全了受污染耕地安全利用工作调度、专家指导、调研督导、约谈预警、考核激励等工作机制，建立受污染耕地安全利用工作全省厅际联席会议制度、粮食质量安全管理联席会议制度，推动形成了部门配合、齐抓共管的工作格局。引进世行贷款 1 亿美元，省财政配套 8000 万元人民币，从 2019 年起支持 14 个县（市、区）开展农田污染风险管理；统筹安排省级财政资金 4.3 亿元，支持长株潭以外的县（市、区）开展受污染耕地安全利用工作。对原有的全省耕地土壤环境质量类别划分成果进行了动态调整，于 2020 年底报送农业农村部、生态环境部。强化耕地环境质量监测，基本构建了覆盖全省的农业环境监测预警网络。建立稻谷“省级抽检、市县主检、乡镇速检、企业自检”多级联动机制。加强调研督导，对工作推进不力、任务完成滞后的单位及时下发预警函、督办函，进行现场督办、挂牌督办或约谈。

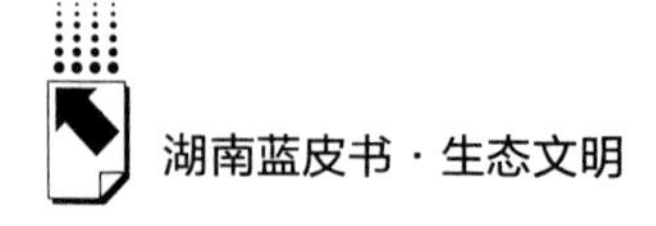

2. 抓好农业面源污染防治项目实施工作

继续做好山水林田湖草项目后续工作。开展洞庭湖化肥农药农业废弃物整治工程终期评估。强化典型流域农业面源污染治理项目监管，组织开展了南县、安乡县、屈原管理区、鼎城区4个典型流域农业面源污染综合治理试点项目验收；完成津市市、大通湖区、临澧县、湘阴县、沅江市、云溪区6个项目县2019年中央预算内投资农业项目延伸绩效评价。

3. 深入开展农村人居环境整治

湖南省农业农村厅牵头打好农村人居环境整治三年行动收官战，全省各项指标要求均已完成。突出抓好厕所革命，全面推行“首厕过关制”，改（新）建农村户厕106.1万个（含2019年超额完成的17万个），建成农村公厕1071座，浏阳市获2020年度全国农村人居环境整治国务院激励县。深入开展村庄清洁行动，珠晖区、湘阴县、零陵区、新邵县被评为全国村庄清洁行动先进县。《农民日报》等媒体多次报道湖南省农村人居环境厕所革命首创的“首厕过关制”；2020年浏阳市实景式“首厕过关制”培训示范点接待全国各地观摩学习人员2.1万人次。

4. 加强乡村治理

把农业农村生态文明建设作为乡村治理的重要内容，在加强乡村治理过程中推进农业农村生态文明建设。及时发掘全省乡村治理中的好经验、好做法，总结推介了一批好的典型。推介上报的新化县油溪桥村“积分制”、津市市“三个存折”的经验做法，被中央农办、农业农村部作为积分制治理案例（全国共6个）向兄弟省区市推广。石门县“党建引领两联两包”、津市市“三个存折”经验多次在全国会议上作为典型推介。总结推广了涟源市“屋场会”、大成桥镇“功德银行”等一批先进治理经验。总结提炼全省多方面基层治理案例，编辑印发了《湖南乡村治理典型经验》，供各地学习借鉴。对照开展扫黑除恶专项斗争的部署安排，组织全省各级农业农村部门对乡村治理领域中存在的突出问题进行了专项排查和整治。这些都有力促进了农业绿色生产、农村绿色生态、农民绿色生活。

（二）减：深入推进化肥农药的减量增效

1. 深入推进化肥减量增效

（1）深入推进化肥使用量零增长行动。通过精准施肥、调优结构、有机肥替代、改进施肥方式等途径，推动全省化肥使用量持续负增长。据湖南省农业农村厅调度统计，2020 年全省化肥使用量为 225.33 万吨（最后以统计部门发布的数据为准），较 2019 年的 229.01 万吨（《湖南农村统计年鉴》数据）预计减少 3.68 万吨，降幅达 1.61%；全省推广测土配方施肥技术面积 9920 万亩次，其中水稻、玉米等主要农作物技术覆盖率达 92.9%；推广水肥一体化技术面积 64.5 万亩，机械深施肥面积 573 万亩，推广缓（控）释肥料、水溶肥料和生物有机肥等高效新型肥料应用面积 496 万亩。

（2）开展化肥减量增效示范。创建化肥减量增效示范县 14 个，创办各类化肥减量增效示范片 398 个，示范总面积 78.5 万亩。据田间试验结果测算，2020 年全省主要农作物化肥利用率为 40.4%，实现了到 2020 年全省主要农作物化肥利用率达到 40% 以上的目标。

（3）开展果、菜、茶有机肥替代化肥行动。突出抓好新宁、汝城等 6 个部级果、菜、茶有机肥替代化肥试点示范。全省共创建有机肥替代化肥示范片 198 个、面积 35.2 万亩；推广商品有机肥 126.13 万吨，施用面积 887.5 万亩；推广堆肥等其他农家肥 768 万吨，施用面积 1372.7 万亩。

（4）恢复发展绿肥生产。稳步扩大稻田紫云英种植规模，示范推广果、茶园绿肥种植，创办绿肥生产“百千万”示范片 1392 个、面积 108.5 万亩，辐射带动全省绿肥种植 1072.1 万亩。

2. 深入推进农药减量增效

（1）农药使用量持续减少，农药利用率继续提高。2020 年全省农药使用量 4.23 万吨，比上年减少了 4.2%，实现五连减，农药利用率达 40% 以上。

（2）示范推广高效低毒低残留农药、新型高效植保机械。加强农药安全风险监测预警，对登记 15 年以上的老旧农药品种开展风险评估。加强高毒农药管理，严格定点经营，加快10种高毒农药淘汰进程。制定了经济作物、杂草、水稻主要病虫害绿色防控技术方案，组织制定《湖南省主要农作物有害生物防控科学用药推荐名录（第四次修订）》，大力推广二化螟性诱技术、实蝇诱杀技术、翻耕灭蛹控害技术、种子处理技术、科学用药技术、柑橘沙皮病综合防控技术等十大绿色防控主推技术，全面推广应用高效低毒低残留农药，全省绿色农药应用比例达90%以上。省农业农村厅与省烟草局合作，推广烟蚜茧蜂控制蚜虫技术面积93.3万亩，防治蚜虫用药量减少50%。推广橘园、茶园适度生草（留草）栽培和割草机除草技术，大大减少了除草剂用量。支持78个县（市、区）建设210个标准化区域服务站，在101个县（市、区）分类支持140家统防统治组织开展病虫应急防控服务110万亩次，并积极推动相关部门加大植保无人机购置补贴力度，支持专业化服务组织多购机、购好机、提效率。全省共有专业化统防统治服务组织1837家，登记注册的1401家，获省站授权应用专业化统防统治统一标识的691家，全省植保无人机保有量4617台。

（3）推进统防统治与绿色防控发展。全省主要农作物病虫害专业化统防统治面积2633.6万亩、覆盖率40.1%。按照湖南省委、省政府绿色兴农、质量兴农、品牌强农的要求，结合全省特色作物产业布局，创建了201个省级病虫害绿色防控示范区，覆盖水稻、茶叶、柑橘等主要农作物。创建二化螟、草地贪夜蛾、稻飞虱、抗性杂草等单一病虫草害综合防控技术示范区54个，探索农机农技融合农药减量试验示范，带动全省完成绿色防控覆盖面积超过2360万亩，覆盖率37.8%。

（4）开展农药包装废弃物回收处置试点。2020年在浏阳市、岳阳县、华容县、鼎城区、安乡县、赫山区、沅江市、湘潭县等8个县（市、区）开展农药包装废弃物回收处置试点。试点县（市、区）创建回收示范点，因地制宜，选用多种方式回收农药包装废弃物，8个试点县（市、区）回收农药包装废弃物107.3吨，并交由环保企业集中进行无害化处置。试点示范区农药包装废弃物田间回收率85%以上，农业生态环境得到净化。开展宣传培训教育活动，试点区广大农户环保意识明显增强，乱丢随弃的陋习得到

很大改变，自觉回收农药包装废弃物的良好习惯逐步养成。试点县（市、区）已初步建立以“多元化统一回收、专业化定期归集、无害化集中处理”为主要模式的农药包装废弃物回收处理机制。

3. 深入开展节水灌溉

（1）建立节水农业示范区。在推广传统农业节水技术的同时，把水肥一体化作为减肥增效、推进农业绿色发展的重要内容，2019 年安排的 35 个水肥一体化示范建设项目基本建设完成。

（2）开展节水农业工程建设或技术推广。2020 年完成 390 万亩高标准农田的建设任务，同步发展高效节水灌溉 32 万亩，在岳阳整市推进高标准农田工程质量保险创新试点。继续在湘赣边 10 个县，结合高效节水灌溉、优特色产业发展、特色小镇建设等，建设 10 个高标准农田建设示范片区，为湘赣边乡村振兴奠定坚实基础。2020 年 12 月，在全国农业农村厅局长高标准农田建设工作会议上，湖南省做典型发言。

（3）开展土壤墒情监测和信息发布。继续开展土壤墒情监测并进行信息发布，组织抗旱抗逆产品试验，推动主要经济作物水肥一体化标准制修订。

4. 淘汰老旧农业机械

湖南省农业农村厅联合财政、商务、公安等部门出台了《湖南省农业机械报废更新补贴实施方案》和《关于加快变型拖拉机报废淘汰的指导意见》，通过财政补贴政策引导，重点加强对国Ⅲ以下农业机械的监管，督促加快老旧农业机械的报废淘汰。持续开展拖拉机顽瘴痼疾专项整治，加强农机牌证管理，累计牌证注销变型拖拉机 98438 台，存量较 2017 年减少 71%。

（三）禁：重点抓好禁捕退捕

湖南省认真落实党中央、国务院重要决策部署，聚焦渔民精准识别、清船清网、渔民安置保障、打击非法捕捞等关键环节，狠抓措施落实，推动长江流域重点水域禁捕退捕工作取得阶段性重要成效。（1）落实全面禁捕政策，2020 年 1 月 1 日零时起长江湖南段、洞庭湖及全省 45 个水生生物保护区水域已全面禁捕，其他水域 2021 年 1 月 1 日零时起禁止生产性捕捞。截至 2020 年 10 月 22 日，湖南省建档立卡渔船、渔民全部退出，共回收处置渔船 27763 艘；全省 19154 本捕捞证书全部注销，渔船网具捕捞证回收处置全部完成。截至 2020 年 11 月 12 日，共清理取缔各类“三无”船舶 71981 艘，禁捕水域基本实现“四清”目标。（2）有序推进退捕渔民就业安置工作，截至 2020 年 12 月 17 日，渔民转产就业率达 99.95%，符合参保条件的 26829 名退捕渔民已全部纳入基本养老保险系统。农业农村部门与公安、市场监管等部门联合开展打击非法捕捞等专项行动，推动重点水域禁渔，秩序明显好转。（3）有效落实禁捕退资金，截至 2020 年 12 月 16 日，全省共落实禁捕退捕资金 34.05 亿元。岳阳、益阳、常德等 6 个市和临湘、汉寿、资阳、岳阳楼、辰溪等 22 个县（市、区）禁捕退捕工作走在前列。洞庭湖及大型湖泊的网箱养殖全面退出。

（四）用：加强秸秆、农膜等综合利用

1. 加强秸秆综合利用

（1）创新扶持政策。印发了《湖南省 2020 年秸秆综合利用实施方案》等 5 个工作部署文件，鼓励 2020 年中央财政支持秸秆综合利用项目县发挥好现有农业支持保护政策的绿色生态导向作用，开展制度创新试点，统筹利用好相关项目和政策，将露天禁烧秸秆与农业支持保护补贴发放、有关农业农村项目申报等挂钩，对露天焚烧秸秆形成实质性的刚性制约。

（2）创新工作方式。加强监管，积极作为，委托第三方对 2019 年中央支持秸秆综合利用的 7 个重点县（市、区）项目建设情况进行了评估。

（3）加强技术指导。2020 年 5 月成立省秸秆综合利用技术专家组，2020 年 12 月印发《2020 年湖南省秸秆产业化利用模式》。

（4）完善了秸秆资源台账。克服新冠肺炎疫情的影响，组织线上培训，完善了上接农业农村部、下贯市县的台账平台，进一步加强了全省秸秆资源台账建设，圆满完成“2020 年全省秸秆综合利用率达到 85%”的任务。

（5）搭建重点地区秸秆收储运体系。督促指导洞庭湖区加强秸秆收储运体系建设，每个县（市、区）于2020年底前建立的秸秆收储运点不少于6个，到2020年底已经建成142个秸秆收储运点。

（6）秸秆综合利用重点县建设取得预期成效。2020年在16个县市实施中央财政支持秸秆综合利用重点县项目。受益农户134.26万户，受益主体1324个。秸秆综合利用率达到90%以上的有湘潭县、长沙县、溆浦县、桃源县、慈利县、衡阳县、宁远县、醴陵市、武冈市、安乡县、桃江县、祁阳县、双峰县等13个县市，没达到90%但较上年提高5个百分点的有新化县、临湘市、华容县等3个县区。

（7）高质量完成全量利用试点县建设项目。在汉寿县实施中央财政支持秸秆全量利用试点县项目。2020年，汉寿县全年无露天秸秆焚烧着火点，全县水稻、油菜、棉花等主要农作物秸秆综合利用率达到100%。2020年6月5日《农民日报》以《“稻草+”加出了哪些宝贝》为题，用大篇幅报道了汉寿县秸秆综合利用的典型经验。

2. 推进农膜回收利用

（1）加强政策指导。湖南省农业农村厅联合省发改委等六家单位出台《关于加快推进农用地膜污染防治的实施意见》，下发年度实施方案，大力推进全省农膜回收利用工作。

（2）农膜回收率明显提升。通过推广加厚地膜、指导实施精细化捡拾作业，人工捡拾地膜的作业效率明显提升，助推全省农膜回收率提升，圆满完成“2020年全省农膜回收率达到80%”的任务。

（3）建立了农膜回收台账。湖南省参考农作物秸秆资源台账建设模式，根据农业农村部科教司农膜回收行动推进会培训的地膜回收测算公式，调整了地膜回收测算方法，并要求基层调查底账必须在县乡完整留存。

（4）开展农膜残留监测。2020年，湖南省农业农村厅共布设监测点197个（含国控点），布点密度超过农业农村部“每3万亩覆膜农田布设1个监测点”要求，圆满完成监测任务。

（5）举办农膜回收标志性活动。2020年9月，全省各级农业农村部门

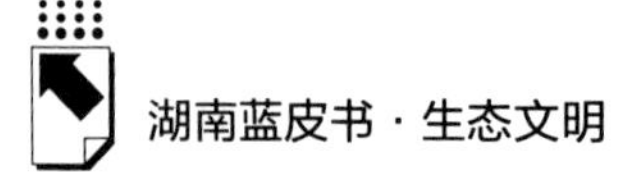

以《农用薄膜管理办法》实施为契机，加大宣传力度；积极参加2020中国（湖南）国际绿色发展博览会、第二十二届中国中部（湖南）农业博览会，设立农膜回收专题板块。

（6）加强部门联动。联合省烟草管理局构建烟用地膜回收体系，联合供销合作社试点开展农膜回收转运，联合市场监管等相关部门严格查处伪劣农膜制售。

（7）开展技术试点示范。大力推广烟草集中育苗、水稻集中育秧、玉米直播、油菜撒播等作业方式，减少塑料农膜应用。示范生物降解替代技术，如中国农业科学院麻类研究所在张家界蔬菜基地示范应用天然麻纤维全降解地膜，可以改良土壤、增加农作物产量，增产幅度最高达到50%。

（8）完善回收体系。依托当地再利用加工企业，以点带面开展农膜回收利用网络建设，成效明显。依托现有体系，如长沙市结合农资销售和垃圾处理体系，将全市所有的农资店纳入农膜回收点，在各村镇建立垃圾分拣中心实施农膜回收转运。

3. 继续加强畜禽粪污资源化利用

（1）开展畜禽粪污资源化利用整县推进并取得预期成效。推进畜禽养殖废弃物资源化利用，抓好65个国家支持生猪调出大县畜禽粪污资源化利用工作，对44个非畜牧大县，由省财政安排专项资金进行支持。2020年全省畜禽粪污综合利用率达到85%以上；全省畜禽规模养殖场17619户，完成粪污处理设施装备配套17613户，规模养殖场粪污处理设施装备配套率达到99.97%。畜禽粪污综合利用率、规模养殖场粪污处理设施装备配套率均超额完成国务院规定的目标任务。

（2）落实畜禽标准化养殖、畜禽粪污综合利用等政策。2020年湖南省农业农村厅先后会同省财政厅、省发改委就做好畜禽粪污资源化利用项目实施、中央预算内投资畜禽粪污资源化利用整县推进项目实施等工作专门下发通知，就整县推进项目实施、资金管理等提出了明确要求。联合发改、财政、生态环境等部门开展全省督导检查，对项目建设进度、质量、效益等进行检查和通报。分湘南、湘北、湘西南三个片区召开督办现场

会，现场督导项目实施。加强对各地畜禽粪污资源化利用工作进行考核，建立项目档案工作制度，对所有项目实施主体要求“一户一档”。委托第三方随机抽查项目县、规模场，对畜禽粪污治理效果进行评估，评估结果作为评价各地工作绩效的重要依据。加强项目实施信息调度，对各市州、县（市、区）项目进度实行逐月通报。推进信息化管理手段创新，长沙市自主开发“农业废弃物（粪污）资源化利用服务监管平台系统”、手机微信“粪保宝”公众服务号平台，健全电脑终端、微信公众号、短信及电话等多路径服务信息报送系统，及时为养殖场、消纳基地提供“一键式”服务，基本实现了对养殖场粪污流和第三方粪污服务公司服务流的监管。

（3）推广畜禽粪污综合利用技术模式。全省积极探索科学合理的畜禽粪污治理模式和技术，分类提出不同畜种、不同主体的处理方式、技术路线和项目组织形式，采取积极稳妥地推进步骤，全面解决规模养殖场和散养农户粪污资源化利用问题。强化行政前置审批，指导新建养殖场根据土地承载力测算要求配套用肥土地，制定粪肥还田计划，打牢农牧结合循环利用基础。积极探索不同畜种、不同主体的处理方式、技术路线和项目组织形式，总结粪污全量还田、粪便堆肥利用等 9 种典型技术模式，推广固体粪肥撒施、液体粪肥输运还田等施肥方式，形成了一批粪肥全量还田施用的典型模式，采取积极稳妥地推进步骤，全面解决规模养殖场和散养农户粪污资源化利用问题。2020 年 11 月 4 日，湖南省农业农村厅在农业农村部全国现代畜牧业推进会议暨畜禽养殖废弃物资源化利用现场会上介绍湖南省畜禽粪污资源化利用工作经验。

（五）建：建设农业农村绿色发展先行区

1. 建设农业绿色发展先行区

支持浏阳市、屈原管理区建设农业绿色发展先行先试支撑体系试点。4 个国家农业绿色发展先行区完成 2009～2019 年 7 类 504 项国家重要农业资源和农户农业资源指标数据采集与汇交。湖南省农业农村厅受邀出席中国农业绿色发展研究会成立大会，并作典型发言。浏阳市在全国农业绿色发展先行先试支撑体系建设工作培训班上做典型发言。

2. 抓好美丽乡村建设

推进“一市十县百镇”全域美丽乡村建设，完成了1个市（长沙市）、10个县（市、区）、62个乡镇开展美丽乡村建设全域推进示范创建工作，创建省级美丽乡村示范村107个、特色精品乡村80个。

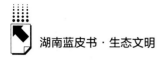

（六）转：转变生产方式促农业绿色发展

1. 建立了一批种植示范基地

重点建设一批优质湘米生产基地、绿色精细高效示范基地。2020年建设了103个绿色精细高效种植示范基地，示范带动全省种植业绿色精细高效发展。

2. 实施耕地轮作休耕试点

湖南省结合双季稻轮作试点任务，重点在11个地市的63个双季稻生产优势县组织开展“早专晚优”绿色高质高效行动，将358万亩绿色高效创建示范面积任务分解到各项目县。各地自我加压，实际落实示范面积415万亩，创建了一批绿色优质湘米生产基地，促进了全省粮食生产绿色化高质化发展。稻油水旱轮作主要安排在14个市州的83个县（市、区），实施“稻油”“稻稻油”模式180万亩。

3. 推进水产养殖高质量绿色发展

2020年，全省发展稻渔综合种养面积477.32万亩，同比增长1.66%，其中稻虾蟹养殖面积291.78万亩，占比提高到61.13%。优化布局，完成省级养殖水域滩涂规划。共有50家水产养殖单位通过了健康养殖示范创建省级验收，已向农业农村部申请批复。在湘阴县和南县支持建设了鹤龙湖特色虾蟹小镇和南洲稻虾小镇。打造了大湖有机鱼、南县小龙虾、汉寿甲鱼、鼎城鳜鱼、澧州北王鱼、资兴东江鱼、辰溪稻花鱼等一批知名水产品品牌。组织12个重点县开展稻田综合种养技术示范，每县建设2个示范片，探索发展生态种养模式，“稻鱼”“稻虾”“稻蛙”“稻

鸭”“稻鳅”等示范片亩平效益达到2000元以上。湖南省农业农村厅编制了《湖南省池塘养殖尾水治理专项建设规划（2020～2025）》；颁布了《湖南省水产养殖尾水污染物排放标准》（DB43/1752—2020），于2021年2月起正式实施。在渔业油价补贴项目资金中安排4200万元用于池塘养殖尾水治理设施化改造。重点扶持洞庭湖区集中连片200亩以上水产养殖池塘以尾水治理为目标的工程化改造。积极引导发展池塘循环微流水养殖，全省近600条水槽已投入生产。

4. 发展绿色、有机、地标农产品

2020年全省增加绿色、有机、地理标志农产品738个，增长率首次突破30%。创建绿色食品示范基地20个，全省绿色食品示范基地总数达到118个。组织完成了绿色食品猕猴桃种植技术规程等5个技术标准规范，并通过专家评审，组织完成了常德香米地标产品种植规程、绿色有机地标的标志使用与监督管理规范4个省级农业标准制订，绿色食品标准体系进一步丰富和完善。针对农产品地理标志开展绿色食品生产操作规程进企入户行动，选择了湘潭湘莲、桃江竹笋2个地标产品，制定了简版生产操作规程，组织20多家企业、400多家种植大户和普通农户进行培训，有效推动了2个地标产品的绿色种植技术推广，进一步提升了产品附加值。

（七）改：强力推进突出生态环境涉农问题整改

2020年，湖南省农业农村厅党组16次专题研究部署中央环保督察及“回头看”指出涉农问题（含全国人大水污染防治法执法检查指出问题）整改、受污染耕地安全利用、退捕禁捕等涉农污染防治攻坚战工作。2020年8月下旬，湖南省农业农村厅组织对中央环保督察“回头看”反馈问题已整改销号问题和正在整改的大友养殖场外排废水超标问题、珊珀湖水污染问题进行了现场核查，向省突出生态环境问题整改工作领导小组办公室（以下简称“省整改办”）报送了核查报告。督促益阳市人民政府于2020年9月中旬关停了湖南大有养殖发展有限公司，完成了中央环保督察“回头看”反馈的“洞庭湖区禁养区应退未退和禁养区外养殖污染问题”整改销号工作。花垣矿业3项涉农任务整改正在按序时进度推进，达到治理效果。全国人大执法检查反馈的4个问题中有2个已完成整改销号，畜禽养殖污染治理等两个需持续整改问题正按序时进度整改。配合牵头单位做好了两个长江经济带生态环境警示片交办问题整改。

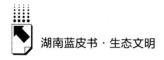

二　湖南省农业农村生态文明建设面临的问题与挑战

2020年，湖南省农业农村生态文明建设虽然取得了一些成绩，但也面临一些问题与挑战，表现在以下方面。

（一）需要久久为功持续发力

有些污染从面上看产业是农业、地域在农村，但成因复杂，是多年历史积累造成的，治理难度大，需要久久为功。个别地方、有的同志要克服畏难思想，勇于担当，坚毅前行。

（二）需要加强联动增强合力

农业是基础，农村最广袤，农业是对生态文明建设做出贡献的主要产业，农村是对生态文明建设做出贡献的关键战场。建设农业农村生态文明，农业农村部门责无旁贷，但也需要得到相关部门、全社会的支持，要形成强大的部门联动合力、社会联动凝聚力。在这方面，目前很有基础，但需要进一步加强。

（三）需要建立机制拓展成果

有的地方、个别领域对污染一时治理好了，对问题整改到位了，但后面出现了问题反弹。有的地方、个别领域仅满足于治理好问题，也确实没有出现问题反弹，但不注重拓展治理成果，没有做到举一反三、触类旁通；有的地方、个别领域主要停留于“保生态”，没有做到“保生态”与“保增收”、“保民生”的有机融合。要切实践行以人民为中心的

思想和绿水青山就是金山银山的发展理念，建立健全农业农村污染治理、生态文明建设的长效机制，巩固、拓展农业农村污染治理、生态文明建设成果。

（四）需要创新手段增强实效

除了考核、网格化管理等常规手段外，还要创新解决问题的手段，特别是在技术发达的今天，需要通过信息化建设做好一些工作的技术支撑基础。如对秸秆禁烧、长江“十年禁渔”等工作，要通过卫星遥感监测等“天网工程”，做到“人在做、天在看”，早发现、及时处理问题，并能形成威慑力。

三　2020年湖南加强农业农村生态文明建设工作的主要任务

2021年全省农业农村部门要深入学习贯彻习近平生态文明思想、习近平总书记关于“三农”工作重要论述和考察湖南重要讲话精神，全面落实“三高四新”战略，履职尽责，狠抓执行。主要做好以下工作。

（一）强化政治引领

坚持党的全面领导，树牢“四个意识”，坚定“四个自信”，坚决做到“两个维护”。把党的政治建设放在首位，不断提高政治判断力、政治领悟力、政治执行力，继续提高农业农村生态文明建设的政治站位。开展党史学习教育，大力发扬孺子牛、拓荒牛、老黄牛精神，凝聚起做好新时代农业农村生态文明建设的精气神。

（二）加强队伍建设

大力弘扬创新担当、求真务实、服务奉献的工作作风，做到想干事。进一步完善分级分类培训机制，提高业务能力素质、依法履职水平等，做到能干事。切实加强党风廉政建设，严格落实中央八项规定及其实施细则精神，确保干成事。

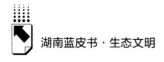

（三）深入推进污染防治攻坚战涉农工作

强化监管，巩固已整改销号涉农突出生态环境问题整改成果，防止反弹。持续发力，牵头抓好未销号和新交办生态环境突出涉农问题整改。全面落实省总河长工作会议精神，深入推进河（湖）长制涉农工作。统筹抓好农业面源污染防治，强化农业面源污染防治项目实施监管。

（四）持续推进受污染耕地安全利用

以全省耕地土壤与农产品重金属污染加密调查最新矢量数据为基础，建立健全受污染耕地安全利用台账。全面推行耕地分类管理，加强优先保护类耕地管护，稳步提升耕地土壤环境质量；在轻中度污染区推广应用品种替代、水肥调控、土壤调理等安全利用技术，完成国家下达的安全利用任务，受污染耕地安全利用率得到巩固提升。严格管控类耕地全面退出水稻生产，稳步推进种植结构调整，并加强监管。建设受污染耕地安全利用示范基地，开展新品种、新技术、新产品效果验证试验。强化受污染耕地安全利用效果的监测、评估与考核。

（五）发展绿色种植

全力完成460万亩高标准农田年度建设任务，打造一批集中连片、具有一定规模的高标准农田建设示范区，开展绿色农田、宜机化生产、耕地治理和智慧农田建设等示范，在有条件的地区开展整县推进试点。加大绿色精细高效基地建设；深入推进果、菜、茶有机肥替代化肥行动；切实抓好绿肥生产；抓好规模化经营，增强社会化服务的绿色底蕴，提升绿色生产水平。加强对秸秆综合利用和禁止露天焚烧秸秆的指导，深入推进农膜回收，巩固提升秸秆综合利用率和农膜回收率。以提升植保防灾减灾能力为主线，全面完成“植保控害保安”和“农药减量增效”目标任务。以化肥使用量零增长行动为总揽，推进化肥减量增效。稳步发展有湖南特色的节水农业。保持绿色、有机、地标产品数量持续增长，提升其品质和影响力。

（六）发展绿色养殖

以全面推进畜禽养殖废弃物资源化利用为重点，构建现代治污体系，新改扩建的规模养殖场要严格执行粪污治理设施和养殖主体的建设工程，同步设计、施工、投入使用“三同时”制度，实现粪污处理设施配套率100%；坚持生态养殖理念，按照标准化规模养殖的思路，对传统养殖方式进行升级改造。进一步对标对表中央决策部署，坚定信心决心，抓实抓细各项工作，以钉钉子的精神打好长江“十年禁渔”持久战，确保禁捕取得扎实成效，扛好禁捕大省的责任担当；持续推进健康养殖示范创建，打造稻虾特色产业区，积极推进养殖尾水治理，打造水产种业创新试验区，推进大水面生态渔业发展。

（七）深入开展农村人居环境整治

启动实施新一轮农村人居环境整治提升五年行动，积极稳定推进农村厕所革命，因地制宜建设农村污水处理设施，健全农村生活垃圾收运处置体系，持续推进村庄清洁行动和绿化行动，探索建立长效管护机制，促进农村环境持续改善。强化村庄规划引领，加强村庄风貌引导。持续实施“千村美丽、万村整治”工程，继续推进“一市十县百镇”全域美丽乡村建设，重点打造300个以上省级美丽乡村示范村、100个省级特色精品乡村。

B.9
强化河湖长制　切实守护“一江碧水”

湖南省水利厅

摘　要：　2020年，湖南深入贯彻落实习近平生态文明思想和习近平总书记考察湖南重要讲话精神，强化河湖长制，深入推进“一江一湖四水”系统联治，不断加快全省幸福河建设，河湖水生态环境持续改善，河湖长制工作成效显著，实现了从“有名”“有实”向“有力”“有效”转变。2021年，湖南将继续把践行习近平生态文明思想作为重要抓手，久久为功推进长江、洞庭湖、湘江等重点河湖治理，推进河湖历史遗留问题整改，补强河湖管护基础，持续提升河湖监管能力，全面提升河湖治理体系和治理能力现代化水平。

关键词：　河湖长制　系统联治　幸福河湖　示范创建

2020年，湖南省深入贯彻落实习近平生态文明思想和习近平总书记考察湖南重要讲话精神，坚决扛起“共抓大保护、不搞大开发”的政治责任，不断深化“一江一湖四水”（长江湖南段、洞庭湖、湘资沅澧）系统联治，河湖“清四乱”取得明显成效，“幸福河”建设有力推进，全省水生态环境质量持续改善，河长制湖长制实现了“有名”“有实”向更加“有力”“有效”转变，为加快建设现代化新湖南提供了有力保障。全省345个省级监测断面，Ⅰ～Ⅲ类水质比例上升为99.4%；60个“水十条”国家考核断面，Ⅰ～Ⅲ类水质比例上升为为93.3%。在2020年1～12月国家地表水考核断面水环境质量状况排名中，湖南省永州市、邵阳市进入前30位。2020

年、2021年湖南省河长制工作均获得国务院真抓实干督查激励，4名基层河（湖）长获得“最美河湖卫士”国家级荣誉，8个集体、33个先进个人获水利部全面推行河湖长制先进个人和先进集体评选表彰；浏阳河成功创建全国示范河流，湘西凤凰沱江被水利部评为“最美家乡河”；湖南省河长办获水利部“守护美丽河湖”微视频大赛最佳组织奖，长沙市、株洲市、湘潭市、邵阳市4个河长制办公室被长江委授予“长江经济带全面推行河（湖）长制先进单位”称号。

一　强化责任担当，持续健全完善河湖保护治理责任体系

坚持五级河（湖）长一级抓一级、层层抓落实的工作格局，健全责任体系，确保每条河流每个湖泊有人管、管得住、管得好。

一是示范履职尽责。湖南省委、省政府主要领导切实将生态文明建设政治责任、主体责任与落实河长制湖长制结合起来，分别主持召开省委常委会会议、省政府常务会议、省总河长会议等，部署安排和全面推进河湖长制工作。许达哲同志任省委书记后，首次调研就到洞庭湖区的岳阳、常德、益阳三市，现场检查当地主要湖泊综合治理情况，充分发挥关键少数的示范引领作用。省级河（湖）长认真履行巡河、管河、护河、治河责任，18位省级河（湖）长共巡河湖26次，交办整改突出问题53个；各级河（湖）长组织开展治污治乱，推进示范河湖创建，河（湖）长“头雁效应”持续显现，全年交办整改问题3.4万个，治理问题河湖221条。

二是完善制度体系。制定水安全战略规划，完成“三线一单”编制，发布全域860个环境管控单元生态环境准入清单，为保护和发展划定绿色标尺；研究制定“洞庭湖生态经济区国土空间规划（2020～2035年）”，健全河湖环境损害责任追究、生态补偿等制度机制，织牢生态环境“防护网”；修订《湖南省环境保护条例》，加快“洞庭湖保护”“河道采砂管理”立法，为推进生态强省建设提供法治保障。

三是强化监督检查。继续将河湖长制纳入省政府真抓实干督察激励事项和全省污染防治攻坚战考核范围，建立河（湖）长述职制度，发挥审计监督、政治督察、纪检监督、巡视巡察等利剑作用，19个审计台账内问题全部整改到位。湖南省纪委监委连续两年开展“洞庭清波”专项行动，着力治污、治砂、治乱、治腐，聚焦河湖长制工作政治监督，为打好污染防治攻坚战提供坚强保证。强化河湖日常监测和问题整治，运用卫星遥感技术对河湖进行常态化监测，省河长办下发交办函73个，交办问题203个，整改完成201个，约谈22人次。领导干部自然资源资产离任审计将河湖长制作为重要内容，19个审计台账内问题全部整改到位。进一步畅通群众监督举报渠道，充分利用水利部12314、省级96322、新湖南随手拍、红网@河长、信访举报等线索，核实并完成984个问题整治。

二　坚持问题导向，系统提升河湖生态环境质量

以河湖突出问题整治为重点，强化系统治理、综合治理，统筹做好“畅河、清水、绿岸、美景”各项工作，扎实推进幸福河湖建设。

一是全力攻坚重点任务。坚持综合施策、标本兼治，湖南省级安排河湖保护治理经费82.2亿元，河湖长制年度5大类33项重点任务按期完成，城镇污水垃圾处理、化工污染治理、船舶污染治理、农业面源污染治理和尾矿库污染治理有力推进。加强工业园区水环境问题排查整治，完成176个问题整改销号。推进“散乱污”企业整治，完成整合搬迁126家，关停取缔1771家。完成47座“头顶库”尾矿病库隐患治理。扎实开展农村“厕所革命”，完成农村改厕105.61万个、建成农村公厕1079座。完成2678艘400总吨以上货船、350艘400总吨以下货船生活污水处理设施安装，建成船舶污染物收集点67个。治理地级市黑臭水体181个，消除比例达98.36%。清理整治1277处“垃圾山”，处理陈年垃圾3230余万吨。建成乡镇垃圾污水处理设施668个，总处理能力达126万吨/日，覆盖率提升至45%。完成53处千吨万人、2546处千人以上水源保护区划定。全省规模养殖场粪污处理

设施装备配套率达到96%，大型规模养殖场达100%。创办绿肥种植生产“百千万”示范片1392个，辐射带动全省绿肥种植1072.1万亩，专业化统防统治面积2545万亩、覆盖率达40.8%。

二是铁腕治理重点水域。全力守护好长江母亲河，严格执行长江经济带负面清单制度，专项开展非法码头非法采砂专项整治、排污口专项整治、港口码头整治整合和长江干流岸线利用项目清理整治等专项行动，以“壮士断腕”的决心推动长江岸线生态环境保护与修复。出台《湖南省沿江化工企业搬迁改造实施方案》，关闭退出沿江25家化工企业，完成城镇人口密集区42家危化品企业搬迁改造。27个长江干流岸线利用项目清理整治全部整改销号。实施长江岸线绿化工程，完成长江岸线造林19593亩，港口码头复绿47.7万平方米，打造163千米美丽长江“风景线”。统筹安排16.4亿元和22.33亿元支持湘江、洞庭湖区域污染治理，推进涉重金属重点行业企业排查整治，优化化工产业布局，强化船舶污染防治及风险管控。在洞庭湖区开展农药包装废弃物回收处置试点。积极推进四口水系综合整治和洞庭湖北部地区分片补水工程，开展河湖水系生态连通和沟渠塘坝清淤疏浚，实现了“清水入湖、清流出湘”工作目标。依托省6号总河长令，持续推进大通湖治理，大通湖水环境明显改善，年度水质由Ⅴ类提升至Ⅳ类。持续开展蒸水、捞刀河、华容河达标攻坚战，资江全流域治锑行动，珊珀湖大通湖马家坪消劣攻坚战，确保水环境质量持续好转，舂陵水、沩水、涟水、华容河等国考断面水质均达到Ⅱ类，蒸水入河口水质为Ⅲ类。

三是着力整改突出问题。坚决抓好中央生态环保督察及“回头看”反馈意见整改，中央环保督察及“回头看”反馈的117项任务完成整改102项；2018年、2019年长江经济带警示片交办的37个问题整改销号29个，国家长江办反映的10个问题已全部完成整改；环洞庭湖突出生态环境问题995个全面整改到位。严格长江“十年禁渔”，回收处置渔船27763艘，分类处置“三无”船舶71981艘，清理整治非法矮围15处，侦办非法捕捞水产品案件624起，实现禁捕水域“四清四无”。重拳治理河湖“四乱”，沅水、西水网箱养殖和欧阳海水库“库中库”等顽疾得到彻底整治。持续推进河湖“清四乱”常态化规范化，新摸排855处“四乱”问题全部清理整改到位，新取缔非法码头106处。开展乡镇“千吨万人”集中式饮用水水源环境问题排查整治，完成800余个问题整治。

四是扎实推进生态修复。完成981个长江经济带废弃露天矿山遥感解译图斑核查，修复矿点521处、面积1884.8公顷。落实长江经济带小水电清理整改，完成457座立即退出类小水电退出。建立湿地保护网络体系，清退洞庭湖区自然保护区内欧美黑杨38.6万亩，完成65万亩湿地修复。开展国土绿化行动，启动了10条示范型省级生态廊道建设，完成扩绿增量建设12.528万亩。完成重点防护林、退耕还林、石漠化综合治理等工程人工造林98.4万亩，封山育林51.5万亩，退耕还林1.82万亩，植被恢复23.03万亩。加强水土流失综合治理，面积超1500平方千米。深化农村人居环境整治，从根本上减少污染入河湖。

三　加强探索创新，加快建设人民满意幸福河湖

以人民满意为标准，在理念思路、体制机制、方式方法、技术措施等方面探索创新，全面提升河湖保护和治理能力，打好保护治理“组合拳”，着力构建美丽、健康、幸福河湖。

一是推进示范创建。高标准推进国家示范河创建，九曲浏阳河成为水利部验收通过的全国17条示范河流之一，在新时代实现“歌”与“画”的生动融合。继续探索“一乡一亮点”创新做法，在前两年工作基础上，再度打造1991条乡镇样板河湖，为全省河湖治理树立标杆，水清岸绿日益成为全省人民最普惠的民生福祉。

二是加强跨省合作。积极参与构建跨省界河湖管护合作格局，深化湘赣边区河湖保护与治理合作，联合打造渌水跨省河湖管护样板，实现渌水省域Ⅱ类水目标；与鄂、赣两省签订《长江中游地区省际协商合作行动宣言》，与湖北、重庆、江西、广西、贵州签订河长制合作协议，实现长江流域跨省

界河湖长制合作全覆盖。在黄盖湖探索建立涉水联合执法站，严厉打击涉水违法行为，制度化、常态化推行黄盖湖保护。

三是夯实管护基础。坚持治、管、护并举，切实抓好河湖划界、岸线规划、采砂规划等基础工作，完成全省1301条河流、156个湖泊划界以及93条省市领导负责的河湖岸线规划编制，划定河湖保护管理范围和开发利用红线。严格采砂计划规划管理，批复采砂规划42个，实现“应编尽编”；严格落实河道采砂监管“四个责任人”制度，积极推广“政府主导、部门监管、公司经营”的统一经营模式，全省超过80%的河砂开采量实行政府统一监管、有序经营。在乡镇全面落实“一办两员”（河长办、办事员、护河保洁员）工作体系，开展乡镇河长办标准化建设，轮训基层乡镇河湖长和工作人员1万余人，有力补强基层河湖管护“短板”。

四是强化科技支撑。重点布局入河水体重金属污染防控以及黑臭水体治理等关键项目研发，建立100项以上关键技术成果库，为河湖治理提供支持。通过遥感卫片解译、光谱分析和实地核查等方法，以半年为周期开展河湖水资源监测、河湖水域岸线监测、水污染与水环境治理监测、水生态保护监测、国土空间开发监测、重大事件遥感应急监测，为河湖管护提供可靠的技术支撑和信息服务。运用无人机、视频监控等手段对河湖进行动态监控，将“一河（湖）一档”数据、河湖监控系统、河湖长巡河等集成为“一张图”，引导各地因地制宜运用中国铁塔、公安天网等现有资源加强远程监控、移动监管，推动“人防”“技防”结合。

五是严格涉水监管。严格涉河项目审批和水土保持审批，完成涉河项目审批349个，不予审批31个，水保方案许可3023个，不予许可35个。将河湖“清四乱”、采砂治理纳入扫黑除恶专项行动，开展河湖违法陈年积案清零行动，64起陈年积案全部清零。加大涉河违法查处力度，全省查办违法违规捕捞案件1343起，侦办非法捕捞水产品案件624起，抓获犯罪嫌疑人719人；开展非法采砂专项打击1166次，查获非法采砂机具217台、非法采砂船舶65艘、非法运砂船舶30艘，刑事拘留5人。

四　2021年强化河湖长制工作打算

2021 年，湖南将继续把全面推行河长制、湖长制作为践行习近平生态文明思想的重要抓手，深入实施“三高四新”战略，扛稳扛牢生态安全政治责任，坚持源头治理、系统治理、综合治理，统筹治污、治岸、治渔，久久为功推进湘江、洞庭湖生态保护修复，持续加强基础设施补短板、河湖历史遗留问题清理整治等工作，全面提升河湖治理体系和治理能力现代化水平，努力绘就美丽中国建设的湖南新篇章。

一是纵深推进“一江一湖四水”系统治理。加强“一江一湖四水”统筹治理，强力推进长江禁渔、河湖“清四乱”、不达标水体治理、饮用水源地安全保障、黑臭水体治理等重点工作，加强污水、垃圾等处理能力建设，强化农业面源治理，加快构建“安全流畅、生态优美、人水和谐”的河湖生态体系，构建绿色发展生态屏障。

二是持之以恒打好河湖管理攻坚战。保持河湖“清四乱”高压态势，推进河湖“清四乱”常态化规范化，分步有序推进“四乱”存量问题清理整治，将清理整治重点进一步向中小河流、农村河湖延伸。督促对省内纳入禁捕退捕范围的重要河湖、重点水域非法设置的矮围开展清理整治，在 2021 年 6 月底前全面完成清理整治。落实水利部、长江委交办问题整改，督促做好中央、省级河湖长交办涉水问题以及长江经济带生态环境警示片交办问题整改，强化督促落实。严格河道管理范围内建设项目和活动审批、监管，严防新出现未批先建、批建不符等问题。对于违法违规审批、越权审批的，依法依规对有关责任单位和责任人进行严肃追责。

三是全面规范提升河道采砂管理。按照《湖南省河道采砂管理条例》要求，规范采砂规划和许可，强化管理执法落实。落实并公布采砂管理 4 个责任人名单，进一步压实责任。指导各地落实采砂船集中停靠和采运管理四联单制度，严格管控河道采砂。组织开展河道采砂专项整治，加强采砂监督执法，切实维护河道采砂良好秩序，保障防洪、供水、通航及生态安全。加大河道疏浚砂综合利用力度，组织开展水库淤积砂利用试点，推进河道采砂与河道治理相结合，积极盘活河砂存量。

四是进一步夯实河湖管护基础。强化《中华人民共和国长江保护法》《湖南省河道采砂管理条例》宣传贯彻，加快出台《湖南省洞庭湖保护条例》，着力强化河湖管理法制保障。组织开展河湖健康评价、河湖长制工作考核和评优表彰，加强问题曝光、通报约谈和奖惩问责，进一步推动河湖长履职。加快推进河湖管理范围划定工作，完成全省水利普查名录内流域面积1000平方千米以上河流、水面面积1平方千米以上湖泊管理范围划定，加快推进规模以上河湖岸线保护和利用规划编制，加快成果“上图”应用。加强基层河长办能力建设，全面落实“一办两员”（河长办、办事员、护河保洁员）体系，加强沟渠塘坝等小微水体管护和清理整治，落实管护责任、护河保洁人员和经费保障。常态化“四不两直”暗访督察，对发现问题按照“一单四制”跟踪督办、限时办结。对群众反映强烈、领导批示、媒体曝光的突出河湖问题，实行挂牌督办，做到件件有着落、个个有回应。

五是继续加强创新示范。建立健全跨省河湖长制合作机制，继续在跨省跨界河湖管护合作上出经验、出亮点。健全河湖长制与司法衔接机制，联合湖南省检察院，全面落实“河长＋检察长”，提升河湖管护司法效能。推进智慧河湖建设，完善河湖基础数据信息化管理，推进立体化监管。以“一乡（镇）一样板”为目标，结合中小河流治理、农村水系整治、“水美湘村”建设等，分级建设一批河畅、水清、岸绿、景美的样板河湖。持续推进湘赣边河流管护合作，加快渌水、涟水、汨罗江、沤江等示范河流建设。开展美丽河湖、优秀河湖长和先进个人评选活动，在全社会营造关心支持河湖管理保护的良好氛围。

B.10

发展现代林业　建设美丽湖南

湖南省林业局

摘　要：　2020年，湖南林业系统紧紧围绕生态强省建设的目标，全面推进生态保护、生态修复、生态惠民，各项工作实现稳中有进、稳中有新、稳中向好。2021年，湖南林业系统将多维度深化改革创新，深入推进生态保护、生态提质、生态惠民，全面提升林业治理体系和治理能力现代化水平，助推全省生态功能整体性提升。

关键词：　林业治理　生态保护　生态修复　生态惠民

2020年，湖南林业部门深入学习贯彻习近平生态文明思想，认真落实省委、省政府工作部署，紧紧围绕生态强省建设的目标，全面推进生态保护、生态修复、生态惠民，各项林业工作实现稳中有进、稳中有新、稳中向好。截至2020年底，全省完成营造林1747.3万亩，为计划的104.6%；森林覆盖率达59.96%，较2019年度增长0.06个百分点；森林蓄积量达6.18亿立方米，较2019年度增长2300万立方米；草原综合植被盖度达87.04%，较2019年度增长1.6个百分点；湿地保护率75.77%，与2019年度持平；全省林业产业总产值达5104亿元，较2019年度增长1.5%；全省未发生重特大森林火灾，林业有害生物成灾率控制在国家规定的3.3‰以下。国土绿化、野生动物禁食后续工作、生态扶贫和特色产业发展三项重点工作获国家林草局通报表扬，科学绿化成效获全国林草工作会议重点推介。绿水青山已成为湖南的一张亮丽名片，为全省生态文明建设提供了有力支撑。

一　2020年林业部门的主要做法和成效

（一）生态安全屏障切实巩固

1. 强化自然保护地体系建设

湖南省委办公厅、省政府办公厅出台了《关于建立以国家公园为主体的自然保护地体系的实施意见》。自然保护地整合优化加快推进，张家界和安化整合优化试点全面完成，整合优化省级预案已呈报国家林草局。南山国家公园试点顺利通过国家评估验收，试点区范围调整工作加快推进。完成保护地内突出环境问题整改销号 3299 个，完成率达 99%。完成保护地内违建别墅清查整治省级核销，清理整改违建别墅 151 宗、802 栋。

2. 强化森林湿地资源管理

深入开展林地保护专项行动，依法查处案件 1131 宗。省政府办公厅发文部署森林督查工作，整改国家林草局森林督查反馈问题 3862 个。省委办公厅、省政府办公厅出台了《湖南省天然林保护修复制度实施方案》。公益林动态调整加快推进，建设了古树名木公园 18 个。组建了森林草原防火处，重构了林业防火体系，全年全省发生火灾次数、受害面积、损失蓄积量分别同比减少 78%、67%、66%。防治林业有害生物 373.6 万亩，开展了松材线虫病除治“百日会战”，清除枯死松树 104 万株。省级重要湿地管理制度不断健全，常德市荣获第二届生态中国湿地保护示范奖。

3. 强化生物多样性保护

在全国率先采取“一封控四严禁”措施，率先颁布《湖南省人民政府办公厅关于全面禁止非法野生动物交易、革除滥食野生动物陋习、切实保障人民群众生命健康安全的意见》，出台了退出补偿、转产帮扶政策；共处理蛇类、竹鼠、寒露林蛙 358.29 万公斤，豪猪、果子狸等 87.5 万只，到位补偿资金 5.29 亿元，湖南经验获国家林草局重点推介。成功举办第十一届洞庭湖国际观鸟节，探索启动华南虎野化放归。

（二）生态系统质量稳步提高

1. 深入开展国土绿化行动

全年完成人工造林 184.7 万亩、封山育林 361.4 万亩、退化林修复 325.6 万亩、森林抚育 875.6 万亩，实施外资造林 18.2 万亩，建设国家储备林 5.5 万亩。生态廊道建设全面铺开，制定省级生态廊道建设导则，建设了 15 条省级生态廊道。国家林木种质资源设施保存库湖南分库已批复立项，种苗质量专项整治行动成效明显，良种使用率达 90.03%。启动草原生态修复，桑植南滩、江永燕子山等草场纳入首批国家草原自然公园建设试点。重启省绿化委员会全体会议，出台了《湖南省绿化委员会工作规则》，建设义务植树基地 1887 个。

2. 全面加强湿地修复

中央环保督察交办的洞庭湖自然保护区杨树清理任务全面完成，东、西洞庭湖国际重要湿地保护与恢复工程项目建设扎实推进，编制《洞庭湖湿地保护与生态修复工程总体方案（2020～2025 年）》，完成湖区湿地修复 14.62 万亩。巩固推广退耕还林还湿成果，制定了项目维护管理技术指南，建设小微湿地保护与建设项目 34 个，试点面积 3020 亩。

3. 扎实推进城乡绿化美化

加快建设长株潭绿心地区北斗林业巡护系统，实施绿心提质项目 9000 亩。森林城市建设深入推进，省政府在全国率先对宁远县等 6 个省级森林城市授牌，建成国家森林乡村 422 个、省级森林乡村示范村 39 个。

（三）生态惠民效应日益彰显

1. 生态扶贫圆满收官

整合项目资金 6.49 亿元用于精准扶贫，新增生态护林员 2895 名，驻村帮扶、联点督察成效明显，为决胜全面小康做出了积极贡献。

2. 林业产业蓬勃发展

实施油茶低产林改造和茶油生产加工小作坊升级改造两个三年行动，完

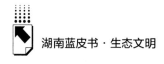

成低改示范 45 万亩，升级改造小作坊 80 个，开设了“湖南茶油”京东旗舰店，创新直播带货等销售模式，大三湘等 4 家企业入选“中国茶油”十大知名品牌，全省油茶产业产值达 518.2 亿元。竹林道路等基础设施不断完善，竹木家具生产线、“以竹代塑”新型材料等技改研发深入推进，“潇湘竹品”公用品牌加快建设，全省竹木产业产值达 1180 亿元。创建涟源龙山等国家森林康养基地 5 家，开展了风景名胜区系列宣传，全省实现森林旅游综合收入 802 亿元。新建林下经济示范基地 34 个，打造了新化黄精、慈利杜仲等特色品牌，林下经济产值达 420 亿元，种植面积 3300 万亩。科学谋划全省花木产业发展，产业集群布局初步形成，全省花木产业产值达 600 亿元。

3. 科技创新亮点纷呈

省部共建木本油料国家重点实验室、中国油茶科创谷及岳麓山种业创新中心油茶分中心建设稳步推进，组建科技攻关团队 3 个、国家创新联盟 4 个，新建国家和省级长期科研试验基地 13 个，“木本油料全资源多层次提质增效关键技术及产业化”获梁希林业科技进步二等奖。选派林业科技特派员 430 名，推广实用技术 88 项，培训林农 1.6 万人次。

（四）林业治理效能有效提升

1. 林业制度体系更加完善

林长制改革试点加快推进，开展了相关调研，起草了实施方案。集体林权制度改革不断完善，国家集体林业综合改革试验区基本建成，新增省级林业示范社 43 家，林权交易纳入省公共资源交易平台并流转林地 34.8 万亩。国有林场改革持续深化，建设林区道路 811 千米，电网移交加快推进，新建秀美林场 22 个，青羊湖森林消防直升机场启动建设。

2. 林业运行体系更加高效

林业信息化持续推进，电子政务网络外迁圆满完成，移动政务平台正式运行，信息管理系统不断优化，林业大数据体系建设稳步实施。森林公安转隶工作平稳完成。“放管服”改革全面深化，37 项省级行政审批事项全部入驻省政务大厅，林业窗口在年度考核中排名第一。督察考核力度不断加大，“挂图作战”式督察效率有效提升。

3. 林业保障体系更加坚实

《湖南省“十四五”林业草原发展规划》及 12 个专项规划编制基本完成。修正了《湖南省野生动植物资源保护条例》，开展了森林法等普法宣传。生态文化建设和林业专题宣传有声有色，开展了关注森林活动，举办了湖南林业发展 70 周年系列纪念活动，建设了省生态文明教育基地 10 个，推出了古树名木宣传片等一批生态文艺作品。省植物园转型升级成效明显，园区品质不断提升。

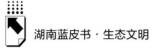

林业部门在生态文明建设中取得了一定成效，但也还存在一些问题：生态资源、林业产业的质量效益不高，整体上处于“大而不强”的阶段，绿色大省向生态强省转型任重道远；林业治理能力提升不快，管理较为粗放，缺乏信息化的管理手段、技术支撑；国有林场改革、集体林权制度改革的深化、拓展不够有力，缺乏有效的创新举措。

二　2021年湖南林业工作思路及重点

2021 年湖南林业工作的总体思路是：以习近平生态文明思想为遵循，全面贯彻党的十九大和十九届二中、三中、四中、五中全会精神，坚决贯彻习近平总书记关于湖南工作和林业工作系列重要讲话精神，严格落实省委、省政府和国家林草局决策部署，以建设生态强省为总目标，以推动高质量发展为总导向，以改革创新为根本动力，以满足人民日益增长的美好生态需要为根本目的，深入推进生态保护、生态提质、生态惠民，全面提升林业治理体系和治理能力现代化水平，助推全省生态功能整体性提升，为建设现代化新湖南做出积极贡献。

2021 年湖南林业工作的预期目标是：实现营造林 1000 万亩以上，森林覆盖率稳定在 59% 以上、森林蓄积量增长 2000 万立方米以上、湿地保护率稳定在 72% 以上、草原综合植被盖度稳定在 86% 以上、林业产业总产值增长5%以上，林业有害生物成灾率控制在3.3‰以下。

主要抓好以下重点工作。

（一）全方位强化生态保护，着力守护具有战略意义的自然资源

1.推进自然保护地体系建设

加快推进自然保护地整合优化，编制全省自然保护地专项规划，着力实现分级管理、分区管控。持续开展南山国家公园体制试点，妥善做好范围调整工作，探索构建国家公园整体空间布局。制定自然保护地建设项目责任清单，探索出台自然保护地综合执法指导意见。加快自然保护地规范化、法治化、标准化、信息化“四化”建设，妥善抓好保护地内生态环境突出问题整改。加强中国丹霞世界遗产保护管理，加快张家界大鲵自然保护区科研救护基地建设。

2.完善林草资源监管

编制林地保护利用规划，加强林地占用审核管理。编制天然林保护修复规划，推动天然林、公益林并轨管理，强化古树名木保护。抓好森林资源管理“一张图”年度更新，推进森林督察和林地保护专项行动，严厉打击破坏林地林木资源的违法行为。加强森林草原防火队伍建设，完善防火隔离带等基础设施，着力构建防灭火一体化工作体系。抓实林业有害生物防治，坚决遏制松材线虫、松毛虫等病虫害蔓延势头。推进林草融合发展，探索开展国有草场建设，强化草原征占用监管。加强湿地公园和重要湿地建设管理，开展湿地生态监测评价，完善湿地分级管理体系。

3.加强生物多样性保护

落实野生动物禁食后续工作要求，持续开展转产帮扶工作。调整省重点保护野生动物名录，出台《湖南省地方重点保护陆生野生动物驯养繁殖许可证管理办法》。以县为单位开展野生动植物资源调查，发布生物多样保护现状报告。加强麋鹿、银杉等珍稀濒危物种保护，实施野生动物疫源疫病监测预警体系、青羊湖兰花谷、华南虎野化放归等生物多样性保护重大工程，组织野生动植物日、爱鸟周等系列宣传活动。

（二）高标准实施生态提质，整体提升生态系统的质量和功能

1. 开展国土绿化行动

认真实施长（珠）江防护林、退耕还林、国家储备林等重点工程，完成人工造林150万亩、封山育林300万亩、退化林修复120万亩、森林抚育500万亩，培育良种苗木4亿株，着力实现造林、造绿、造景、造福、造富有机统一的多重效应。严格落实耕地“非粮化”“非农化”要求，科学选择造林用地。稳步推进国家草原自然公园试点，完成草地保护修复8万亩。落实省级生态廊道建设总体规划，新建示范型省级生态廊道10条。启动国家林木种质资源设施保存库湖南分库建设，强化种苗结构调整、质量监管，确保良种使用率达90%以上。大力推广“互联网+全民义务植树”新模式，开展义务植树40周年纪念活动。

2. 推动湿地生态提质

深入推进洞庭湖湿地综合治理，扎实开展南洞庭湖自然保护区杨树清理，积极修复杨树清理迹地。实施洞庭湖生物多样性与可持续发展利用项目，推进东、南洞庭湖国际重要湿地保护与恢复工程及三峡后续项目湿地保护修复工程，探索建立湿地生态效益补偿长效机制。巩固拓展“四水”流域退耕还林还湿试点成果，大力推进小微湿地保护建设试点，保护恢复一批乡村小微湿地，充分发挥湿地在农业面源污染治理中的作用。

3. 促进脆弱区生态修复

积极开展衡邵干旱走廊生态保护修复，加快实施湘桂岩溶地区石漠化综合治理项目，着力提升防风固沙、水土保持、水源涵养等生态功能。加快立地困难地区的复绿进程，大力实施矿区、受污染地区等生态脆弱区生态修复，协同推进紫色土、沙化土等区域治理，探索林草修复治理新机制新模式。

（三）立体化推进生态惠民，有效增强广大群众的获得感与幸福感

1. 巩固生态扶贫成果

合理把握节奏、力度和时限，继续在政策、资金、产业、科技方面保持

对脱贫地区的倾斜支持，推进全面脱贫与乡村振兴有效衔接。积极争取新增生态护林员指标，开展基层林业站标准化建设，落实各类生态补偿资金，在助推乡村振兴中充分发挥林业作用。

2. 发展林业特色产业

大力发展油茶、竹木、生态旅游和森林康养、林下经济、花木等五大千亿产业。发展油茶产业，实施茶油生产加工小作坊升级改造三年行动，建设160家小作坊改造示范点；实施油茶低产林改造三年行动，完成油茶低产林改造100万亩；做强“湖南茶油”公用品牌，创新市场营销模式。发展竹木产业，完善竹林道等基础设施，加强竹木机械化等技术研发应用，做优“潇湘竹品”公用品牌。发展生态旅游和森林康养产业，建设一批特色森林旅游示范基地，加强风景名胜区建设，积极参展中国森林旅游节等重大展会。发展林下经济，建设一批林下经济示范基地，培育林药、林菌、林果等多元化品牌。发展花木产业，举办省花木博览会，建设一批省级现代花木示范园、花木特色小镇和花木龙头企业。加强林产品质量安全管理，推进林业产业园建设、林业龙头企业培育。

3. 促进城乡绿化美化

出台《长株潭生态绿心地区林业资源保护与修复专项规划》，建设绿心森林资源监测一体化平台，开展林相改造、湿地修复等提质行动，全面提升绿心生态服务功能。深化森林城市建设，做好国家森林城市动态监测，完善省级森林城市评价体系，提升绿化品位，突出地域特色。推进乡村绿化美化，建设一批省级森林乡村示范村。

（四）多维度深化改革创新，稳步提高林业治理能力现代化水平

1. 深化林业体制改革

全面推行林长制，建立完整的组织体系、责任体系、制度体系、考核体系，科学设定精辟、合理的考核指标，积极探索具有湖南特色的林长制新模式、新举措，真正让林长制落地见效。深化集体林权制度改革，加快集体林业综合改革试验区建设，完善林权收储、担保、贴息、分红等机制，推动适

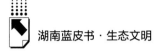

度规模经营，进一步激活和发展林业生产力。开展国有林场改革“回头看”，完善国有林场考核激励机制，加快林场基础设施建设，建设一批秀美林场和现代示范林场。

2. 推进林业科技创新

加强科技平台建设，全力支持木本油料资源利用国家重点实验室、中国油茶科创谷建设，协同推进岳麓山种业创新中心油茶分中心建设，着力打造全国一流的林业科技创新高地。加强科技难题攻关，开展林业碳汇、湿地修复、林产品加工等方面的研究，力争形成一批重大林业科技成果。加强科技人才培养，加快科技创新专家团队建设，持续实施院士培养计划、杰出青年培养计划，着力培养一批领军人才和青年人才。加强科技成果转化，持续开展林业科技特派员帮扶、送科技下乡等行动，大力推广新品种新技术，逐步提升基层林业科技水平。

3. 提升林业行政效能

加快法治化进程，推进湿地保护、古树名木保护、野生动物保护等方面的立法，开展林业普法宣传，探索完善林业综合执法体系，履行林区禁毒工作职责。推进林业再信息化，加快建设林业大数据体系，逐步建立林草云和“图、库、数”，着力构建多功能、全天候、全覆盖的生态网络感知系统。完善规范化管理，颁布实施《湖南省“十四五”林业草原发展规划》，严格资金项目管理，持续推进“互联网+政务服务”，深入开展关注森林活动，加强生态文化建设和林业宣传工作。

地区报告

Regional Reports

B.11

长沙市2020～2021年生态文明建设报告

长沙市发展和改革委员会

摘　要：　2020年，长沙市坚持“生态优先，绿色发展”的理念，统筹推进生态文明建设、疫情防控和经济社会发展，生态环境质量创近年来最好水平，全市经济实现绿色、高质量发展。要在2025年实现碳达峰，必须全面贯彻落实习近平生态文明思想，践行“三高四新”战略，深入打好污染防治攻坚战，推动突出环境问题整改，加快推进环境治理体系和治理能力现代化，以更高水平的生态环境保护推动长沙经济社会高质量发展。

关键词：　长沙　生态文明建设　碳达峰　“三高四新”

2020年，面对深刻变化的国内外形势，特别是新冠肺炎疫情带来的严重冲击，在湖南省委、省政府的坚强领导下，长沙市认真贯彻落实党的十九大以来系列全会精神，结合习总书记视察湖南重要讲话精神，统筹推进生态文明建设、疫情防控、经济社会发展各项工作，攻坚克难、砥砺奋进，努力夺取优异成绩。

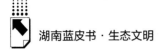

一 2020年生态文明建设成绩

生态环境质量持续改善。全市空气质量优良率为84.4%，同比上升9.1个百分点，全年无重污染天气；26个国省控断面水质优良率、湘江长沙段出境断面达标率、县级以上饮用水源地水质达标率均为100%，土壤污染地块治理与修复项目稳步推进，城乡生活垃圾分类减量全面推广，受污染耕地安全利用率、污染地块安全利用率分别达91%以上和90%以上，城市生活垃圾无害化处理率100%；区域环境、道路交通噪声均达到国家标准要求；“十三五”减排任务全面完成；未发生一般及以上突发环境事件。

疫情防控取得战略性重大成果。不到1个月，全市新增确诊病例清零；疫情防控措施有力，坚决落实“两个100%”要求，对全市所有医疗机构及设施环境监管服务实现全覆盖，医疗废物、废水及时收集处置100%落实，确保了环境安全。

经济实现高质量、绿色增长。地区生产总值、规模以上工业增加值、地方一般公共预算收入、全体居民人均可支配收入分别增长4%、5.1%、3%和5.7%。“三智一芯”产业战略布局初步成型，产业体系持续优化，长沙智能制造试点示范企业达1041家，已被批准为全国第三个、中部首个国家级车联网先导区，以产业链建设推动制造业高质量发展受到国务院通报表扬。软件、金融等现代服务业快速发展，先后引进了湘江鲲鹏、百度微算互联、中国专业IT社区（CSDN）等知名软件企业，全市拥有3万余家软件企业，金融业增加值比重已提高到7.6%。

城市宜居品质持续提升。大力整治市容环境取得明显成效，升级和改造了10条特色夜市街区，完成11条户外广告招牌示范路改造，集中解决2.5万余处“脏、乱、差”等问题。大力实施“五纵五横”道路空间品质提升工程，深入实施机场高速、杭长高速、人民东路等出入城道路绿化改造，完成长沙火车站东西广场、高铁南站西广场绿化景观提质工程，建设60个街角花园，三一大道、岳麓大道、湘江中路等20条城区主干道全面提质，有序实施太平街二期、潮宗街二期、西文庙坪等历史街区城市更新，浏阳河湿地公园成功晋级国家级湿地公园，超额完成棚改、城镇老旧小区改造任务。浏阳市上榜国家卫生城市，宁乡市获评全国文明城市。

2020年长沙市在生态文明建设方面主要做了以下工作。

（一）强化政治担当，凝聚生态文明建设工作合力

深学笃用习近平生态文明思想，为高标准打好打赢污染防治攻坚战提供坚实的理论指引。一是抓好思想建设。推动将习近平生态文明思想纳入市、区党校课程和市直单位、区县（市）党委（党组）理论学习中心组重要内容，习近平生态文明思想日益深入人心。二是坚持高位推动。市委常委会、市政府常务会、市环委会定期研究部署生态文明建设等工作，市委书记、市长讲评蓝天保卫战，市领导发挥表率作用，亲自带队巡河，污染防治攻坚已成为市人大常委会、市政协法律监督、工作监督、民主监督的重点工作，市纪委、市监委开展“洞庭清波”专项行动。生态环境保护“党政同责、一岗双责”进一步压实，“三管三必须”理念进一步深化。三是强化考核评议。出台《长沙市生态环境保护委员会工作规则》，推动区县（市）优化环委会（环委办）机构设置。将污染防治攻坚战目标任务完成情况，纳入对区县（市）的考核，并作为相关园区、环委会市直成员单位绩效考核的重要参考，以考核倒逼责任落实。

（二）强化战略定力，坚决打赢污染防治攻坚战

制定年度污染防治实施方案，铺排水、气、土、噪声项目205个，以项目建设为抓手，着力补齐生态环境保护基础设施的短板。一是蓝天保卫战成效显著。牵头制定《2020年度长沙市环境空气质量奖惩办法》，推动“十大”专项整治行动及开展蓝天保卫战交叉检查，发现问题、解决问题。全

市餐饮单位累计安装油烟净化设施15127台，净化器安装任务实现“动态清零”。改造老旧社区家庭油烟设备23万户，主城区基本完成改造任务；完成1134台燃气锅炉低氮改造，每年减少氮氧化物排放量500余吨。加快推广低挥发性有机物含量原辅材料，2020年全市总计使用低挥发性有机物含量原辅材料4.08余万吨，减排挥发性有机物1.53余万吨。查验使用非道路移动机械工地1122个，完成非道路移动机械编码登记15541台，未编码登记和排放不达标非道路移动机械实现“双清零”。超额完成30座加油站三次油气回收改造，开展成品油市场秩序专项整治，共检查加油车（站）点2770个，立案查处60家，处罚金额61.88万元。二是碧水保卫战再创佳绩。主城区已建成污水处理厂14个，污水处理能力达到247.5万吨/天，污水处理率达98.4%，污泥无害化处置率达到100%。完成乡镇污水支管网建设100千米。完成36处“千人以上”饮用水水源地划定，深入推进长沙市37个“千吨万人”饮用水水源保护区问题整治，排查发现的38个环境问题（其中夏季攻势33个）全部完成整治销号。建成区24处黑臭水体消除率达到100%。组织开展重点水域“四清四无”大排查，狠抓禁捕退捕，开展禁捕联合执法巡查行动1067次，清理取缔涉渔“三无”船舶1038艘、违规网具5492张顶，查办涉渔行政案件204起，“一江六河”基本实现“四清”“四无”。国、省、市控考核断面水质达标率继续保持100%，集中式饮用水水源地水质达标率100%，龙王港水质由2019年劣Ⅴ类提升至Ⅱ类，浏阳河获评全国首批示范河湖，打造了10条市级美丽河流、30个小微水体示范片区、136条乡镇“示范河湖”。三是净土保卫战扎实推进。长沙市受污染耕地安全利用率、污染地块安全利用率分别在91%以上和90%以上。主要农作物测土配方施肥覆盖率达到95%。主要农作物病虫害专业化统防统治已达40%，降低化学农药使用总量16.4%。完成25家重点行业企业地块布点采样调查。完成轻中度污染耕地安全利用任务52.09万亩，完成省定重度污染耕地严格管控任务0.76万亩；完成123个村生活污水治理。10个纳入长江经济带尾矿库污染防治范围的尾矿库已全部完成污染防治工作。四是声环境整治稳步推进。组织开展“三考”静音执法行动。加强交通、建筑施

工、社会生活和工业噪声污染防治，妥善处理居民噪声污染投诉，基本完成9个区县（市）噪声示范控制区建设。五是自然生态保护全面展开。加强自然保护地监管，强力推进自然保护地违法违规问题整改，“绿盾2018”专项行动自查发现53个问题已完成整改销号51个。积极做好生物多样性保护宣传。森林公园保护修复项目、退耕还林还湿建设项目、水系绿化项目完成率100%，绿心区、自然保护区涉林违法案件处理率100%。湿地生态修复方面，完成大众垸水系连通、老沩水至团头湖水系连通、新康生态清洁小流域治理、团头湖湿地修复提质等工程，完成湿地修复556亩、湿地保护13万亩。探索开展市级生态文明建设示范镇村建设，宁乡市获评“第四批国家生态文明建设示范市”。

（三）聚焦关键领域，推动节能降耗

促进工业节能，组织开展“能效之星”行动，扎实推进绿色制造体系建设。组织企业和园区开展绿色制造创建工作，12家企业入选国家绿色工厂名单，7家企业27种产品入选国家绿色设计产品名单，2个园区入选国家绿色园区名单，2家企业入选国家绿色供应链管理名单，1家企业获评国家第二批工业产品绿色设计示范企业，3家企业获评2020年国家环保装备制造业规范条件企业。狠抓建筑节能，2020年，全市完成节能设计的建筑面积3770.78万平方米，完成竣工验收节能建筑1301.82万平方米，新建建筑设计和施工阶段建筑节能强制性标准执行率为100%。全市新开工绿色建筑3770.78万平方米，占新开工建筑面积的比例达到100%，全市完成竣工验收的绿色建筑1163.25万平方米，占全部完成竣工验收的建筑面积的比例达到89.36%。推动交通节能，绿色交通稳步推进。长沙创建全国首批城市绿色货运配送示范工程初步通过验收，创建期间新增纯电动配送车辆2656辆，“专台、专网、专道、专区”建设成效显著。甩挂运输、网络货运、冷链物流、多式联运等新业态蓬勃发展。全市纯电动公交车达5274台，占比达69.6%；纯电动网约车达5806台，占比达52.2%；投放纯电动巡游出租车2000台，均位居省会城市前列。加强船舶和港口码头的源头管理，实现船舶污染“零排放”。加强公共机构节能，2020年，长沙市公共机构实现人均综合能耗下降2.5%，单位建筑面积上所消耗的能量同比下降2.5%，人均用水量同比下降3%以上。全市累计投入600多万元开展节能技改，引导公共机构利用先进科技成果降耗增效，强化节能项目的综合节能社会效益与经济效益。

（四）强化绿色发展，狠抓生态建设

在推动经济社会发展中始终坚持贯彻新发展理念，自觉践行习近平生态文明思想。一是着力优化产能结构。聚焦产业智能化、绿色化发展，进一步加快落后产能退出。淘汰落后产能造纸企业2家，搬迁改造城镇人口密集区危化品生产企业3家，整治“散乱污”企业1070家，退出养殖场538家。二是推动清洁能源建设。大力发展绿色分布式能源项目，促进分布式光伏发电应用，积极布局风力发电项目。2020年，梅溪湖国际新城区域能源站等两个天然气分布式能源项目获分布式能源专项资金补贴856.7万元，2543个分布式光伏发电项目（包括企业项目和个人项目）获得1687.07万元市级光伏发电补贴资金。全面开展国家节水型城市创建，获“省级节水型城市”称号。三是大力引导绿色生活。加快推进生活垃圾分类处置，出台《长沙市生活垃圾管理条例》，构建了以厨余垃圾、有害垃圾、可回收物和其他垃圾为基本类型的垃圾分类处置体系；积极落实两型产品支持政策，认定两型产品2053个。四是推进落实生态补偿。建立并推进落实绿心地区生态补偿机制，组织申报19个绿心民生项目，均获得湖南省两型资金支持，共计2680万元，对维护绿心地区生态平衡和发展起到积极作用。

（五）强化统筹协调，抓好突出生态环境问题整改

将生态环境保护督察反馈问题、长江经济带警示片披露问题、全国人大执法检查指出问题、审计反馈生态环境方面的问题、巡视巡察反馈的生态环境问题等一并纳入突出环境问题整改，统一调度、一体推进。中央层面反馈长沙市25个问题，已完成整改23个，剩下2个（铬盐厂、七宝山）按整改

方案实施。省环保督察反馈问题62个，已完成整改并上报销号50个，剩下12个有序推进。中央环保督察、省级环保督察、中央生态环保督察“回头看”共3639件信访件，已全部办结。完成省生态环境保护督察“回头看”进驻长沙市相关工作，450件信访件已办结308件，21个交办件、2个督办件、2个典型案例都已按要求进行整改。“洞庭清波”专项行动推动有力，省污染防治攻坚战“2020年夏季攻势”下达长沙市的6大类87个项目任务已全部完成，省污染防治攻坚战30项任务完成28项（2项同意延期），市污染防治205项任务，完成184项（6项同意延期，15个噪声项目未完成）。

（六）强化监管执法，筑牢生态环境安全基石

落实“双随机、一公开”制度，依法办理环境违法案件517起，其中一般罚款案件466起，处罚金额1592.67万元；按日计罚1起，罚款3万元；查封扣押6起；移送行政拘留36起、移送涉嫌环境污染犯罪8起，处罚案件总数、罚款总金额均位居全省前列。及时回复妥善处理环境信访投诉4907件，同比下降14.99个百分点，按时办结率100%。制定《长沙市2020年度危险化学品专项治理行动方案》，深入推进危险化学品治安管理专项治理工作。统筹医废监管不留盲区，实现对医疗废物废水的全覆盖监管，全市累计安全处置医疗废物13110吨，医疗污水处理严格落实消毒灭菌措施。组建2家船舶污染物回收企业并投入运行，具备了覆盖长沙市通航水域的船舶污染物接收处置能力，2020年监督船舶污染物回收船舶垃圾85.03吨，含油污水601.62吨，生活污水33.35吨。开展环境应急培训，完成湖南省突发环境事件应急演练。

（七）强化宣传普法，协同推进绿色低碳发展

推动《长沙市机动车和非道路移动机械排放污染防治条例》《长沙市餐饮业油烟污染防治条例》立法工作。加强普法宣传，举办“弘扬法治精神　守护绿水青山”主题宣传周活动。修订生态环境保护责任规定和较大生态环境问题责任追究办法，推进生态环境损害赔偿。开展“六五”环境

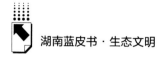

日长沙主场活动。全市蓝天保卫战宣传报道累计2700余条。推广垃圾分类，制定下发了《2020年长沙市生活垃圾分类工作方案》，发布《长沙市生活垃圾管理条例》，从“设施提标、管理提档、源头提质、法治提效”四个方面发力，推动生活垃圾分类质效提升。

（八）强化系统思维，推动环境治理体系和治理能力现代化

全面完成第二次全国污染源普查，完成“三线一单”环境分区管控编制工作，发布《长沙市人民政府关于实施“三线一单”生态环境分区管控的意见》，开展生态环境保护“十四五”规划编制。深化“放管服”改革，进一步优化营商环境。推进以排污许可为核心的“一证式”管理，全面完成长沙市所有行业14708家固定污染源清理整顿和排污许可发证登记工作。实行生态环境领域诚信动态管理，完成全市695家企业环境信用评价分级。推进排污权交易，2020年收缴排污权金额359.97万元。“智慧环保”投入试运行，国控站、省控站、组分站、小微站、雷达监测、机动车遥感、污染源在线监控等数据接入平台，逐步实现数据的共享共用、实时调取和分析研判。全面加强污染源监测，开展监测专项检查，编制“十四五”生态环境监测能力建设规划，生态环境监测网络不断完善，高标准配合好湖南省生态环境厅建成全省首个大气复合监测站。推进科技治污，全市已安装挥发性有机物在线监控系统31套，治污设施智能监控电表387套，推进省级以上工业园区大气污染防治综合平台建设。完成长沙市大气污染源清单、颗粒物和臭氧源解析项目，与株洲、湘潭、岳阳、常德、益阳等通道城市签订《大气污染传输通道城市联防联控合作框架协议》。

二　客观分析长沙生态文明建设形势，对照差距补短板

在取得显著成绩的同时，长沙生态文明建设工作压力依然很大，还面临诸多问题和困难。

从生态环境保护全局工作来看，十九届五中全会提出到2035年基本实

现美丽中国建设目标，“十四五”期间要深入打好污染防治攻坚战，从“坚决打好”到“深入打好”，保持攻坚力度，延伸攻坚深度，拓展攻坚广度，污染防治攻坚战仍是生态文明建设工作主线，持续改善生态环境质量仍是主要目标，主要污染物减排仍是重要任务。2020 年中央经济工作会议提出，二氧化碳排放力争 2030 年前达到峰值，力争 2060 年前实现碳中和。下一步将加快调整优化产业结构、能源结构，面临比发达国家时间更紧、幅度更大的碳减排任务，应对气候变化将摆在更加突出的位置。面对减排降碳新形势、新任务，生态环境保护全局工作不仅要“加码”，还要“加力”。

从长沙实际情况来看，全市生态文明建设工作开展不平衡、不充分的现象仍然存在，还面临结构性、根源性、趋势性压力。生态环境质量从量变到质变的“拐点”尚未到来，空气质量改善成效还不稳固，末端减排治理的空间逐步压缩。大气治理方面，2025 年实现碳达峰，对调整优化能源结构、产业结构、运输结构等方面提出了更高的要求。PM2. 5 和臭氧协同减排仍然是普遍性难题、大气污染区域协同推进仍待完善。水环境治理方面，城乡面源污染亟待突破、综合治理有待提高。突出环境问题还不同程度地存在。生态环境的改善幅度离老百姓对美好生活的期盼、离建设美丽长沙的目标还存在一定差距。

三　准确把握新发展趋势，科学谋划布新局

2021 年是建党 100 周年，也是“十四五”规划的开局之年。站在“两个一百年”历史交汇的关键节点和全面开启社会主义现代化国家建设新征程的起点，长沙市将继续坚定信心，振奋精神，鼓足干劲再出发。

2021 年，长沙市生态文明建设工作总体思路是：坚持以习近平新时代中国特色社会主义思想为指导，全面贯彻落实习近平生态文明思想，践行“三高四新”战略，深入打好污染防治攻坚战。全面落实“四严四基”三年行动计划，坚持一手抓源头治理和污染减排、一手抓生态保护和修复，更加突出精准治污、科学治污、依法治污，持续改善生态环境质量，推动突出环

境问题整改，有效防范生态环境安全风险，加快推进环境治理体系和治理能力现代化，以更高水平的生态环境保护推动长沙经济社会高质量发展。深入打好污染防治攻坚战，对中央、省交办的突出生态环境问题，确保按时保质保量全面整改落实到位。坚持不懈打好蓝天、碧水、净土、静音保卫战，进一步加大园区生产生活环境综合整治力度，空气质量优良天数比例持续稳步提高，确保优良率超过80%，国、省控断面水质优良率继续保持100%。建设湖南首个水生态文明展览馆。切实做好长江流域禁捕退捕工作。2021年，长沙市将重点抓好以下几个方面工作。

（一）压实生态环境保护责任，构建生态环境治理体系

一是强化理论武装。学懂弄通做实习近平新时代中国特色社会主义思想，不断提高运用习近平生态文明思想指导实践、推动工作的能力。二是提高政治站位。始终把政治建设摆在首位，增强“四个意识”、坚定“四个自信”、始终做到“两个维护”，引导党员干部坚定理想信念，践行为民宗旨。三是编制生态环境保护“十四五”规划。衔接美丽中国建设目标，编制生态环境保护“十四五”规划及相关专项规划，明确下一个五年生态文明建设工作的“时间表”和“路线图”。四是理顺生态环境保护体制机制。继续贯彻落实“四严四基”行动计划，进一步减少中间环节，完善和理顺生态文明建设工作各个环节的体制机制。五是进一步完善大环保工作格局。全面落实《长沙市生态环境保护委员会工作规则》，推动区县（市）优化环委会（办）设置，进一步优化环委会考核。出台《长沙市生态环境保护工作责任规定（试行）》和《长沙市较大生态环境问题（事件）责任追究办法》。正确引导环保社团和社会公众积极参与志愿服务，参与监督。

（二）深入打好污染防治攻坚战，持续改善生态环境质量

制定年度污染防治攻坚行动方案，科学铺排年度项目任务，全面完成省污染防治攻坚和“夏季攻势”下达的任务，继续打好蓝天碧水净土保卫战。

一是持续改善大气环境质量。完善落实“点长制”工作机制。探索大气污染防治和应对气候变化的协同治理，落实全国首批低碳试点城市相关任务，在传统产业结构转型升级、资源能源效率提升、交通运输结构优化调整、倡导绿色生产生活方式等方面精准发力，力争在“十四五”末实现碳达峰。推进 PM2.5 和臭氧协同减排、实施挥发性有机物和氮氧化物协同减排，持续加强城市建设的源头规划与治理、工业园区大气污染综合防控建设。

二是持续改善水环境质量。突出水生态、水环境、水资源“三水”统筹，不断提高水生态环境质量，全力保障全市水生态环境安全。持续开展乡镇级集中式饮用水水源规范化建设及排查整治，定期开展已划分集中式饮用水水源保护区的环境状况评估工作，加强双（多）水源或应急水源建设。巩固黑臭水体整治成效，主城区黑臭水体长治久清，县级城市建成区黑臭水体基本消除，乡镇建成区黑臭水体得到有效控制。深入开展入河排污口管理。全力狠抓城乡生活污染治理，推进污水处理能力提升、完善污水收集处理设施、推进城区雨污分流改造及“污水零直排区”建设。实行最严格水资源保护，控制用水总量、提高用水效率、切实保障生态流量。

三是持续改善土壤环境质量。紧盯受污染耕地、受污染地块安全利用率，稳步推进土壤治理与修复，提高土地安全利用水平，实现受污染耕地安全利用与粮食稳面稳产、农产品质量安全有机统一。巩固提升畜禽粪污资源化利用整市推进成果，完善畜禽粪污资源化利用“收、贮、运、消、用”机制。持续开展场地环境调查。强化土壤重金属污染风险管控及治理修复项目管理。加强污染源监管及建设用地土壤环境管理，严防新增土壤污染、严管土壤环境风险；加快农村环境综合整治，逐步开展地下水污染防治。

四是持续推进噪声污染治理。开展噪声在线监控设施和噪控区建设，进一步理顺工作职责，推动噪声污染投诉问题的解决，加强工业企业噪声污染防治，进一步规范建筑工地夜间施工审批，推动噪声自动监测系统建设。

五是强化危险废物、医疗废物收集处置。加强医废中心、危废中心的环境监管，推动医废焚烧项目实施，落实危险废物清单管理，做好有害垃圾分类指导，强化尾矿库污染防治，建立尾矿库污染防治长效机制。加强核与辐射安全的宣传。

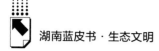

六是持续抓好自然生态保护。持续推进“绿盾”专项行动以及问题整改销号，深入开展生态文明示范创建活动，有序开展市级生态文明建设示范镇（乡）、村建设，探索推进生物多样性保护。

七是推动突出生态环境问题整改。制定省生态环保督察“回头看”反馈问题整改方案，严格整改标准，加强现场核查，严把销号流程，建立健全长效机制。巩固四次环保督察整改成效，严防问题反弹。坚决杜绝虚假整改、表面整改、敷衍整改和“一刀切”整改。做好第二轮中央生态环境保护督察的配合工作，抓好反馈问题整改。

（三）强化执法监督管理，提高依法行政水平和能力

一是强化依法行政。推动出台《长沙市机动车和非道路移动机械排放污染物条例》《长沙市餐饮业油烟污染防治条例》，落实行政执法“三项制度”，加强普法宣传，加快推进生态损害赔偿。二是规范执法行为。进一步厘清执法事项，做到生态环境保护领域执法全覆盖。进一步规范行政处罚自由裁量权。构建以“双随机一公开”为主、专项行动为辅的生态环境执法工作模式。三是推动企业守法。加强“两法衔接”，依法查处环境违法行为。开展环境守法培训、环保警示教育，增强企业履行环境污染防治主体责任的意识。严肃查处环境违法行为，及时曝光典型案例，做到警示一批、震慑一片。四是严防环境风险。组织开展突发环境事件应急处置和应急防护等培训、交流，提高环境应急综合能力；深入推进应急联动机制建设，探索建立相邻区域应急处置人员、资源合作共享机制；提升环境应急管理信息化水平；开展环境应急演练，防范重大生态环境风险，及时妥善处置环境舆情。

（四）夯实基础强化支撑，协同推进经济高质量发展

加强“三线一单”成果运用，推动生态环境分区管控，推进市级“三线一单”成果融入“多规合一”平台。落实“放管服”改革要求，强化环

评质量和环评机构的监督管理，初步构建环评与排污许可全过程监管体系，实施和发挥好审批监管正面清单作用。完善排污许可“一证式”监管，推进环评与许可的有机衔接，推进环评与排污许可信息化试点工作。深化排污权管理工作，加大减排力度，加快推进排污权进入公共资源交易平台网上交易；推进园区和企业环境影响信用评价工作。落实园区环境管理年度报告和自评估制度。推进区县监测站能力建设，强化污染源监测管理，加强监测质量监管，进一步优化生态环境监测网络，构建生态环境监测大数据平台。强化信息融合，将机动车环检、入河排口监控等纳入“智慧环保”平台，不断提升科学化、信息化管理水平。

B.12
株洲市2020～2021年生态文明建设报告

株洲市人民政府

摘　要： 2020年，株洲市全面贯彻落实习近平生态文明思想，以“四严四基”“四战两行动”为总体部署，坚持真抓实干，生态环境质量创历史新高。但是，全市生态文明建设还面临不少困难和问题，PM2.5未达标，城镇污水管网不配套，老工业区污染场地治理和修复任务繁重。2021年，株洲市将全面构建治理新体系，分类治理，精准治污，标本兼治，持续加强环境监管执法，坚持整改常态化，持续打好污染防治攻坚战，奋力推进株洲生态文明建设实现新的更大跨越。

关键词： 株洲　生态文明　“四严四基”　分类治理

一　2020年推进生态文明建设情况

2020年，株洲市坚决贯彻落实习近平总书记生态文明思想，积极应对新冠肺炎疫情挑战，扎实推进生态文明建设工作，全面实现了“蓝天三百天、全域二类水、土净生态美”等目标，全市生态环境质量创历史新高，获评“中国绿水青山典范城市”。

株洲空气常新，天空更蓝。市区空气优良天数为317天，优良率为86.6%，分别较2019年增加了37天，上升了9.9个百分点，居长株潭地区第一名。空气污染综合指数为3.81，下降了17.5%，居长株潭地区第一名。主要污染物PM2.5、PM10平均浓度为38微克/立方米、51微克/立方米，较2019年分别下降19.1个和22.7个百分点。在全国168个重点城市空气改善幅度排名中，株洲市排名全国第十、全省第一。

株洲水质常优，河湖更清。全市主要地表水水质达到国家Ⅱ类标准，其中渌江水质改善明显，已提升到国家二类标准；湘江株洲段和洣水水质已稳定保持在国家Ⅱ类标准以上，集中式饮用水水源地水质保持100%达标。工业废水排放量预计为1865.47万吨，较2019年减排207.28万吨，减排率达10%。化学需氧量、氨氮累计减排1000吨、120吨，全市水环境质量稳步提升。

株洲山林常青，土地更净。全市新增造林面积9.96万亩，森林覆盖率达62.11%。工业固体废物综合利用率提升至90%，累计安全转移危险废物4万吨。市区污染地块安全利用率已达90%以上，污水处理厂污泥无害化处置率为100%，污染耕地安全利用率已提高到91%，全市土壤环境质量持续提升。

（一）聚焦蓝天三百天，全力打好“蓝天保卫战”

坚持在大气污染防治“五控”上下功夫、求实效，全面实现“蓝天三百天”目标。一是“控排”。实施大气污染治理项目84个，其中全面完成“2020年夏季攻势”挥发性有机物治理项目24个，累计整治“散乱污”企业237家。全面加强特护期大气污染防治工作，实行大气污染防治日调度、日考核、日通报制度，实现大气巡查常态化。二是“控尘”。严格落实扬尘防治“八个100%”，累计查处道路扬尘、工地扬尘污染案件426起。建成智慧渣土监控平台，安装渣土工地视频监控系统59套，新增市区扬尘网面积约415万平方米，完成新型智能环保渣土车更新换代585台。持续提升机械化清扫率，城区道路机械化清扫率达91.4%。三是“控车”。划定非道路移动机械禁止使用区域，实施非道路移动机械编码登记。狠抓机动车尾气管控，累计查处排放不合格机动车3813起，淘汰老旧柴油车26辆。四是“控烧”。累计取缔随意焚烧秸秆、生活垃圾等行为800余次，形成了“市级督察、县（市、区）检查、乡镇监管、村居落实”的四级网格化监管责任体系。五是“控煤”。全面强化餐饮油烟污染整治，安装高效油烟净化设施535家，完成2万余户老旧居民区家庭餐厨油烟净化治理，整治违规使用散煤行为23起。

（二）聚焦全域二类水，全力打好“碧水攻坚战”

坚持“治源、治污、治岸”系统治水，全力提升水环境质量，圆满实现“全域二类水”目标。一是治源。严格落实“河长”制，持续强化入河排污口排查，累计排查排口569个，整治河湖“四乱”问题96个。加强饮用水水源地保护，整治千吨万人饮用水水源地环境问题20个，建成湘江株洲段一级水源保护区隔离防护栏。全面完成267座小水电站清理整治任务、饮用水水源环境状况年度评估工作，以及千人以上集中式饮用水水源地保护区划分工作。二是治污。大力开展石里铺河、明兰河、磨子石河治理工作，全力打造渌江省际样板河。深入实施75个水污染防治重点项目，加快建设8个工业园区工业污水处理设施收集管网，以及15个黑臭水体治理项目。新增乡镇污水处理厂5个，新建四格净化池2200户，实施村污水处理设施建设工程150个，治理农村生活污水60个村。积极引进长江生态环保集团参与城区污水系统综合治理。三是治岸。常态化推进河道保洁，在重要水域和县际交接处安装河道保洁监控点24小时动态监控，累计打捞各类垃圾近2.5万吨，实现岸上垃圾不入河、河面垃圾不出境。

（三）聚焦土净生态好，全力打好“净土持久战”

全力对土壤污染削存量、控增量，全面消除环境风险隐患。一方面，积极削存量。深入开展重金属污染排查工作，累计排查企业598家，确定全市有关疑似污染地块93块。全面实施醴陵市利川村烂泥冲金矿历史遗留废渣治理工程、石景冲铅锌银矿选矿区重金属污染综合治理项目，完成原株洲县特种金属冶化公司重金属污染风险管控项目治理。狠抓农村面源污染治理，完成受污染耕地安全利用76.3万亩。另一方面，严格控增量。强化化肥、

农药等污染控制，主要农作物化肥、农药使用量持续保持负增长，秸秆资源化利用率达到85%以上。特别是在新冠肺炎疫情期间，在处置本市医疗废物的基础上，积极承担湘潭和益阳两市医疗废物的处置任务，累计处置医疗废物达5280.73吨，为全省的医疗废物处置工作做出了突出贡献。

（四）老区旧貌换新颜，持续打好老工业区整体搬迁改造攻坚战

一方面，全面实施清水塘污染场地修复和治理，加快推进世界银行贷款项目，修复和治理污染场地片区5个，累计修复与风险管控污染土壤3618亩。开展企业地块环境调查59家，完成鑫达冶化、荷花水泥等企业地块污染土壤修复治理，实现污染土壤安全利用率100%。另一方面，全面推进生态科技产业新城建设，确保“三基本一同步”。已基本完成清水塘老工业区厂外生态治理，陆续开工三一装备石油制造、滨江绿地科创园等一批绿色产业项目，正在积极推进“一桥一塘二十二条路”建设，科技创新产业区、高端制造产业区、文创商贸产业区、口岸经济产业区4个产业功能区加快建设，一座生态文化科技新城正在加速崛起。

（五）聚焦城乡环境美，持续推进“两大行动”

全方位、全地域、全过程开展生态文明建设，努力让城乡居民望得见山、看得见水、记得住乡愁。全面推进国土绿化行动。实施城市生活垃圾分类试点工作，扎实推进贺家土街道、桂花街道等5个垃圾分类示范街道建设。强化自然保护地整合优化，将原26个自然保护地整合为17个。大力开展野生动物疫情防控和处置，建成陆生野生动物收容救护中心。绿化补植补造农村道路480.19千米，完成省级生态廊道建设0.2万亩。推进农村人居环境整治行动。新、改、扩建农村无害化户用卫生厕所5万个，农村户用卫生厕所达到59.6万个；集中开展“四类房”专项整治行动，累计拆除影响农村村容村貌的房屋建筑和设施4.2万余间。基本建成120个小型分散式污水处理设施，全市90%以上的村庄、40%的农户参与评选“清洁家园”“最美庭院”。农村生活垃圾治理工作经验在全国推介。

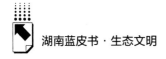

（六）聚焦群众幸福感，持续推进环境问题整改

坚持把中央、省环保督察问题整改作为落实上级决策部署的重大政治任务，作为做到“两个维护”的具体行动，作为改善民生、改进工作的重要机遇，创造性实施“一单五制”工作法，对突出环境问题整改实施动态管理，加快推动问题整改。当前，中央生态环境保护督察及“回头看”反馈交办的484个问题，已完成483个；省生态环境保护督察交办的515个问题，已完成502个；省生态环境保护督察“回头看”交办的289个问题，已办结230个，均达到中央和省委、省政府整改进度要求。同时，在突出环境问题整改工作中，开创性地引入第三方评估方式，累计评估项目873个，督促再整改145个。

（七）聚焦监管执法严，持续强化环境监管能力

坚持从源头、过程、后果等各个环节强化环境监管，确保环境安全。一是坚持源头严防。全年市本级审批新、改、扩建项目51个，否决不符合城市发展定位和环境保护要求项目12个，建设项目环境影响评价和环保“三同时”执行率100%，108个行业固定污染源排污许可发证登记工作全面完成，在全省率先发布长江经济带株洲“三线一单”。二是坚持过程严控。深入推广“电力大数据＋环境监管”模式，累计安装智能电表237套，以用电状况监控企业环保设施运行情况。同时，抓住新一轮机构改革的契机，在全省率先推出“四办合一”改革，将市两型办、创建办、河长办、湘江办合并改组为市生态文明建设服务中心，减少了管理部门，初步破除“多头管理”的顽疾。三是创新联合执法机制。建立了“4＋1”轮值巡查制度，多次联合开展生态环境专项执法行动。全年株洲市立案209起，罚款934.82万元，行政拘留12人。

（八）聚焦“三管三必须”，持续压实生态环境责任

全面压实“管生产必须管环保、管发展必须管环保、管行业必须管环

保”的要求，切实做到守土有责、守土负责、守土尽责。一是坚持全面部署。第一时间召开市委常委会、市政府常务会、专题部署会等会议，学习传达习近平生态文明思想和全国、全省生态环境保护工作会议精神，召开污染防治攻坚战暨生态文明建设大会等会议，出台《株洲市污染防治攻坚战2020年度工作方案》等文件，对“四战两行动”进行全面部署，压实责任，狠抓落实。深化改革。全面推进生态体制“三收三留”工作，完成综合行政执法力量下沉和县（市、区）生态环境职能上收，积极配齐、配强生态环境队伍，基本厘清全市生态环境职责。全市生态环境系统干部管理、工作运行、机制保障日趋完善。二是强化引导。在“6·5”环境日活动中，产生了一批极具株洲特色的生态环境文化产品，如《生态文明之歌》《荣耀与梦想》等优秀作品。生态文明“六进”活动获评“美丽中国，我是行动者”公众参与宣传活动候选案例奖；在全省率先完成“四严四基”试点任务，并获得国家生态环境部高度肯定，典型经验向全国推荐。

同时，全市生态文明建设还面临不少困难和问题。大气环境方面，臭氧污染、餐饮油烟污染问题还比较多，PM2.5离达标还有一定距离，少数建筑工地和渣土运输车辆责任主体对扬尘治理不重视，机动车保有量快速递增，且城区无物流集散地，对城区大气环境质量的影响日趋明显。水环境方面，城镇污水管网不配套，既有管网破损、渗漏、混接情况严重，巩固黑臭水体整治成果不易；畜禽养殖废水处理设施薄弱，治理难度较大；饮用水源保护区内垂钓、游泳等现象时有发生。土壤环境方面，清水塘老工业区污染场地治理和修复任务繁重，农村不合理使用农药化肥、农膜现象普遍，等等。

二　2021年株洲市生态文明建设思路、工作重点及建议

2021年，既是“十四五”开局之年，又是中国共产党成立100周年，也是株洲市建市70周年。全市2021年生态环境工作预期目标是：巩固“蓝

天三百天”目标，市区空气优良率达到81%以上，各县（市、区）持续保持并改善空气质量。巩固“全域Ⅱ类水”目标，湘江株洲段、洣水、渌江整体水质持续改善，保持或优于国家Ⅱ类标准，饮用水水源地水质100%达标。巩固“土净生态好”目标，土壤环境质量总体保持稳定，受污染耕地安全利用率达到91%以上，污染地块安全利用率保持在91%左右，环境风险得到有效管控。

围绕上述工作目标，株洲将坚持以习近平生态文明思想为指引，以“四战两行动”“四严四基”为总体部署，更加坚定生态文明建设的信心和决心，奋力推进株洲生态文明建设实现新的更大跨越，以优异成绩庆祝建党100周年。重点抓好以下工作。

（一）坚持党的领导，全面构建治理新体系

始终坚持党对生态环境工作的全面领导，构建听党指挥、服从命令、能打胜仗的环境治理新体系。强化管理机制。坚持将习近平生态文明思想列入全市各级党委（党组）理论中心组学习的重要内容，切实将学习成果转化为推进生态文明建设、做好生态环境保护工作的强大动力和精神源泉。以实施“三高四新”战略为总目标，加快出台《株洲市“十四五”生态环境保护规划》，始终坚持方向不变、力度不减，持续加大污染防治攻坚力度。构建联动机制。全面巩固“党委领导、政府负责、人大政协监督、部门齐抓共管、全社会共同参与”的生态环境工作大格局，持续完善生环委会及其办公室运行机制，健全调度、督察、会商、约谈等长效管理制度，将生态环境保护执法机构纳入执法保障序列。在乡镇一级进一步明确承担生态环境保护责任的机构和人员，并将生态环境保护工作纳入村一级网格员的职能范围，确保责有人负、事有人干。优化考核机制。加快修订出台《株洲市环境保护工作职责规定》《株洲市重大生态环境问题（事件）责任追究办法》等，持续优化生态环境绩效考核指标体系，全面明确地方党委、政府的主体责任及相关部门的监管责任，切实将生态环境保护“三管三必须”要求落到实处。

（二）坚持精准治污，全面加强大气污染防治

持续在工业废气、扬尘污染、汽车尾气、生活废气等治理上下功夫，全力巩固“蓝天三百天”。狠抓工业废气治理。持续推进工业挥发性有机物综合整治，确保表面涂装、包装印刷和家具制造等重点行业达标改造。重点抓好大气污染防治“特护期”工作，完成长株潭大气污染联防联控年度任务。狠抓扬尘污染治理。严格落实建筑工地扬尘防治“八个100%”，实现规模以上施工工地扬尘在线24小时监测全覆盖。持续推进道路扬尘整治，完成城郊接合部裸露地面硬化和绿化。狠抓汽车尾气治理。进一步加强中重型柴油货车限行管控，严查排放不合格及冒黑烟的车辆，全面完成柴油车辆年度淘汰任务。强化对船舶发动机及相关设施的排放检验，严禁向非道路移动机械、内河直达船舶销售渣油和重油。狠抓生活废气治理。严格落实烟花爆竹禁限燃放措施，严禁秸秆、生活垃圾露天焚烧，力争秸秆综合利用率提高到85%以上。狠抓餐饮油烟综合整治，强化散煤污染整治，依法查处违规销售散煤行为，严防复燃复烧，深入推进清洁能源改烧工程。

（三）坚持分类治理，全面推进水污染防治

有序推进水污染防治工作，持续改善水环境质量，全面巩固“全域二类水”。深入开展水污染治理。全面推进“河湖长”制，完成湘江保护和治理第三个“三年行动计划”，打造渌江省际样板河。深入开展入河排污口排查整治工作，提升入河排污口管控水平。狠抓城市水体“长治久清”，进一步完善城镇污水收集管网建设，继续推进城镇污水提质增效第二个“三年行动”，消除城中村、老旧城区和城乡接合部生活污水收集处理设施空白区，建立污水收集处理系统长效管理机制，建成区污泥无害化处置率达到95%以上。全力改善农村水环境。加快推进38个乡镇污水处理厂建设，流域内较大规模的建制镇污水处理设施全覆盖，确保农村污水排放得到管控。坚决关闭和搬迁畜禽禁养区内有污染排放养殖场，持续推进分散式畜禽养殖场污染治理和粪污集中处置设施建设。加强饮用水源地保护。制定全市主要

江河流域控制断面生态流量方案，加强生态流量（水位）监测预警，坚决取缔饮用水源保护区内违法违规建设项目。严厉打击营运船舶乱扔生活垃圾、乱排油污水等行为，依法取缔河道非法采砂，关闭非法砂石码头。

（四）坚持标本兼治，全面开展土壤污染防治

严格按照国务院《土壤污染防治行动计划》（又称“土十条”）“建体系、抓落实”的要求，全面巩固“土净生态好”目标。加强土壤环境基础性工作。强化全市污染土壤的调查、监测、评估和风险管控，实行建设用地准入管理。积极开展涉镉重金属污染企业整治，突出抓好固体废物和磷污染综合治理，强化污染地块管控和修复。扎实推进城乡垃圾分类，到2021年底前全市城区5个街道建成生活垃圾分类示范片区。大力实施土壤修复和治理。加快清水塘片区污染场地治理和修复，全面完成世界银行贷款土壤治理修复项目，推进海利、株冶等5家大型企业场地治理。完成第四轮矿产资源规划编制，力争建设绿色矿山32家，推进普通建筑材料用砂石土矿专项整治。强化自然生态保护。新增造林面积9万亩以上，完成生态保护红线、永久基本农田、城镇开发边界三线划定，着力解决危险废物环境隐患问题，确保不出现环境安全事故。持续提升自然保护区环境管理力度，深入开展“绿盾”专项行动，加快生态廊道建设，完成自然保护地整合优化，确保“两区三园”生态环境实现良性发展。

（五）坚持严管重罚，持续加强环境监管执法

强化事前、事中、事后环境监管，始终保持对环境违法行为高压严管态势。严格执法，始终对环境违法行为实行严管重罚，积极对重点领域、重点企业深入开展湘江保护“4+1”轮值联合执法等专项执法行动，严肃查处环境违法行为。同时，坚持以“三线一单”为依据，全面提升环境审批效率，扎实开展建设项目事中、事后监督专项检查，切实提高生态环境保护服务经济发展的水平。强化监管。持续强化环保执法“双随机”制度，及时更新污染源日常监管动态信息库，定期公布重点排污单位名录和信息。深入

推进“电力大数据＋环境监管”模式，实现在线监测数据、实验室数据、企业自行检测数据等各类监测数据入网应用。深入推进机动车现场监测、移动执法监测，以及应对重污染天气的解析能力建设，提高移动执法覆盖率。畅通监督渠道，全面落实《株洲市公众举报环境违法行为奖励试行办法》等制度，大力支持绿色卫士、网络大V、环保志愿者和社会公众依法监督环境违法行为。

（六）坚持整改常态化，持续加快环境问题整改

坚持突出生态环境问题整改常态化，确保以问题的解决推动生态环境改善。中央、省环保督察及“回头看”反馈的问题和长江经济带生态环境警示片披露的问题，将严格按照“一单五制”工作要求，倒排工期、挂图作战、加快推进，确保如期完成各项整改任务。对已完成整改的问题，积极组织“回头看”“后督察”。继续引进第三方机构，分批逐项开展现场复核，一旦发现整改标准不高、成效不明显的情况，予以重新交办整改，确保已整改到位的问题不反复、不反弹、不成为新的隐患点。特别是对于环境信访问题、群众反映问题等新发现的突出环境问题，进行一揽子专题研究解决，实现常态化清零。同时，坚持举一反三、以点带面，进一步健全联合会商、现场巡查、达标验收、后续监管等工作机制，推进治标治本相结合、预防整治一起抓，促进突出生态环境问题整改常态化。

（七）坚持宣传引导，持续筑牢生态环境群众基础

坚定不移走群众路线，全面加大环境宣传教育力度，引导践行生态文明成为人们的自觉行动和价值追求。一方面，积极打造环境文化产品。严格落实《株洲市生态文明宣传教育工作的指导意见》，加快建成习近平生态文明思想成果展示基地，积极编制“生态文明在株洲”等极具株洲特色的生态文化产品，全力打造株洲版的“两山”文化基地。另一方面，全面扩大环境教育范围。加快构建“市＋县（市、区）＋街道”三级环境宣传网络，确保每个居民小区有环境宣传行动、每个街道（乡镇）有环境宣传员、每

个县（市、区）有环境宣传小分队。继续开展生态文明“六进”活动，持续提升环境宣传引导力度。同时，持续做大、做强微信公众号、政务网站，通过设置专栏专题、开展线上活动等方式，积极推送群众喜闻乐见的信息报道，增大“粉丝”量和访问量，打造在全省有位置、有影响的环境新媒体和政务网站，切实形成广播有声、电视有像、报刊有文、网络有图、社会有共鸣等立体宣传模式，推动习近平生态文明思想深入人心。

B.13

湘潭市2020～2021年生态文明建设报告

湘潭市生态环境局

摘　要：2020年，湘潭市将生态环境保护和污染防治攻坚战作为一项重要政治任务紧抓不放，全力推动绿色发展理念落地生根，进一步健全污染防治攻坚责任体系，完善生态环境保护顶层设计，切实解决突出生态环境问题，形成了打击环境违法犯罪的高压态势，推进污染防治工作再上新台阶，为各地推进污染治理体系和治理能力现代化建设提供了一条可供借鉴的路径。

关键词：湘潭　污染防治　生态环境保护

2020年，湘潭市以改善生态环境质量为目标，以“夏季攻势”为抓手，坚决打好打赢污染防治攻坚战，通过“提前谋划、健全机制、严格管控、强化执法、定期调度”等一系列务实举措，构筑了齐抓共管大格局、提升了污染管控能力、提高环境保护效能，生态环境质量明显改善。

一　2020年湘潭市生态文明建设工作成效

（一）大气指标明显好转

2020年，湘潭城市空气累计监测366天，累计优良率为86.1%，较2019年上升了11.9个百分点；湘潭市环境空气综合指数为3.86，较2019

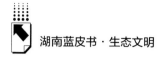

年下降了16.6%；PM2.5浓度为39微克/立方米，较2019年下降了18.8%。2020年，湘潭市空气质量多项指标改善幅度居全省前列，臭氧年均浓度改善幅度、优良率改善幅度均居全省第二，空气质量综合指数改善幅度、PM2.5年均浓度改善幅度均居全省第五。

（二）水环境指标有效控制

国控、省控的10个断面有9个达Ⅱ类、1个达Ⅲ类，全部达到考核要求，县级以上集中式饮用水水源水质达标率为100%。城区黑臭水体消除比例达到90%；湘潭水环境质量状况总体评价为优，湘江、涟水、涓水和水府庙等重点流域水质连续两年达Ⅱ类。

（三）土壤指标持续稳定

重金属监测断面水质未超标，土壤历史遗留问题妥善解决，17个土壤污染防治中央资金项目均已完成，完成率排全省前列；受污染耕地安全利用和严格管控面积达60.74万亩，受污染耕地安全利用率达92%以上；污染地块安全利用率为100%。

（四）减排指标有序推进

实施节能技改，推动重点企业按要求完成清洁生产自主审核，严控污染物排放总量，二氧化硫、万元GDP二氧化碳排放削减率均已于2019年完成“十三五”目标，2020年上报氮氧化物减排量9989吨，二氧化硫7457吨；累计削减化学需氧量5518吨、氨氮1098吨。

二　2020年湘潭市推进生态文明建设的主要做法

（一）深入反思，推动绿色发展理念落地生根

2017年7月31日，中央第六环境保护督察组在向湖南省反馈督察意见

时，指出了湘潭市委、市政府对环境保护工作不重视、履行环保职责不力的一系列问题。针对督察组提出的问题，湘潭市深入反思，向省委、省政府做出深刻检查和说明，下决心全面践行习近平生态文明思想，全力推动绿色发展理念落地落实。一是加强学习。湘潭市将学习贯彻习近平生态文明思想、全省生态环境保护工作会议精神纳入各级各部门党委（党组）中心组学习重要内容，纳入各级党校（行政学院）教育培训体系，通过开展大培训、大讨论、大宣传活动，不断强化各级党政干部“生态优先、绿色发展”理念。湘潭市委常委会和市政府常务会研究生态环境保护工作频次明显提高，出台了《市委常委会、市政府常务会议增加研究环保工作整改方案》，同时将习近平生态文明思想纳入市委中心组学习内容，市委党校主体班开设了《习近平生态文明思想》专题课程。2020 年，湘潭市委常委会议 11 次、市政府常务会议 6 次审议研究生态文明建设工作；市委、市政府召开 34 次专题会议研究污染防治攻坚战生态环保工作和环保督察问题整改工作；市委、市政府领导先后 28 次深入一线暗访调研督导，75 次对生态环境工作做出批示。

二是加强宣传。为推进生态文明建设，打赢污染防治攻坚战，2020 年湘潭市累计在各级媒体上推介生态环保工作 1300 余次，发布环境保护督察相关报道 1634 条，河长制典型经验、创新做法在中央主流媒体、水利部河长制简报宣传推广 23 次，其中被人民日报宣传推广 7 次，被新华社宣传推广 2 次，被中国水利报宣传报道 5 次；省级媒体 5 次报道了湘潭市生活垃圾分类工作；策划有特色的环境教育活动 30 多次，积极引导环保志愿活动，2000 多名环保志愿者各尽其能，成为湘潭市宣传生态文明思想、打赢污染防治攻坚战的一支重要力量。

三是加强部署。湘潭市围绕中央和省决策部署提前筹划污染防治攻坚战工作，2020 年 3 月召开了市委第 151 次常委会和市政府第 78 次常务会议专题研究污染防治攻坚战暨“夏季攻势”工作。2020 年 3 月 24 日，湘潭市召开了市委、市人民政府、市人大、市政协主要领导参加的全市生态环境保护大会，市委书记曹炯芳、市长张迎春分别讲话，进一步统一了思想、明确了任务、强化了措施、压实了责任，并下发了实施方案、考核细则、任务清单等文件，对全年污染防治攻坚战及“夏季攻势”任务进行安排部署，全市各级各部门分别召开了污染防治攻坚战动员部署会，全面推进各项任务落实。

（二）健全制度，完善生态环境保护顶层设计

为解决生态环境保护的制度欠缺，补齐机制建设方面的突出短板，湘潭市大力推进优势产业发展，完善考评机制，生态环境保护的管理水平不断提高。一是优化产业布局。研究出台了《关于推进绿色湘潭建设的实施意见》《中共湘潭市委湘潭市人民政府关于加快推进生态文明建设的实施意见》等，积极实施主体功能区战略，大力推进绿色城镇化和美丽乡村建设，调整产业结构、发展绿色产业，优化了全域“生态优先、绿色发展”的整体布局。以壮士断腕的决心整改侵占与破坏长株潭生态绿心保护区的问题，九华富力城、潭州水泥厂、瑞泰科技、巨牛衡器、华任、飞山奇等48家工业企业和54个违法违规项目全部进行清退与整改，既严守了生态红线要求，又兼顾了项目企业的合法权益，还维护了地区发展的利益，成为经济发展与生态环境高度和谐统一的典型案例。二是提升管理水平。湘潭市委、市政府提出了“高站位对待、高规格推动、高要求督导、高标准销号”的生态环境保护工作思路，先后制定了《市领导联点中央环保督察反馈问题整改任务清单》《湘潭市党政领导干部生态环境损害责任追究实施细则》等文件，完善了《2020年湘潭市绩效考核实施方案》，生态环境保护（污染防治攻坚战）工作在每年的绩效考核中的比重从5分提高至7分再提高至10分。出台了《湘潭市自然资源资产审计全覆盖工作方案》，制发了《湘潭市开展领导干部自然资源资产离任审计实施方案》，建立了《湘潭市领导干部监督信息成果汇总表》。2018年以来，审计机关实施16个自然资源资产任中（离任）审计项目，其中县处级领导干部3人，乡科级领导干部24人。三是完善考评机制。湘潭市还出台了《污染防治攻坚战考核办法》《污染防治攻坚战年度考核细则》，将生态环保工作纳入政府绩效考评体系，与其他工作同安排、同部署、同考核；并科学合理地进行分类考核，对县（市、区）（园区）主要考核环境

质量改善指标、污染防治攻坚战任务、工作成效等内容；对市直部门主要考核研究部署、项目推进、调查督办、工作配合情况。各项制度环环相扣、倡导真抓实干导向，有效推动污染防治攻坚战各项目标任务落实落地。

（三）优化配置，健全污染防治攻坚责任体系

为凝聚各级政府和各部门齐抓共管的大环保格局，湘潭市委、市政府进一步统筹了污染防治管控机构，压实了生态环境保护责任，全面推进各项工作落实落地，取得了积极成效。

一是提格环委会（办）运行机制。2020年，湘潭市将“市生态环境保护委员会”提格为市委书记任主任、市人民政府市长任第一副主任，实现了四个机构办公室“四办合一”，统一由“市生态环境保护委员会办公室”（以下称“市环委办”）履行日常工作，并重新抽调各相关部门工作人员在市政府集中办公；市财政将市环委办工作经费列入预算，每年安排100万元左右，主要用于污染防治攻坚战调度、考核、巡查奖补等和维持其正常运行。通过一系列改革，湘潭市环委办成为“有人、有编、有财、有权”的生态环保工作协调议事机构，各县（市、区）、园区（示范区）均成立生态环境保护委员会，初步破解了环境保护工作各地各部门工作合力不强、体制不顺的难题。

二是压实生态环境保护工作责任。制定了《生态环境保护工作目标责任书》，各县（市、区）、园区（示范区）、市直部门及重点企业与市人民政府签订责任状，印发《湘潭市污染防治攻坚战年度任务清单》，将各责任主体需分别履行的具体责任进行明确与细化，实现共性和个性相结合。出台了《湘潭市2020年污染防治攻坚战调度清单》，将全年工作任务分解为10项刚性目标、15项专项行动、20项突出生态环境问题整改、50项重点任务、120个重点项目，明确了责任单位、时间节点与任务要求。着手修订《湘潭市环境保护工作责任规定（试行）》，几乎涵盖湘潭市所有负有生态环境监管职责的公共机构，实现“应纳尽纳”“横向到边”，助力形成各司其职、协调配合的良好工作局面。

三是凝聚齐抓共管的强大合力。印发《湘潭市生态环境保护委员会成员单位职责与议事制度》，明确了“生环办主任每周一调度、分管副市长每月一调度、市长每季一调度”的会商机制。开展生态环境保护委员会机构设置和运行机制创新试点工作，出台了《湘潭市生态环境问题巡查处置制度》等七项工作推进制度，对生态环境保护领域的巡查、警示、约谈、督察督办、调查、考核、问责制度做出了详细规定，为全省生态环境保护制度建设探索了一条新路子。

（四）严格监管，形成全方位监督的高压态势

2020 年，湘潭市始终坚持服务经济发展中心大局，聚焦环境执法履职尽责，不断适应新形势、新任务、新要求，严厉打击环境违法犯罪行为。

一是强化源头管控。严格依法依规，高效优质服务，2020 年，湘潭市共完成环境审批事项 560 件，其中建设项目环境影响评价文件审批 56 项、排污许可 477 项、三类射线放射许可证 21 项、危废证 4 项、清洁生产 1 项、竣工验收 1 项，全年无黄牌、红牌、差评记录。在落实好简政放权要求的基础上，积极督促省级以上产业园区开展园区规划跟踪评价和修编规划环评；督促自然资源与规划局、旅游局、发改委、交通局、水务局等专项规划编制单位按要求编制专项规划环评，切实发挥规划预防环境污染和生态破坏的作用，促进项目建设顺利实施。

二是推动全民监督。在全市组织 300 多名环保志愿者组成蓝天卫士大队，每日开展“蓝天保卫战”巡查暗访，巡查发现问题直接在微信群进行交办，2020 年共巡查发现涉气污染问题 3098 起，其中立行立改 2644 起，书面交办问题 454 起。创新监测方式，在全省第一个引进“2 +26 城市”空气质量精细化监测管理技术，建成 138 个空气质量自动监测“小微站”，基于小微站监测数据，将市城区划分为 1 个一级网格、5 个二级网格、28 个三级网格、192 个四级网格实行网格化管理，并组织 400 多名网格员不间断、全覆盖、无死角地巡查处理和“吹哨”大气污染问题。2020 年网格员立行立改 725 个涉气问题，奖补资金 14500 元。组织全市 1000 余名民间河长开

展巡河、护河工作，巡查发现问题通过“湘潭市河长制微信巡查举报平台”进行一键交办、闭环式处理；全市15名市级河长巡河交办问题72个，销号率100%，全面落实上级交办问题整改18个，市本级暗访问题101个，民间河长举报问题322个，全市共报送143篇河长制新闻宣传稿件，开展36次河长制宣传活动，河湖划界等25项河长制重点工作任务全面完成，开展河湖“清八乱”工作，共组织开展执法行动44次，1318人次参加执法，办理刑事案件19起，开展智慧治水信息平台及App建设，形成了覆盖全域的“电子水系一张图”，共打造68条乡级样板河湖、10条县级样板河湖、5条市级样板河湖，1条高标准幸福河湖。2020年12月4日，人民日报刊登题为《民间河长助力河湖管护》的文章，介绍推广湘潭市民间河长经验做法。2020年，市、县、乡三级河长累计使用湖南河长制App巡河18564次，其中市级河长53次，县级河长1036次，乡级河长17475次，巡河率100%。

三是严格环境执法。为打赢污染防治攻坚战，抓好重点问题整治，湘潭市持续开展飓风、亮剑、利剑、夜鹰、烟花鞭炮禁燃、施工工地扬尘整治等15项专项行动（整治、工作）。2020年，全市累计办理56起生态环境违法案件，其中，行政拘留6人，移送起诉1起，罚款567.02万元，污染纠纷调处率、违法行为立案率均达100%，全年未发生较大以上环境污染事件，环境风险管控良好；共检查工地、企业14215次，421个扬尘问题得到整改，罚款25万元；立案侦办涉及非法挖山采砂采石刑事案件6起，采取刑事强制措施5人；查处违规燃放烟花爆竹行政案件22起，行政处罚22人。

（五）加快整改，切实解决突出生态环境问题

湘潭市始终将突出生态环境问题整改工作摆在重要位置，每个重点问题都有一位市级领导牵头督促整改，每个问题都列出了整改责任单位、责任人和完成时限，各项整改工作均有序推进。一方面，全面配合省生态环保督察“回头看”工作。省生态环保督察“回头看”期间，省督察组对湘潭突出生态环境问题的整改成效高度肯定，特别是湘钢的大气污染防治和重点区域的

土壤治理工作获省督察组重点推介。进驻结束后，各级各部门同向发力，问题整改有力有序，督察组转办湘潭信访举报件373件、交办问题2个、督办问题3个，现已办结信访件151件、交办件2件、督办件1件，其他问题均在有序整改推进。另一方面，加快其他国省重点关注督办的突出生态环境问题整改工作。中央环保督察反馈的14个问题已全部完成整改销号，交办319个信访件全部办结；中央生态环保督察“回头看”反馈的5个问题，有3个完成整改销号，2个完成整改正在组织销号，交办254个信访件全部办结；全国人大执法检查指出问题中的9个年度任务，均已完成整改，并得到相关省直督导单位的认可；省环保督察反馈的20个问题，已完成整改销号19个，1个按照时序推进，交办的342个信访件全部办结。

（六）深化治理，推进污染防治再上新台阶

湘潭市始终坚持以改善环境质量为中心，以深化污染防治为抓手，通过开展大气、水、土壤污染防治促进全市污染减排，取得了积极成效。

一是深入开展大气环境治理。2020年，湘潭市已完成县级城市高污染燃料禁燃区优化调整，新建或改造天然气管道30千米，新增燃气用户21000户，完成了应急储备用气量能力建设，申报了256个能源项目，验收了湘潭先导快线等4家公司。湘钢15个重点项目（包括省级任务7个）、7个工业炉窑治理项目、2个锅炉整治、19家挥发性有机物的治理、加油站油气回收在线监测系统等项目均已完成。完成了4家M站（机动车维修站）试点企业建设，2020年12月28日启动了I/M制度（机动车排气污染检测与维护制度）；强制淘汰老旧柴油货车11辆，国三及以下柴油货车尾气排放检测初检合格比例达到98.20%。城区在建工地有74个项目接入视频监控系统平台，71个项目接入扬尘监测系统；城区道路机械化清扫率达90%，县级城市建成区道路机械化清扫率达到83%以上。

二是重点推进水污染防治。2020年，湘潭市完成了县级集中式饮用水水源地10个问题整改，完成了“千吨万人”集中式饮用水水源保护区划定36个、乡镇污水处理厂建设9个和行政村污水治理151个。登记正常运营

的49条船舶已经全部完成生活污水收集设备安装，全市8家码头已全部完成了船舶生活垃圾接收设施建设；开展了湘潭市重点工业园区及疑似地下水污染地块调查评估项目和湖南省铁合金厂地下水污染防控与修复（一期）工程两个地下水试点项目。湘潭市24条黑臭水体均已完成基础治理，新建管网62.4千米，黑臭水体消除比例已达90%；加快推进火车站片区水系连通工程建设，提高水体的循环自净能力；建立重点用水单位监控名录，实行取水许可和计划用水管理；涓水湘潭县段河道，采砂计划分配量为17.4万吨，其他为禁采区；巡查查获处置了非法吸砂船3艘及设备；工业企业搬迁1家，制定搬迁方案2家，正在治理1家。

三是着力落实土壤污染防治。2020年，湘潭市共开展国家土壤试点项目3个（电化修复项目、南天西厂区和东厂区治理项目），均达到相关要求，完成土壤污染防治中央资金项目17个，土壤治理项目完成率居全省前列；严格要求林木种苗生产经营户在生产经营过程中，禁止使用高毒农药，严控农药保用量；湘潭土壤污染综合防治先行区工作方案已完成初稿，在全省率先编制并印发了《湘潭市土壤污染重点监管单位自行监测技术规范》《湘潭市土壤污染重点监管单位土壤和地下水隐患排查指南》；全面开展危险废物专项大调查大排查，依法打击危废非法转移、倾倒，全市抽检77家危废经营单位，合格率为100%；大力推进竹埠港、五矿湖铁等重点区域土壤污染风险管控和治理修复；对医疗废物进行了规范收集、及时转运、安全处置；完成了新冠肺炎医废专门收集、贮存、转运、处置，防止了病毒扩散。

（七）加大支撑，提升环境治理能力建设

为提升环境治理水平，湘潭市从资金、技术、示范创建等方面入手，全面推进环境治理体系和治理能力现代化建设。

一是加大资金投入。2020年，湘潭市财政累计筹措资金4.51亿元用于生态环境保护工作，其中争取上级资金支持0.9亿元，市本级财政投入资金3.61亿元，市本级财政资金投入较2019年增加700万元，增长1.99%。从投入领域来看，2020年湘潭市投入大气污染防治资金为715万元，水污染

防治资金为5400万元，土壤污染治理资金为2632万元，水、气、土污染防治资金的全面投入，为全市污染防治攻坚战注入了推进剂。

二是加强技术支撑。积极推行“三线一单”成果的应用，在项目选址初期，为“湖南省湘潭县昌山风电场工程”“射埠养殖场”等50余个项目的审批提供选址技术支撑，为10余个城镇规划等提出修改建议，同时建设项目环评都应用“三线一单”成果进行分析。为打赢蓝天保卫战，引入第三方机构对全市空气污染物及治理进行科学的研判分析，准确找出污染源，提出有效可行的管控措施，及时消除污染；组织了检察、公安、生态环境等部门加强行政执法和刑事司法“两法”衔接，建立了案件分析、业务交流、业务指导等联动机制，并进一步加强移动执法系统使用，共利用移动执法系统开展环境监察执行任务2188次，出具文书3165份；在省内率先发布了一站式公众出行信息服务平台“湘潭交通”“湘潭出行”手机App，实现了“人车相约”的公交出行模式，用户数达30余万人。

三是加快示范创建。2020年，为全面践行省生态环境厅提出的“四严四基”工作要求，湘潭市开展了“市县两级生态环境保护委员会机构设置与运行机制”先行试点工作，取得“领导模式、协调体系、全民参与、制度闭环、凝聚合力”五方面突破。2020年9月21日，全省生态环境保护“四严四基”试点工作现场交流会在湘潭召开，湖南省生态环境厅邓立佳厅长充分肯定湘潭试点成果，“点赞”了湘潭市齐抓共管的大环保格局；湘潭市雨湖区、岳塘区、昭山示范区、湘潭县和湘乡市均完成了农村环境综合整治任务，并通过省级验收；韶山市2020年启动了生态文明建设示范市创建工作，审议通过了《韶山市国家生态文明建设示范市创建工作方案》，成立了韶山市创建国家生态文明建设示范市工作领导小组，韶山市生态文明建设示范市规划已于2020年12月17日通过省级评审，2021年正式开展创建工作。

三　湘潭市生态文明建设存在的主要问题

2020年，湘潭市生态环境保护工作虽然取得了不菲成绩，但离群众的

期盼和上级的要求还存在一定差距。

一是环境空气质量面临反弹风险。2021 年 1 月湘潭空气质量综合指数在全省排名末位，2 月至 3 月初未出现明显好转；重污染天数已达 2 天，超过了 2020 年全年的重污染总天数；卫星遥感秸秆火点数量已达 15 个，已超过 2020 年全年总数；2021 年的环境空气质量改善压力巨大。

二是水环境质量不够稳定。2019 年，湘潭市地表水考核断面全部达到Ⅱ类，但 2020 年青年水库、涓水入河口考核断面水质较 2019 年下降一个类别，断面水质仍不稳定。

三是争先创优力度还不够。湖南省政府制定的真抓实干督察激励措施中有 4 项支持措施，湘潭市 2020 年污染防治攻坚战没有一项获得激励，在争先创优上成效还不明显。

四　2021年湘潭市生态文明建设工作重点

2021 年，湘潭市将全面贯彻习近平生态文明思想，紧紧围绕湖南省“三高四新”战略，落实湘潭市委“162”工程，以高度的政治责任感和强烈的时代使命感，坚持“预防为主、防治结合”原则，严格对标对表、压实责任、扎实推进，突出打造亮点，努力做到“五个全力以赴”。

1. 全力以赴改善生态环境质量

大气环境质量方面。2021 年，全市 PM2. 5 年均浓度、臭氧（O_3）浓度、城市环境空气质量优良率、重污染天数达到省考核标准。氮氧化物、挥发性有机物、单位国内生产总值二氧化碳排放强度削减量分别达到省定要求。水环境质量方面，全市 2 个国考断面、8 个省考断面地表水水质全部达到国家Ⅱ类标准；全市县级以上城市集中式饮用水水源水质优良率达到 100%。土壤环境质量方面，全市受污染耕地安全利用率、污染地块安全利用率、农村生活污水治理率全部达到省考核目标。全市受污染耕地安全利用率和污染地块安全利用率稳定提升，确保地下水Ⅴ类水比例只减不增。

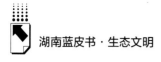

2. 全力以赴完成污染防治攻坚战年度任务

积极组织开展碳达峰行动，持续推进湘潭产业结构调整，持续推进能源结构和交通结构调整，提高资源能源利用效率，倡导绿色生活和绿色消费。加强细颗粒物和臭氧协同治理，开展氮氧化合物和挥发性有机物排放总量控制，深化工业源污染防治，加大油品监管力度，加强非道路移动机械监管，强化扬尘污染精细化管控，加强餐饮油烟污染整治，推进秸秆禁烧和综合利用，提升大气环境预警预报能力，夯实重污染天气应急措施，提升空气质量监测能力。推进完成湘江保护和治理第三个“三年行动计划”，持续加强饮用水水源保护，推进城镇污水管网全覆盖，加强船舶、码头和高速服务区污染防治，持续开展黑臭水体整治，持续推动落实河（湖）长制，推进沟渠塘坝清淤工作。推进受污染耕地安全利用和严格管控，深入开展化肥农药减量增效行动，加强农膜等废弃物回收利用，加强农村生活污水和垃圾治理，推广农村垃圾分类减量，加强固体废物污染治理，加强尾矿库污染治理。

3. 全力以赴推进突出环境问题整改

持续推进中央、省生态环境保护督察“回头看”反馈问题整改，确保完成年度任务；强力推进长江经济带生态环境警示片披露问题整改。统筹抓好中央、省委领导批示指示的生态环境问题及省委、省政府交办环境问题整改，确保突出环境问题整改达到“污染消除、生态修复、群众满意”标准。

4. 全力以赴配合第二轮中央生态环境保护督察

新一轮中央生态环保督察已于2021年4月进驻湖南省。湘潭市委、市政府将全力以赴投入迎检工作中，对标督察组要求，提前谋划、提前部署、提前开展排查整治，找差距、补短板，抓落实、促提升，推进全市生态环境质量持续改善。

5. 全力以赴创先争优争取获得先进

对标省人民政府污染防治考核指挥棒，力争污染防治攻坚战及“夏季攻势”、年度空气质量综合指数改善率、PM2.5年均浓度改善率、地表水断面水质改善率达到省定优秀标准，争取湘潭市空气质量达到国家二级标准。

B.14
衡阳市2020～2021年生态文明建设报告

衡阳市人民政府研究室

摘　要： 2020年，衡阳市坚持生态优先、绿色发展的理念，坚决打好污染防治攻坚战，突出抓好生态环境问题整改，工业绿色化转型步伐加快，农业生态化稳步推进，现代服务业提质增效，城乡环境不断改善，2021年，以持续改善生态环境质量为核心，以服务经济高质量发展为推手，强力推进生态建设和环境保护，健全生态环境执法机制，创新生态环境监管手段，为加快实施“一体两翼”发展战略提供坚实的生态保障。

关键词： 衡阳　污染防治　一体两翼

2020年，衡阳市始终以习近平总书记生态文明思想为指导，积极贯彻落实中央、省委生态文明建设战略部署，坚持生态立市、绿色发展理念，加快构建现代产业体系，深入打好污染防治攻坚战，积极推进生态环境保护与修复工作，环境质量进一步提升，生态文明建设取得明显成效。

一　2020年生态文明建设的主要做法及成效

（一）坚持绿色发展，加快推进产业转型

2020年，以生态优先、绿色发展为导向，衡阳市大力推进现代产业强市

建设，加快传统产业转型升级和新兴产业培育，加快建设8大产业基地，发展壮大14条特色优势产业链，三次产业结构优化调整为11.1∶32.4∶56.5。

一是工业绿色化转型步伐加快。全市各级各部门、各行业企业共同发力，大力整治“散、乱、污”企业，强化节能监管，推行资源综合利用，加快推进工业绿色化改造步伐。2020年，全市148家“散、乱、污”企业全部整治到位，23家沿江化工企业和城镇人口密集区危险化学品生产企业完成搬迁改造。钢铁、建材、化工等重点用能行业，对17家企业开展节能诊断、节能监察，为企业节能增效提出解决方案，提高能源利用效率。支持耒阳国家工业固废综合利用基地建设，指导耒阳市焱鑫有色金属有限公司等3家企业创建固体废物资源综合利用示范企业，恒信新材、衡阳恒裕轻质保温材料等企业2个产品列入工信部绿色设计产品名单。

二是农业生态化转型稳步推进。积极培育农业产业化龙头企业，在稳定粮食产量、发展特色产业的基础上，推广节能农用机械应用，推进秸秆资源化利用及受污染耕地安全利用，强化畜禽污染、农业面源污染防治，发展绿色富民产业。2020年，实现秸秆还田600余万亩，秸秆综合利用率达86.13%，对71.71万亩轻中度污染耕地采取安全利用措施，对15.41万亩严格管控类耕地进行种植结构调整或休耕。严格畜禽养殖管理，畜禽粪污资源化利用率达92.9%，畜禽粪污设施配套率达100%。推广绿色防控技术，持续实施农药、化肥减量增效行动，绿色农药应用比例保持在90%以上，测土配方施肥面积1178.48万亩次，覆盖率达91.4%。加快油茶、竹木、林下经济、旅游等绿色富民产业发展，2020年全市林业行业总产值达423.11亿元。

三是服务业现代化转型提质增效。聚焦现代服务业提质升级，实施企业上市行动计划，建设综合物流产业园，培育国家5A级物流企业，发展电商经济、数字经济，培植旅游千亿产业，努力打造绿色经济新增长点。成立企业上市辅导中心，加大企业上市培育力度，衡阳有42家企业入围省上市后备企业资源库名单。以项目建设为抓手，丰家洲文化科技产业园、人力资源现代产业园、富江金融中心建设不断加快。红光物流、衡缘物流成功晋级全

国5A级物流企业，全市现有4800余家电商企业，其中衡南县获批全国电子商务进农村示范县，物流、金融、信息等现代服务业占服务业比重超60%。大力发展旅游业，2020年，全市新增2家4A级景区，游客接待量、旅游总收入分别增长8%、7%。

（二）坚持内外兼修，着力优化城乡环境

以“创文、创卫”为总抓手，城乡协同，内外兼修，优化人居环境，加快建设最美地级市。

一是城市生态不断提升。深入推进全市城区老旧小区和棚户区改造、“城市双修”“三清三建”、城市内涝治理、城区污水处理等工作，推动城市环境质量和居民生活品质持续提升。东洲岛景区、南郊公园、太阳广场等景观增加了城市“含绿量”；湘江、蒸水风光带新建亲水栈道4.14千米，“三江六岸”绿意盎然。投资20亿元，实施全市中心城区雨污分流项目；投入17亿元新建、改造排水管网350千米，建成区现有雨、污水管网约1131千米，全市已形成较为完善的地下排水管网体系。松亭、铜桥港、江东和角山等4座城区污水处理厂已建成运行，处理能力达44.5万吨/日；城市生活垃圾无害化处理率达100%，成功创建国家卫生城市。

二是乡村环境有效整治。积极开展“一拆二改三清四化”，扎实推进农村改厕、垃圾治理、污水治理等“三大革命”，全面完成农村人居环境综合整治三年行动计划，已超额完成年度自然村通水泥路和农村公路提质改造任务，已基本实现农村生活垃圾收运处置体系全覆盖，切实加强农村面源污染防治，农村人居环境持续改善。2020年，全市新建13座农村垃圾中转站，完成18个乡镇污水处理设施建设，930个行政村农村生活污水乱排得到有效控制，全市县以上城镇污水处理率已达97.77%，农村卫生厕所普及率达90.01%。

三是增绿护绿持续推进。以国土绿化为主攻方向，多途径、多方式增加绿色资源总量，推动生态功能优化示范市建设。2020年全市共完成人工造林31.32万亩，封山育林33.02万亩，退化林修复51.71万亩，森林抚育

125.95万亩，森林质量精准提升1.1万亩。全市共有391.72万人次履行义务植树职责，适龄公民义务植树尽责率达88%。市级生态廊道规划编制工作已全面启动。古树名木挂牌保护率、建档入库率达100%。公益林、天然林到山头、到地块管护率达100%。

（三）坚持精准发力，狠抓污染防治攻坚

深入推进“蓝天、碧水、净土”保卫战，完成污染防治攻坚战及“夏季攻势”项目任务1070项，污染防治攻坚战三年行动计划环境质量目标全面实现。

一是打好大气污染防治“持久战”。加强重点区域、重点行业、重点时段治理，做到“控尘、控车、控排、控烧、控煤”，形成环境保护高压态势。严格落实扬尘污染防控、餐饮油烟净化、垃圾和秸秆露天禁烧、爆竹禁燃等防控措施，95%的建筑工地落实了“6个100%”扬尘防控措施，95%以上的规模餐饮单位安装了油烟净化设施。开展机动车排放路检，机动车环保检测24万余台次，产废单位达标率达100%，辐射持证单位检查全覆盖。完成重点行业特别或超低排放限值改造35家、挥发性有机物污染治理项目414个，全市10蒸吨及以下燃煤锅炉全面淘汰。2020年，全市城区环境空气质量优良率为92.1%，PM2.5平均浓度为35微克/立方米，8个县（市、区）环境空气质量平均优良率为94.2%，全市环境空气质量首次达到国家二级标准。

二是打好水污染防治“攻坚战”。狠抓不达标水体整治，蒸水入湘江口断面水质均值达到Ⅲ类，纳入住建部监管的11个黑臭水体治理项目全部达标。突出饮用水源保护，划定千人以上饮用水源保护区175个，完成185个千吨万人饮用水源地生态环境问题整治。省级以上工业园区10个水环境问题整改、100个行政村农村生活污水治理任务全部完成。长江经济带污染治理先行先试示范城市建设有序推进，白沙片区污染综合治理示范工程已开工建设。2020年，全市27个地表水考核监测断面水质优良率为100%，湘江干流11个断面水质年均值全部达到Ⅱ类标准，13个县级以上集中式饮用水水源地水质达标率为100%。

三是打好土壤污染防治“突破战”。以实现污染地块安全利用率和受污染耕地安全利用率双达标为目标，强化土壤环境监管，突出开展重金属减排、涉镉重金属污染整治、推进受污染耕地安全利用等治理工作，取得较好成效。2020 年，全市完成年度涉镉等重金属污染地块整治销号 15 个，推进实施土壤治理项目 8 个。开展疑似污染地块专项执法检查，开展危废专项排查整治、采砂制砂、尾矿库、绿盾等各类专项行动 15 个，对疑似和列入名录污染地块开展场地调查和风险管控，全市建设用地污染地块安全利用率为 100%。

（四）坚持问题导向，筑牢生态安全屏障

衡阳市以保障和维护生态功能为主线，抓重点、补短板，突出抓好生态环境问题整改、生态系统保护和修复、生态环境保护能力建设，筑牢生态安全屏障。

一是突出抓好生态环境问题整改。中央、省环保督察及“回头看”交办的 1599.5 件信访件，完成整改 1562.5 件，整改完成率 97.7%；反馈的 58 个问题完成整改 41 个，整改完成率 70.7%；其他各级各类检查、督查、审计交办的 106 个问题完成整改 90 个，整改完成率 84.9%。长江经济带警示片披露的第一、二批 4 个问题完成 3 个，1 个进入销号程序；第三批 4 个问题整改工作正在扎实有序推进。

二是突出抓好生态系统保护修复。衡阳市统筹推进山水林田湖草生态系统治理，高标准、高强度、高要求推进生态修复、自然保护地建设、野生动物保护、水生生物保护区全面禁捕等工作。“十三五”期间，全市完成矿山地质环境生态修复面积达 1660.95 公顷；严厉打击砂石土非法开采，2020 年查处违法行为 30 起，关停违法开采矿点 4 家，取缔违法矿点 9 家；开展城区页岩砖厂专项整治，市县 188 家砖瓦厂、自保区内 25 家矿山企业关停到位；完成省级绿色矿山建设 11 个。截至 2020 年底，全市自然保护地面积为 118280.36 公顷，增加 2436.57 公顷，占国土面积的比例提高至 7.76%；湿地面积 49916.33 公顷，已保护面积 36284.2 公顷，湿地保护率达到

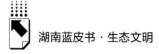

72.69%。严格落实“一封控四严禁”，加强野生动物保护；推进水生生物保护区全面禁捕，江河违法捕捞现象得到全面遏制。

三是突出抓好生态环境保护能力建设。深化生态环境领域“放管服”改革，出台《关于明确衡阳市生态环境行政许可相关事项的通知》，将48个行业类别中的56个小项下放至县级生态环境部门，着力推进行政权力事项下移；建立并完善“双随机、一公开”制度和生态环境领域失信联合惩戒机制，2020年纳入环境信用评价企业674家，联合惩戒风险和不良企业201家；梳理“一件事一次办”目录36项，实施环境执法正面清单和环评审批正面清单，对166家企业免于现场检查，对27大类74小类行业项目简化或豁免环评手续。不断完善环境监测网络，推行第三方环境治理和环境综合服务，提高污染治理效率和专业化水平。

二　存在的主要问题

（一）环境质量持续改善压力较大

部分小流域水环境质量有待改善，如祁东县状元桥断面水质较2019年有下降；环境空气综合指数在全省排名中等，臭氧问题日益突出，冬季轻度以上污染天气还时有发生。

（二）环境污染治理任务较重

作为老工业基地、有色金属之乡，全市土壤重金属污染问题依然较为突出，水口山、松江、合江套等重点区域历史遗留问题还没有完全治理到位；采砂、采石、采矿行业发展还不够规范，局地环境风险隐患较为突出。农村面源污染防控难度较大，地方政府资金投入能力有限。

（三）环保基础设施建设有待加强

2020年底，全市已制定147个乡镇生活污水处理设施建设规划，但由

于资金紧、时间紧，2021 年初，大部分乡镇还未建成。污泥处置、建筑垃圾处置和一般工业固体废物处置等设施还不完善。城区污水管网雨污分流改造项目，蒸水城区段排污口基本完成截污，但管网尚未完善。全市垃圾分类提质改造投入较多，环保基础设施稳定运行资金缺口较大。

（四）综合保障能力有待提升

大环保工作格局还未完全形成，秸秆禁烧、自然保护地监管等生态环保职责还未完全厘清；基层环境监测能力较弱，监管执法设施配备严重不足，生态环境队伍建设和监管执法保障能力亟待提升。

三　2021年生态文明建设思路

2021 年衡阳市生态文明建设工作思路是：以持续改善生态环境质量为核心，以服务经济高质量发展为推手，深入打好污染防治攻坚战，强力推进生态建设和环境保护，优化环境管理服务，健全生态环境执法机制，创新生态环境监管手段，为加快实施“一体两翼”发展战略提供坚实的生态保障。

（一）打好污染防治攻坚战，持续改善生态环境质量

贯彻落实新发展理念，坚决打好蓝天、碧水、净土三大保卫战，加快建设长江经济带污染治理先行先试示范城市。确保大气污染防治行动计划落到实处，从严监管，重点整治秸秆和垃圾露天焚烧，提高秸秆综合利用率，持续改善城乡空气质量。严格河长制责任落实，加强“一江五水”流域生态环境综合整治工作；多措并举做好退捕渔民上岸转产安置工作，全面落实重点水域禁捕退捕；加强重点行业专项整治，严厉打击企业污水偷排偷放、非法采石、采砂等违法行为，逐步解决行业性生态环境问题。深入开展涉镉等重金属、非煤矿山与尾矿库环境综合整治，巩固提升水松、合江套等重点地区重金属污染治理成果。加大土壤污染治理和修复工作力度，完成受污染耕地安全利用任务。

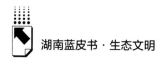

（二）推进生态环境保护治理，持续提升人民群众获得感

增加对林业的财政投入，积极开展群众性义务植树活动，通过大规模国土绿化提升生态系统碳汇能力。完善森林资源保护制度，全面推行“林长制”，对森林资源实行网格化管理。加快推进生态廊道建设，重点实施沿江、沿河、沿路生态防护林建设，完成当年造林绿化目标任务。统筹推进山水林田湖草系统治理，加大生态敏感区、脆弱区和石漠化区、矿区、重金属污染区生态修复力度。全力配合做好第二轮中央环保督察的各项工作，认真做好督察工作，加大责任追究力度，严防整改走过场，按照整改工作方案有序推进，按时保质保量完成各级各类交办、反馈问题的整改。

（三）优化生态环境管理服务，积极助力经济高质量发展

继续推进污染减排，为绿色经济发展留空间、腾容量。主动服务重大项目建设，严守“三线一单”，严把项目环境准入关，推进规划环评，引导园区、产业绿色发展。深入推进生态环境领域“放管服”改革，进一步简政放权，落实环评审批和环境执法正面清单制度，切实减轻企业负担。建立用能权、用水权、排污权和碳排放权交易市场体系。持续推进绿色低碳发展，按照国家和省碳达峰、碳中和的总体要求，尽快制定衡阳市碳达峰、碳中和规划和实施细则，加强高能耗重点行业能耗管理，大力推广节能建筑和节能交通，加快建筑垃圾资源化利用，发展节水型产业。

（四）健全生态环境执法机制，从严打击生态环境违法行为

细化规范“双随机”抽查，将各级各类交办反馈问题纳入双随机监管。打通生态环境监管“最后一公里”，建立健全生态环境网格化监管机制，落实乡镇（街道）、村（社区）日常监管职责。提升监管信息化水平，运用卫星遥感、无人机、视频监控等先进设备和技术开展巡查和监管，提升监管效能和精准化水平。强化部门联动，从严打击生态环境违法行为，提升生态环境执法震慑力。

（五）创新生态环境监管手段，推进生态环境治理体系和治理能力现代化

科学编制全市生态环境保护“十四五”规划，绘好生态环保工作“蓝图”。深入推行排污许可、生态环境损害赔偿、排污权交易和环境信用评价等制度，运用经济和行政手段实施环境管理。继续完善环境监测网络，提升基层环境监测能力水平。强化监测数据集成分析、生态环境基础研究、污染源普查结果运用，提升精准治污、科学治污水平。强化环境宣传教育，增强全社会生态环保意识，构建更高水平齐抓共管环保工作格局。抓好湘江枯水期和特护期环境监管巡查；完善生态环境应急物资储备，健全应急工作机制，开展应急演练，切实提升生态环境风险应对能力。

B.15
邵阳市2020～2021年生态文明建设报告

邵阳市人民政府

摘　要：　近年来，邵阳市以习近平生态文明思想为指导，认真贯彻落实中央和湖南省委关于全面加强生态环境保护的决策部署，紧紧围绕“生态强省”战略，以改善生态环境质量为目标，全力整治突出环境问题，深入打好大气、水、土壤污染防治三大攻坚战，环境质量明显改善，生态文明建设不断迈上新台阶。

关键词：　邵阳　环保督察　污染防治攻坚战　夏季攻势

2020年，邵阳市深入贯彻落实习近平生态文明思想，始终牢记总书记关于长江经济带“共抓大保护、不搞大开发”的重要指示和对湖南“守护好一江碧水”的殷殷嘱托，牢固树立新发展理念和正确政绩观，以打好污染防治攻坚战“夏季攻势”为抓手，统筹做好疫情防控和经济社会发展工作，大力推进监管执法、污染防治、重点区域流域综合治理等中心工作，区域环境质量明显改善，“天蓝、地绿、水清”已经成为邵阳生态文明建设最动人的色彩。

天更蓝。2020年，邵阳市区6项主要污染物平均浓度均达到国家空气质量二级标准，空气质量优良率达93.4%，同比优良率提高7.9个百分点。

地更绿。邵阳市森林覆盖率为60.95%，主城区绿化覆盖率为45%，人均公园绿地面积15.27平方米，较国家森林城市创建前分别提高0.35%、

7.32%、4.37平方米。新增生态保护红线面积17.15平方千米，全市生态保护总面积已达4905.48平方千米，占全市国土总面积的比重为23.56%。

水更清。邵阳市水环境质量综合指数排全国地级市第26位、全省第2位，国控断面水质改善幅度全省第一，全市所有监测断面水质达标率100%，水质均为Ⅱ类或以上。17个县级以上城市集中式饮用水水源达标率100%，全部达到Ⅱ类或以上。

一 2020年推进生态文明建设情况

（一）强化制度创新，纵深构建生态文明工作体系

1. 制度化推进生态文明建设及考核

建立健全生态文明高位推进机制，每年召开全市推进生态文明建设大会，制定年度生态文明建设工作要点。出台了生态文明建设年度目标考核办法，对各县（市、区）推行差异化考核，考核结果纳入高质量发展综合考核评价。适时下发市委、市政府督办令、市委书记市长联合督办令、市长督办令、市生态环境保护委员会督办函、市环境保护督察工作领导小组督办函，推行市级领导联点联县、分线包干、督导落实机制，推动一批生态环境重点难点问题得到有效解决。全市“生态优先”的导向更加明确，“绿色发展”的指挥棒更加有力。

2. 创新化推进生态文明试点和改革

完成全市生态环境机构监测监察执法垂直管理制度改革，县市执法机构挂牌工作全部完成。推动领导干部经济责任审计和自然资源资产审计全覆盖，压紧压实党政主体履行生态环保的职责。全面完成河湖划界，实施“一河一策”治理，持续推进河道“四乱”整治，“河长制”工作经验在全省推介。扎实做好南山国家公园体制试点，作为全省唯一、全国首批10个国家公园体制试点之一的南山公园，先后开展了产业有序退出、生态移民搬迁、退牧退耕、还草还湿等生态保护和修复，顺利通过国家实地评估验收。

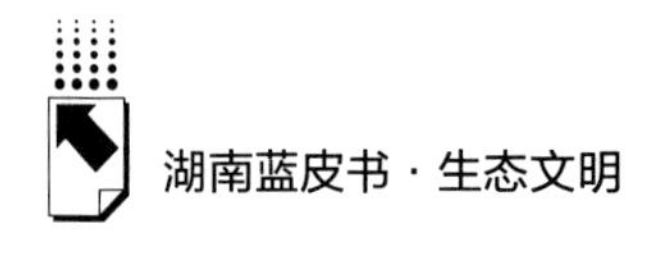

（二）强化重点突破，坚决打好污染防治攻坚战

1. 打好蓝天保卫战

颁布《2020年邵阳市蓝天保卫战工作考核办法》和《2020年邵阳市蓝天保卫战工作考核细则》，出台《邵阳市大气颗粒物污染防治条例》。3个固定式机动车遥感监测站建成使用，完成11个省级工业园区空气微型站及监测管理平台建设。严厉打击柴油货车超标排污，淘汰61台老旧柴油货车。省定3家重点企业挥发性有机物综合治理任务全面完成。全市秸秆焚烧火点数大幅下降。

2. 打好碧水保卫战

完成市区茶园头片区生活污水截污管网、红旗渠污水处理配套管网、资江南岸防洪堤等涉水环境保护基础设施建设和管网改造工程。建成乡镇污水处理厂11个。督促邵东、新邵等地推进桐江流域、槎江流域治理和孙水河锑污染专项治理项目。完成122个“千吨万人”、266个“百吨千人”饮用水水源地保护区划分工作。率先完成重点水域禁捕退捕工作，禁食退养、禁捕退捕转产转业帮扶补贴和社保补贴已全部到位。

3. 打好净土保卫战

推动生态修复提质，目前，完成了隆回小沙江地区综合治理和生态修复，78家废弃矿山综合整治也已完成。原邵阳市化工总厂污染场地治理、龙须塘老工业区重金属综合治理等8个项目验收合格。城区生活垃圾分类工作启动实施，农村生活垃圾分类回收“一村一站一员”机制在全国推介。江北垃圾填埋场封场治理项目顺利完工，新邵、邵东垃圾焚烧发电项目开工建设。

4. 打好“夏季攻势”

制定邵阳市污染防治攻坚战年度工作方案、任务清单和考核细则，明确任务，量化指标，限定整改时间，压实整改责任。组织实施污染防治集中整改“攻坚月”行动，严格落实“一个问题、一套方案、一名领导、一名责任人、一抓到底”的工作机制，有力推动全市“夏季攻势”101个任务的整改落实，在全省污染防治攻坚战年度考核中排名前三位。

（三）强化城乡联动，全力推动生态环境共建共享

1. 推进生态规划

按照《中共中央国务院关于建立国土空间规划体系并监督实施的若干意见》《中共中央办公厅国务院办公厅印发〈关于在国土空间规划中统筹划定落实三条控制线的指导意见〉的通知》和湖南省委、省政府出台的《关于建立全省国土空间规划体系并监督实施的意见》要求，调优调好生态保护红线、永久基本农田控制线、城镇开发边界线。永久基本农田划定成果核实和储备区划定基本完成，国土空间规划编制大纲基本成型，中心城区控规实现全覆盖。

2. 推进生态建设

持续创建国家森林城市，积极组织开展了“城区补绿、乡村增绿、廊道接绿、生活添绿”四大行动，各项创建指标全部达标，2020 年，全市获评全国绿化模范县 6 个，有 3 个县市建成省级森林城市，新宁入围国家生态文明建设示范县。持续开展美丽乡村建设，完成 38 个省级美丽乡村示范村建设任务，在全市打造 168 个市级美丽乡村示范点，在 3 个乡镇和大祥区开展全域推进美丽乡村建设试点。持续巩固“全国卫生城市”成果，大力开展大街小巷改造、小游园建设、垃圾中转站提质改造、建筑工地规范等“六个百分百”活动，顺利通过国家卫生城市复检。

3. 推进生态治理

扎实推进农村人居环境整治三年行动，出台《邵阳市乡村清洁条例》成为湖南首部规范乡村清洁工作的地方性法规。农村环境综合整治整县（区）全部通过省级验收，完成 2 个示范县、100 个示范村农村生活污水治理任务。通过整治的村庄饮用水卫生合格率达 95% 以上，生活污水处理率 60% 以上，生活垃圾无害化处理率 80% 以上，畜禽粪污综合利用率 80% 以上。

（四）强化问题导向，持续整治生态环境突出问题

1. 加强环保督察问题整治

把环保督察交办及反馈问题整治作为树牢“四个意识”的政治任务，严

格按照“污染消除、生态恢复、群众满意”的总体要求，分类施治，既保证问题解决质量，又不搞简单“一刀切”，一批突出环境问题得到有效解决。2020年中央环保督察反馈意见中涉及邵阳的10个问题和交办的222件信访件、中央生态环保督察“回头看”反馈意见中涉及邵阳的5个问题和交办的277件信访件已全部完成整改。省环保督察交办的444件信访件、7个督办单、9个交办单及湘环督办函〔2018〕8号文移交的5个重点问题也已全部办结。省生态环保督察“回头看”194件交办件已办结185件，办结率95.4%。

2. 加快自然生态监管与保护

成立邵阳市“绿盾2020”自然保护地强化监督工作小组，邵阳市“绿盾2017”“绿盾2018”专项行动和“绿盾2019”强化监督工作中排查发现的54个问题（线索），已按程序整改销号44个，其余10个为自然保护区内核心区和缓冲区小水电站，按要求在2022年底前退出。对全市列入整改类的319家电站开展“一对一”服务，除18家属于豁免范围的以外，全部按要求完善了环评手续。

3. 加大环境监管执法力度

全市各级环境监管执法机构紧盯环境日常监管重点，形成严格监管的高压态势，多管齐下筑牢环境安全防线。全面落实污染源随机抽查制度，2020年共发现并查处违法问题228个，全部督促整改到位，并及时在网上公示，主动接受社会监督。依法从严打击偷排偷放、非法处置危险废物、故意不正常使用防治污染设施等环境违法行为，全市共查处环境行政处罚案件总数395件，行政拘留28人，强有力地震慑了环境违法行为。

二 存在的困难和挑战

虽然邵阳市生态文明建设取得了一些成绩，但仍然存在一些短板问题。主要表现在以下几个方面。

一是环境质量持续改善压力较大。PM2.5平均浓度虽然持续下降，但离国家二级标准限值还有一定差距。邵水沿岸乡镇、农村生活污水和农村面

源污染尚未全面整治到位。

二是监管执法能力建设还需加强。基层环保队伍编制和专业技术人员不足，装备保障薄弱，与邵阳生态文明建设的新形势新要求不相适应。

三是环境保护基础设施欠账较多。城市截排污管网还不完善，老城区和城郊接合部雨污分流未到位，污水收集处理率有待提高。乡镇污水处理设施建设比较滞后，现有生活垃圾处理设施超负荷运行，垃圾焚烧发电站均尚未建成投运。

四是公众生态环保意识有待增强。“人人参与环保”的意识和行动尚有差距，部分群众绿色出行、低碳生活的自觉性不高，少数企业环境守法意识不强，环保主体责任落实不力。

三　2021年工作思路

2021 年，邵阳市将继续以习近平生态文明思想为指导，突出精准治污、科学治污、依法治污，以生态环境高水平保护，助推全市经济社会高质量发展。

（一）坚持对标对表，加大突出环境问题整治力度

抓好中央、省级环保督察及“回头看”反馈问题整改及信访件的办理工作，认真配合第二轮中央生态环境保护督察。加大资江、邵水水环境治理、大气污染防治、集中式饮用水水源地环境保护、打击固体废物和危险废物严重违法行为和“绿盾”自然保护区监督检查等重点地区、重点问题整治力度。

（二）坚持联防联控，坚决打赢蓝天保卫战

瞄准“十四五”规划目标，以降低 PM2.5 和二氧化硫年均浓度、减少重污染天数为重点，深入推进重点行业、重点领域大气污染防治。开展水泥有色行业特别排放限值、煤电水泥行业超低排放改造，深化工业炉窑大气污染、重点行业挥发性有机物污染治理。推动 20 吨/时及以上蒸汽锅炉和

14MW（万大卡/时）及以上热水锅炉安装污染物排放自动监控设备。深入推进柴油货车污染治理攻坚战，基本消除排气口“冒黑烟”现象。开展特护期专项攻坚行动，建立健全重污染天气应急联动机制。

（三）坚持精准施策，着力打好碧水保卫战

以稳步提升水质、确保断面水质稳定达标为目标，以畜禽养殖污染整治、生活污染控制、农业面源污染减量化和工业风险防范为综合治理手段，坚持环境治理工程措施与生态维护相结合，以河道清淤、水土保持整治和农村污染源治理为重点，持续开展“资江邵水”等重点流域水环境综合整治。加强县城及以上城市水源地污染综合整治，全面依法清理集中式饮用水水源保护区内违法建筑、排污口和网箱养殖，取缔采砂、捕捞及旅游、垂钓、游泳等活动。

（四）坚持城乡统筹，扎实推进净土保卫战

不断夯实工作基础，完善管控机制，稳步推进土壤污染防治。抓好土壤污染状况详查。加强农用地分类管理，启动受污染耕地安全利用、治理与修复、种植结构调整或退耕还林还草计划。严格建设用地准入管理，对建设用地开发利用全面实行土壤环境状况调查评估制度，加强受污染土壤环境风险控制，切实提高污染地块安全利用率。

（五）坚持从严从紧，加大环境执法监管力度

重点防控资江、邵水等重点流域和龙须塘老工业区、邵阳经开区等重点地区，严厉打击非法采砂、洗砂、采石及涉重金属污染等非法企业，有效防控环境风险和保护生态安全。落实“双随机一公开”监管制度，探索推行多部门联合开展“双随机”抽查工作机制。加强生态环境部门与公检法等司法部门工作联动，健全生态环境部门和行业主管部门案件线索移交、查办、联动制度，严厉打击环境违法犯罪行为。进一步发挥好环境信访和12369环保投诉举报的监督作用，确保人民群众关心关注的突出生态环境问题切实得到解决。

B.16
岳阳市2020～2021年生态文明建设报告

岳阳市生态环境局

摘　要：　2020年，岳阳市坚决担牢“守护好一江碧水”首倡地的政治责任，强力推进突出问题整改，坚决打赢污染防治攻坚战，主推生态环境质量持续改善。2021年，岳阳市将坚守绿色发展红线，加强生态保护与环境治理，重点推进长江经济带绿色发展示范区建设，继续深入打好污染防治攻坚战，不断提升全市生态环境质量。

关键词：　岳阳市　生态文明建设　污染防治

2020年，以习近平新时代中国特色社会主义思想为指导，岳阳市全面贯彻党的十九大和十九届二中、三中、四中、五中全会精神，准确把握习近平生态文明思想的深刻内涵，牢记总书记“守护一江碧水”的殷殷嘱托，以生态环境质量提升为核心，围绕长江经济带绿色发展示范区创建，坚定不移打好蓝天、碧水、净土保卫战，扎实抓好突出环境问题整改，较好完成了各项目标任务。

一　2020年岳阳市生态文明建设情况

（一）全市生态环境质量整体改善

水环境质量方面：2020年，岳阳市31个地表水考核断面水质监测达标率为 96.2%（目标值 93%），同比提高 3%；达到或好于Ⅲ类水质比例为 81.2%，同比提升 3.5%；整体水质稳步改善。长江岳阳段水质达标率为 100%，Ⅱ类水质占比 95.7%，同比上升 18.6%；洞庭湖水质综合评价达到考核标准，东洞庭湖总磷浓度为 0.063 毫克/升，年均浓度同比下降 7.4%，水质明显改善。东风湖、松杨湖水质均由劣Ⅴ类改善为Ⅳ类，芭蕉湖水质由Ⅳ类改善为Ⅲ类，南湖水质有 7 个月时间达到Ⅲ类，全市城镇集中式饮用水水源地水质达标率 100%。

空气环境质量方面：2020 年，岳阳市城区空气质量优良率为 90.7%（目标值 83%），同比提升 10.2%，全年没有出现重污染天气；空气质量综合指数为 3.79，同比改善 13.9%，其中 PM2.5 浓度为 37 微克/立方米（目标 42 微克/立方米），同比下降 14%；PM10 浓度为 56 微克/立方米（目标 68 微克/立方米），同比下降 17.6%。2020 年，岳阳市荣获全省大气污染防治财政资金奖励，是全省 6 个通道城市中唯一获奖的城市。

土壤环境质量方面：农药使用量同比减少 4%（目标 4%），测土配方施肥技术覆盖率达到 95%（目标 90%）。

森林覆盖率和湿地保护率方面：森林覆盖率和湿地保护率分别稳定在 45.3%、77.28%。

（二）突出生态环境问题整改全面完成

2020 年是上级交办突出生态环境问题集中交账之年，岳阳市将突出环境问题整改摆在生态环保工作的“头版头条”。中共岳阳市委常委会、岳阳市政府常务会 12 次专题研究部署，市委、市政府 3 月 12 日、8 月 25 日两次组织召开全市性会议安排部署、调度推进，王一鸥书记、李爱武市长做重要讲话，全体市委常委出席。市委、市政府各线分管领导严格落实“一岗双责”，压实责任链条。市人大、市政协多次组织执法检查、委员视察等活动，督促责任落实。市生态环境保护委员会坚持“月调度、月督查、月通报、双月讲评”，开展综合督查、专项督查等 46 次，发出督查通报、预警函和督办函 87 份，市委、市政府主要领导每月对督查通报进行批示，多次

深入长江、洞庭湖、东风湖等重点河湖环境整治、城区污水管网、乡镇污水厂建设等重点项目现场调研督导，强力推动了环保问题整改，需2020年底前完成销号的18个中央级交办问题全部圆满销号。2020年，岳阳市配合完成了省级环保督察“回头看”，对督办件、交办件和信访件办理高度重视，立行立改、强力整改，按时间节点有序推进。

（三）污染防治攻坚战成效明显

1. “蓝天保卫战”全面推进

开展扬尘污染整治，建立扬尘污染有奖举报制度，岳阳市政府督查室牵头，累计开展“四不两直”专项督查18次，督促整改扬尘污染问题200余个，对23个扬尘污染问题企业（项目）在媒体进行了公开曝光。开展挥发性有机物治理，完成涉挥发性有机物企业整治239家。持续深化工业炉窑大气污染专项治理，完成工业炉窑大气污染综合治理项目61个。不断提高大气监测能力，已建成颗粒物组分站1座、城市环境网格化小微站50个和3套机动车尾气固定式遥感监测系统等项目。开展柴油货车专项整治，淘汰老旧柴油货车124台，上路抽测柴油车208台，对不合格的55台进行了处罚。调整优化了高污染燃料禁燃区，修订了岳阳市重污染天气应急预案，更新了全市工业源排放清单和重污染天气应急减排清单。

2. “碧水保卫战”深入开展

加强饮用水水源保护，完成15处市、县级“千吨万人”水源地评估工作，划定77处“千吨万人”饮用水水源地保护区，摸排发现的55个饮用水水源地环境问题全部销号。深化重点流域、区域污染防治，开展华容河等不达标水体环境综合整治，整治后水质明显好转，2020年华容河水质总体为Ⅱ类。推进工业聚集区水污染治理，完成全市12家工业聚集区和工业园区17个片区的“一园一档”管理工作以及9个园区19个问题的整改销号。加快乡镇污水处理设施建设，2020年岳阳市70个乡镇污水处理设施建设全部完成，并通水试运行，实现了全市所有乡镇污水处理设施全覆盖。积极推进雨污分流改造，中心城区污水系统综合治理完成新建管网168千米，完成小区雨污分流改造面积330公顷。加强地下水污染防治，在原汨罗市生活垃圾填埋场开展地下水污染防治试点。推进船舶港口污染防治，建成6处码头船舶生活污水固定接收设施和3处码头船舶油污水固定接收设施，实现了岳阳水域内的船舶污染物免费接收全覆盖。

3. “净土保卫战”持续强化

完成农用地土壤环境质量详查，对岳阳市382家重点行业企业进行了基础信息调查和风险筛查，完成了第一批29个地块的采样检测工作。制定并公布55家土壤环境重点监管企业名单，组织对土壤污染重点监管单位周边土壤监测。大力推进农村环境综合整治，编制了农村生活污水治理专项规划或实施方案，完成100个任务村生活污水治理。在全市范围内组织开展农村黑臭水体排查，共排查出农村黑臭水体207条，正逐步开展治理，华容县被列为全省农村黑臭水体治理试点县。大力推进畜禽养殖污染防治，全市畜禽规模养殖场1589个，已配套粪污处理设施1526个，配套率达96.04%。实施化肥减量，全市建立减肥增效示范区17个，推进测土配方施肥技术面积473.6万亩。

（四）环境风险管控能力稳步提升

疫情期间，岳阳市每天派出逾百名生态环境系统执法人员，对全市医疗机构产生的医疗废物、废水进行全覆盖督查监管，涉疫医疗废物、污水都得到及时有效管控和处理，筑牢了疫情防控“最后一道防线”。强化危废管理，开展危险废物规范化管理督查考核，2020年全市13个县（市、区）全部为A级；全年危险废物跨市转移4500吨、市内转移1.2万吨，医疗废物转移3000吨，未发生安全事故。面对新冠肺炎疫情对经济发展的严重冲击，岳阳市生态环境系统积极推动复工复产，坚持“重整改、轻处罚，不整改、重处罚”的执法理念，支持实体经济发展。组织开展长江入河排污口排查、饮用水水源地保护、清废行动等专项执法行动，严厉查处环境违法行为。2020年全市立案查处案件112起，处罚金额831万元，办理查封扣押案件4起，移送拘留案件5起。加强核与辐射监管，举办了

岳阳市辐射安全与防护培训班，开展“平安岳阳”辐射事故应急演练，确保全市辐射环境安全。扎实做好信访及应急工作，全年共受理各类信访件2140件，已全部办结；在市县环境应急能力达标建设的基础上，进一步充实了市、县两级环境应急物资的种类和数量，全面提高了全市生态环境管理部门应急能力和管理水平。

（五）生态环境基础工作日益夯实

千方百计争取资金争取项目，立足于更多地从国家、省级争取项目资金解决本地环境问题，2020年共争取项目70个，争取资金5.21亿元。岳阳市申报的《湖南省岳阳市东洞庭湖流域山水林田湖草生态保护修复工程（一期）项目实施方案（2021～2023年）》已获省政府批复，成功上报自然资源部和财政部项目库，申报总投资20.6亿元。提升科技支撑能力，组织编制了《岳阳市“十四五”生态环境保护规划》《岳阳市“十四五”重点流域水环境保护规划》，完成《岳阳市水环境质量现状及变化趋势研究报告》《岳阳市生态环境问题解析报告》。依法依规审批，完成市本级审批项目140个，协助省生态环境厅审批建设项目12个，积极主动与生态环境部、省生态环境厅协调，岳阳港总体规划、绿色化工园调区扩园等重大项目通过环评审批。稳妥推进排污许可制改革，完成全市91个行业1039家企业排污许可证核发工作。加强生态文明示范县创建，湘阴县荣获全国生态文明建设示范县，平江县获评省级生态文明建设示范县。积极创建长江经济带绿色发展示范区，《岳阳创建长江经济带绿色发展示范区实施方案》经省政府常务会议审议通过，岳阳成为第5个国家长江经济带绿色发展示范城市。

二　存在的主要问题

岳阳市在生态文明建设上取得了一定的成绩，但仍然存在一些不足。主要表现在以下几个方面。

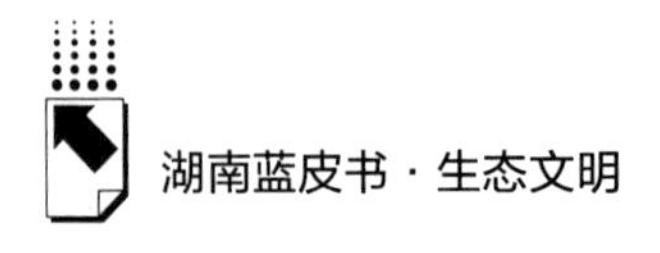

（一）重化工业排放强度仍然偏高

岳阳高度重视生态优先绿色发展，近年来一直在转方式调结构，但岳阳作为一座重化工业城市，驻有长岭炼化、巴陵石化、华能岳阳电厂、泰格林纸等一批大型央企，是中南地区重要的石化、造纸、电力能源等生产基地，重化工业和传统工业比重偏高，新兴产业、装备制造业比重偏低，长期形成的产业结构性矛盾在短期内还难以突破。2020 年，岳阳市 6 大高能耗行业增加值占规模工业比重在 40% 以上，能耗量占规模工业比重达到 82.5%；反之新兴产业增加值占比不到 25%，规模工业企业原煤、原油消费占全市能源消费总量的比重一直保持在 7 成左右，工业生产产生的二氧化硫、粉尘等污染物总量难以有效削减。

（二）污染防治攻坚任务仍然偏重

从水体环境来看，岳阳拥有 163 千米长江岸线，占有洞庭湖 50% 以上水域面积和 1500 多平方千米东洞庭湖湿地，全市水质虽然总体好转，但与控制目标还有一定的差距。少数水体不能稳定达标、水质出现下降，个别黑臭水体返黑返臭，城区雨污分流尚未完善等问题依然存在。从大气环境来看，岳阳石化产业产生的挥发性有机物排放量一直居全省前列，加之机动车保有量以年均 10% 的速度快速增加，导致尾气排放问题日益突出，同时随着城市扩张和经济发展，建筑和交通扬尘治理、油烟污染整治等都很容易出现反弹。从土壤环境来看，岳阳市土壤污染防治工作起步较晚，还未全面掌握土壤污染状况，难以准确判定土壤污染风险的分布范围和污染程度，农业生产超量使用化肥、农药的现象也还没有完全杜绝。此外，部分河流、湖泊的底泥污染问题比较突出，河湖深层污染短时间难以得到有效解决。

（三）农业农村面源污染仍然偏多

农村生活污染方面，农村环境整治虽然实现了垃圾集中处理，但大多采用填埋方式和焚烧方式，垃圾分类减量、无害化处理、废物循环利用等都还

需进一步加强。农村地区大多缺乏污水收集、拦截管网，生活污水主要为简单处理排放模式，没有从源头上提前加以防范。畜禽养殖污染方面，部分养殖场粪污处置整改标准还不够高，导致出现了一些畜禽养殖污染投诉问题。农业生产污染方面，化肥农药施用减量相对较慢，部分种子、化肥、农药的包装袋（瓶）、塑料软盘、农用塑料薄膜等没有及时回收，遗留在农田、河流及周边，带来农村环境污染。秸秆资源化利用方面，全市稻草等秸秆综合利用率达到80%，但玉米、油菜等其他农作物秸秆资源转化率、综合利用率仍然不高，还存在随意堆放、遗留耕地等现象，少数农民利用夜晚焚烧，造成空气污染。

（四）自然保护区生态治理仍然偏难

三峡工程运行之后，洞庭湖水文情形变化带来枯水时间加长、冬季水位降低，引发湿地结构变化，造成湿润泥滩面积减小，水鸟栖息地严重缩减。同时，受畜禽养殖污染和农业面源污染叠加影响，导致湿地沉水植物减少，生物多样性降低，湿地功能修复仍然任重道远。在保护区划定过程中，由于历史性原因的影响，保护区面积划定明显偏大，区内存在大量居民及生产生活设施，与应该科学划定的实际范围不相符，保护区内的生产活动对生态保护带来了很大的挑战。

（五）生态治理资金缺口仍然偏大

从直接资金投入来看，开展生态环境专项整治，地方需要投入大量的资金，对污染防治项目进行建设、改造和升级。比如，岳阳在生猪退养、欧美黑杨清退、饮用水源地保护、黑臭水体治理、土壤治理等方面，就投入了大量资金，加之生态补偿制度滞后，市、县两级财政面临巨大的收支压力。从间接资金投入来看，部分行业经过整治后，民生保障资金压力加大，比如湖区部分转产上岸的渔场和芦苇场职工，其低保、医保、住房、就业等惠民政策落实都需要财政“掏腰包”；砂石禁采后，大量从业人员面临失业，一些涉农项目关停后，湖区竹木加工等农林加工行业全面萎缩，失业救助压力显著加大。

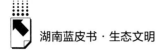

（六）环境保护责任压实仍然偏弱

少数基层单位对环保责任认识不高、担当不实，少数企业为降低生产成本，履行防治污染主体责任主动性不足，污染防治设施不正常运行，偷排偷放、超标排放等问题时有发生。与此同时，环保长效监管机制还没有完全到位，城区噪声、餐饮油烟污染、农村畜禽养殖污染等问题屡禁不绝，从而导致信访投诉相对较多。

三　2021年岳阳市生态文明建设工作要点

2021 年，是“十四五”规划起步之年，岳阳市生态环境保护工作将深入贯彻落实习近平生态文明思想，切实强化“守护好一江碧水”首倡地的政治担当和政治责任，坚决打赢蓝天、碧水、净土保卫战，协同推进经济高质量发展和生态环境高水平保护。主要工作举措有以下几方面。

（一）全链条压实生态环境保护责任

深入贯彻落实习近平生态文明思想，将生态环境保护各项重点工作纳入全市绩效考核年度计划，强化督查考核硬约束。强化底线思维和红线意识，切实肩负起环境保护重大责任。修订《岳阳市环境保护工作责任规定》《岳阳市较大及以下环境问题（事件）责任追究办法》《市级生态环境保护责任清单》，制定《岳阳市污染防治攻坚战成效考核办法》，加强考核问责；进一步完善各级生态环境保护委员会及其办公室运行机制，全面加强对污染防治攻坚战、突出生态环境问题整改、环境保护督察等重点工作的组织领导和统筹协调；强化定期调度、及时预警、随机检查、跟踪督办等措施。压紧压实属地、部门监管、企业主体责任，落实“党政同责、一岗双责”和“三管三必须”要求。强化排污者的主体责任和全民参与的社会责任，引导和规范社会组织参与监督，构建生态环境保护全民参与的社会格局。

（二）全方位巩固突出环境问题整改成效

以配合第二轮中央环保督察为契机，强力推进省级生态环保督察“回头看”反馈问题整改，巩固提高中央环保督察暨“回头看”反馈问题、长江经济带生态环境突出问题、全国人大水污染防治法执法检查交办问题、省级环保督察反馈问题等上级交办问题整改成效，持续深入推进“洞庭清波”专项整治。定期开展“回头看”，坚决防止已销号污染问题反弹。

（三）全领域深化污染防治攻坚战

1. 深化推进蓝天保卫战

强化工业企业污染治理。加强企业颗粒物无组织排放治理，对全市陶瓷、水泥、砖瓦、建材等行业各生产环节，进行全流程控制、收集、净化处理。持续推进工业企业挥发性有机物综合治理，对要求入园区的新建涉挥发性有机物排放的工业企业，提高环保准入门槛。加大现有企业挥发性有机物源头削减、过程控制和末端治理的管控力度，大力推进源头替代，鼓励使用低挥发性有机物含量原辅材料。加强餐饮油烟污染整治，督促餐饮店面使用油烟净化器，禁止露天烧烤油烟直排。强化扬尘污染整治，深入贯彻落实《岳阳市扬尘污染防治条例》，持续抓好城区建筑工地、交通建设工地、拆迁工地和道路扬尘控制，严格落实“六个100%”要求。强化秸秆焚烧监管，疏堵结合，加强秸秆综合利用，分解压实属地责任，重点时节做到秸秆禁烧巡查全天候、全方位、全覆盖，无死角。加强机动车船污染监控，积极推进加油站油气回收工作，继续加强油品质量监管，进行重污染天气应急减排清单更新。强化大气预警预报能力建设。加强工业园区大气污染监测能力建设，对全市11个工业园区在已建成的网格化监测微型站基础上，建立大气污染综合监管平台，加强特征污染物和环境质量监测及预警。完善大气污染联防联控机制，继续开展臭氧和PM2.5源解析工作，充分利用小微站、组分站、固定式遥感的检测结果，在全市建立统一协调、联合执法、信息共享、区域预警的大气污染联防联控机制。巩固非道路移动机械管理工作，对全市非道路移动机械编码登记台账进行动态更新并实行挂牌；开展非道路移动机械的入户抽测试点。

2. 深入推进碧水保卫战

继续落实长江保护修复攻坚战行动计划和洞庭湖水环境综合整治行动方案。加强枯水期水质管控。在全市主要江河湖库枯水期（每年 10 月 1 日至次年 3 月 31 日），督导各县（市、区）严格落实排查和整治、预警监测、按月考核等措施，严格管控枯水期水质。加大内湖环境整治力度。对全市范围内未达到水质目标要求的城市内湖（东风湖、南湖、松阳湖、团湖），制定水质达标方案，明确责任单位，确保内湖水质逐年改善、按期达标。深入推进环境基础设施建设，高标准、高质量完成城区污水收集管网建设项目。加强黑臭水体治理、污水处理厂运行管控、提标改造。对全市大小河湖周边排渍口进行定期巡查，对发现的因生活污水未截断导致的排渍口处水体黑臭现象立即着手整治。结合水质管控目标、现状和地方实际，挑选部分污水处理厂尾水排放进行提标改造。继续推进黑臭水体治理，巩固提升主城区 32 处黑臭水体整治成效，做好日常监管，建立长效管理机制。加大饮用水源保护，保障全市饮用水安全，对全市市、县两级“千吨万人”饮用水源地环境状况、水质状况进行评估，对全市非乡镇级“千人以上”水源地保护区进行划定。以重点流域（水体）水污染防治、农业农村污染防治、饮用水源和水质较好湖泊（水库）保护、湿地保护和修复等项目为重点，逐步解决突出水环境问题。落实《长江保护法》，深入推行河湖长制，做好华容河湖南示范河流创建试点工作，编制岳阳市水资源配置规划。持续强化重点行业、重点企业监控监管，督促工业企业达标排放。强化工业污水厂管控，2021 年全市各类工业园区污水厂全部完成在线监控并联网。开展排口整治，深入推进辖区范围内长江、洞庭湖、湘江排口“排查、监测、溯源、整治”，对流域污染防治实行全过程、全方位监管。持续推进长江岸线绿化和工业园区绿化。

3. 深入推进净土保卫战

完善土壤质量监测网络。针对现有土壤环境质量监测点位分布不均匀、监测因子不全面等问题，整合优化各类土壤监测点位，初步形成覆盖所有县

（市、区）的土壤环境质量监测网络。开展土壤污染成因分析。针对农用地和建设用地污染成因不明的问题，开展追踪溯源，建立污染源台账，并有序开展治理。加强地下水防治。针对地下水污染防治工作基础薄弱、底数不清等问题，开展全市重点区域地下水环境状况调查评估工作。强化监督管理。针对《土壤污染防治法》实施两年多来，基层监管执法能力不足、力度偏弱等问题，通过加强现场指导，深入宣传培训等手段，努力查处一批涉土壤的环境违法案件。加强项目申报和建设。准确把握国家政策，积极谋划申报一批土壤、地下水、农村环境整治项目进入中央项目储备库，及早储备一批农村黑臭水体治理项目，争取获得国家专项资金支持。继续大力推进2021年度土壤污染防治项目建设，加快实施进度，强化督导、定期调度、精准服务，力争提前到2021年10月30日前完成6个项目的竣工验收，争创省政府真抓实干激励奖励。完善监管机制。进一步完善建设用地再开发利用联合监管机制，形成规范程序，坚决堵塞漏洞，严控土壤污染风险。持续开展农业面源污染治理，抓好畜禽水产养殖污染防治、提高废弃物综合利用率等工作，到2021年，实现畜禽粪污综合利用率75%以上，粪污处理设施配套率95%以上（其中大型规模场达100%），农药包装农膜回收80%以上，秸秆利用率85%以上。分批实施农村生活污水治理和农村黑臭水体治理项目，助力美丽乡村建设，不断提升农村人居环境。

（四）全系统强化生态环境基础工作

进一步巩固拓展生态环境垂直管理领导体制和机构改革成果，建立健全各项保障机制，理顺垂改后市、县两级执法、审批、监测等方面职责分工，切实做好思想观念、政治站位、工作方式、干部形象四个方面的新转变。加强“两法衔接”工作，深化生态环保与公安等司法部门的执法联动，进一步完善错案追究制度，提高办案水平。突出突发环境事件预警防范工作，推进环境安全隐患排查整治，提高应急管理能力，妥善应对各类突发环境事件。加强环境监测，进一步完善监测网络，提高监测质量，提高监督性监测、应急监测能力水平。加强环境宣传教育，放大生态文明建设和生态环境

保护主流声音，提高社会公众对生态环境保护工作的参与度。加强环境信访办理，进一步提升信访办结率、满意率。系统谋划和编制“十四五”生态环境保护工作规划和重点领域专项规划，争取更多的项目进入国家及省级生态环境保护项目库。指导各县（市、区）启动“十四五”开局之年的生态环境保护项目建设。促进生态环境信用体系建设，充分发挥环保大数据功能和成果运用，不断完善环境信用评价管理机制，鼓励诚实守信，对违反环保法规的企业和从业人员实施联合惩戒。强化污染减排工作，积极推动并指导各县（市、区）做好污染减排工作，加强总量控制管理，为岳阳市项目建设提升发展空间。

B.17
生态常德舒画卷
——常德市2020～2021年生态文明建设报告

常德市生态环境保护委员会

摘　要：常德市历来高度重视生态文明建设工作，高位推动、上下联动铸就大环保格局，不断趋紧的生态监管和污染防治，促进生态环境质量持续改善。但是，常德市环保基础设施配套仍然落后，空气质量时有反复，生态文明制度改革创新不足。2021年，常德市将强化生态系统保护与修复,切实打好污染防治攻坚战,大力发展绿色生态产业,强化生态文明改革创新,大力推进生态共建共享,进一步巩固常德市生态文明建设基础,确保实现生态文明建设阶段目标。

关键词：常德　生态文明建设　污染防治

常德市位于湖南省西北部，是长江经济带的重要节点城市、洞庭湖生态经济区的重要组成部分，东靠洞庭湖，西连张家界。全市总面积1.82万平方千米，辖2区6县1市及6个管理区，现有人口约620万人。常德气候温和、雨量充沛、山清水秀、资源富饶，多年平均水资源总量约153.4亿立方米，粮、棉、油、水果、生猪、鲜鱼产量均居全省前列，素有“洞庭鱼米之乡”“桃花源里的城市”等美誉。

常德市高度重视生态文明建设工作，是湖南省最早提出创建生态文明建设示范市的地级市。近年来，常德市认真贯彻落实习近平生态文明思想，深刻把握“绿水青山就是金山银山”的发展理念，统筹推进“五位一体”总体布局，积极开展生态文明建设体制机制改革，加快构建生态文明法规制度体系，巩固生态发展优势，迈出了绿色、高质量发展的坚实步伐，开创了生态文明建设工作新局面。

一 基本情况

（一）工作成效

环境质量状况稳步改善。一是环境空气质量进入历史最好时期。2020 年，常德市环境空气质量持续改善，空气质量优良率达 84.7%，同比提高 9 个百分点；PM2.5 平均浓度为 41 微克/立方米，PM10 平均浓度为 50 微克/立方米，同比分别下降 14.6%、16.7%；环境空气质量综合指数 3.58，排全省第 7 名，改善幅度排全省第 3 名；纳入省考核的 7 个县、市空气质量全部达到国家二级标准。二是水环境质量改善幅度较大。2020 年 1～12 月，23 个省控及以上考核断面水环境质量综合指数改善幅度排全省第 1，优良率达到 95.7%，其中Ⅱ类 20 个、Ⅲ类 2 个（柳叶湖、西毛里湖）、Ⅳ类 1 个（蒋家嘴断面，总磷平均浓度 0.06 毫克/升，满足≤0.1 毫克/升考核要求，其他指标均优于Ⅲ类）；环洞庭湖 7 个断面、沅水干流 9 个断面、澧水干流 10 个断面水质均保持在Ⅱ类；13 个县级及以上饮用水水源地水质全部达标。

绿色筑底促进高质量发展。2020 年，常德市加大了产业结构调整力度，在一批主导产业、绿色产业相继落户常德并逐步发挥集聚效应的同时，严把生态环境准入关口，整治关停一批“散乱污”产业和企业，较好地促进了常德经济高质量发展。装备制造业与军民融合产业集群、生物医药与健康食品产业集群产值相继挺进千亿元大关，常德市的产业格局也从“一烟独秀”向“百花争艳”转变。

出清一批生态环境问题。常德市始终把突出生态环境问题整改作为重大政治任务和民生工程来抓。截至 2020 年底，2017 年以来中央、省交办的 91

个突出生态环境问题，除需持续推进的8个外，应于2020年销号的83个问题，仅剩鼎城石板滩石煤矿山整治问题正抓紧推进，其他均已销号。同时，配合完成了湖南省生态环境保护督察“回头看”“洞庭清波”行动专项督导检查，对2020年湖南省生态环境保护督察“回头看”期间指出的问题，坚持立行立改，曝光的2起典型案例已全面整改到位，交办的150件群众信访举报件已办结、阶段性办结125件。

（二）主要经验

高位推动一盘棋。始终把生态文明建设放在事关全局的重要位置抓紧抓实，着力构建党政同责、一岗双责、齐抓共管的大格局。一是对标站位谋划。严格对标党中央、国务院和湖南省委、省政府决策部署，2020年先后30多次召开市委常委会、市政府常务会、市生环委全会及市政府专题会议，谋划推动污染防治攻坚战工作；制定出台污染防治攻坚战年度工作方案、“夏季攻势”任务清单等系列文件，细化任务、清单上墙，推动生态环境保护工作落地落实。二是协调联动发力。建立并推行污染防治攻坚战月调度及常态化联点督查机制，每项重点任务明确1名市级领导领办、1个市直部门牵头督办，每个县（市、区）明确1～2名处级干部联点负责，实行一月一调度、一月一通报、一月一排名。各级领导带头坚持亲自部署调度、督促督导，带队踏勘、深入一线，市委书记、市长先后20多次带队现场检查、调研督办污染防治攻坚战工作；其他市级领导、市直部门“一把手”和县（市、区）党政主要领导坚持调度督促在现场、解决问题在一线，形成了以“关键少数”带动全员落实、合力攻坚的浓厚氛围。三是整章建制压责。出台《常德市生态环境保护工作责任规定》《常德市污染防治攻坚战考核评分细则》等文件，把生态环境保护工作纳入县（市、区）绩效考核，纳入纪检监察内容，纳入领导干部考核评价，层层传导压力、压实责任。颁布施行《常德市西洞庭湖国际重要湿地保护条例》《常德市大气污染防治若干规定》等地方性法规，坚决用法治红线牢牢守住生态环境底线。

绿色发展绷紧弦。一是大力发展绿色生态农业，大力实施“三品”工程。目前，常德市有国家级农业产业化龙头企业7家、国家级农村产业融合发展示范园3家、“两品一标”认证产品310个、规模以上农产品加工企业500多家。二是推动工业经济转型发展。大力发展战略性新兴产业，加快传统产业转型升级，鼓励工业企业绿色化改造，有力推动高新技术产业增加值快速增长，增速达12%以上，清洁能源、节能环保、电子信息与人工智能等产业产值突破百亿元。三是高质量发展文旅康养产业。桃花源景区成功创建国家5A级旅游景区，柳叶湖旅游度假区建成国家级旅游度假区。四是大力发展绿色金融。积极探索开展排污权交易，发展绿色信贷，鼓励资金投向环保产业和新能源产业。

环境监管不松劲。一是严格落实生态红线管控。生态保护红线划定以来，对生态红线功能区实行严格管控，严禁不符合功能区定位的各类开发建设活动的实施，加强生态保护红线区治理修复，按照“三不变”原则，加大山水林田湖综合治理力度。二是严格履行耕地保护责任。严格落实耕地红线保护措施，不减少面积，不改变性质，不降低功能，市、县、乡、村签订责任状，完善责任追究制度。常德市已连续18年实现全市耕地占补平衡，保证了黔张常铁路等一大批重大项目落地。三是强化饮用水水源监督管理。全市9个县级以上饮用水水源达标率为100%，全市172处千吨万人饮用水水源保护区划定和报告编制工作全部完成。

污染攻坚敢亮剑。一是全力打好蓝天保卫战。建立健全大气污染防治区域分类管控机制，加强科学预警预判，有关部门建立定期会商调度制度，建立污染源清单，实行网格化管理，针对重点区域、重点行业、重点时段，抓好建设工地扬尘、渣土清运、秸秆焚烧、工业污染排放等专项整治工作。2020年完成329台锅炉窑炉执行特别排放限值、3个65蒸吨及以上燃煤锅炉执行超低排放标准、23家重点企业落实挥发性有机物治理等改造任务，全市90%以上建筑工地落实扬尘防治“6个100%”任务，市、县两级道路机械化清扫率分别达到88%和80%。二是全力打好碧水保卫战。组织实施洞庭湖生态环境专项整治三年行动计划，彻底清理洞庭湖湿地保护区内的黑杨，开展非法砂石码头专项整治，推进造纸产能全面退出，积极开展城镇生活污水、工业园区污水和黑臭水体、农业面源污染治理工作，省级以上园区污水集中处理设施全部建成，国控、省控考核断面水质优良率达95.6%。三是全力打好净土保卫战，以推进常德土壤污染综合防治先行区建设为抓手，公布《常德市土壤环境重点监管企业名单（第二批）》，出台《常德市重金属污染防控工作方案》，形成全市21家涉镉污染源整治清单。常德市土壤生态环境保护经验被生态环境部充分肯定和推介，石门雄黄矿治理修复经验得到央视《美丽中国》栏目重点报道。

倒逼机制严追责。一是建立了生态文明建设目标评价考核机制。常德市利用绿色发展统计数据，按照生态文明建设的要求，在七个方面共设立了55项评价指标，对全市各级政府和各部门进行生态文明建设目标指数测算和考评工作，并将考核结果纳入市绩效考评体系，以此作为干部任用和领导班子考核的重要依据，有效压实了生态文明建设责任，形成了生态文明建设工作市县共同参与、部门积极联动的良好局面。二是加大生态环境执法合力。常德进一步建立健全部门联席会议、常设联络员和重大案件会商督办、信息资源共享等制度，完善生态、公安执法协作机制和生态、检察联动机制，切实强化生态环境执法，生态环保法律法规的执行力、震慑力充分显现。三是强化生态环境保护责任追究。印发了《常德市党政领导干部生态环境损害责任追究实施细则（试行）》，积极摸索领导干部自然资源及生态环境保护审计，定期调度问题整改进度，对整改不到位的突出生态环境问题，严格按要求进行问责处理。

（三）存在的问题

常德市生态文明建设虽然取得了一些成绩，但仍然存在不足之处：一是环境保护和治理压力依然较大，污水处理设施、污水管网等环保基础设施配套仍然落后，空气质量时有反复，城乡生态环境面貌离人民群众的期待还有差距；二是发展和保护还不协调，一方面加速发展和产业转型升级对资源和能源的依赖相对偏大，另一方面可允许排放总量在逐年下行，发展和保护的矛盾依然存在；三是生态文明制度改革创新不足，一些改革工作还停留在贯彻文件上，生态文明制度体系建设仍然任重道远。

二 2021年生态文明建设工作思路及建议

2021 年，常德市将继续全面贯彻落实习近平生态文明思想，积极落实生态文明建设的目标任务、战略定位和重大举措，确保实现生态文明建设阶段目标。

（一）加大生态系统保护与修复力度

一是加大生态空间管控力度，按照国家、省出台的有关生态保护红线划定和管控规定，进一步优化常德市生态保护红线布局。二是强化基本农田保护，按照“总体稳定、局部微调、量质并重”的原则，严控建设占用、统筹生态建设、加强基本农田建设。三是继续开展“绿盾”自然保护地强化监督专项行动，巩固强化针对自然保护地的部门联合监管机制，切实推进自然保护地突出生态环境问题整改销号，逐步建立符合常德实际的自然保护地长效监管机制。四是加强国土绿化和湿地保护，加快省级生态廊道建设进度，持续改善常德生态环境质量。

（二）切实打好污染防治攻坚战

一是坚决打赢蓝天保卫战。建立健全区县市、市直有关部门、市城区周边 33 个重点乡镇（街道）考核体系，确保大气污染从严从实、精准精细管控到位；突出治理重点，持续开展工业企业废气、扬尘、机动车尾气、非道路移动源、秸秆垃圾焚烧、餐饮油烟、燃煤锅炉、非煤矿山等重点行业和领域专项整治行动；强化大气污染科学防控和联防联控，确保大气污染防治更科学、更精准、更有效。二是全力打好碧水保卫战。加快实施一批水环境重点整治项目，扎实开展“洞庭清波”专项整治工作；着力抓好饮用水水源保护，确保饮水安全；持续开展省级及以上工业集聚区规范化整治专项行动，继续解决好省级及以上工业园区管网不配套、雨污不分流、治污设施及监控设备运行不正常等问题；持续开展黑臭水体整治、入河排污口排查及分类整治、沅澧干流及环洞庭湖岸线化工污染整治、农村地区畜禽水产养殖污染整治，着力改善城乡水环境质量；切实抓好水生态系统管护，严厉打击非法采砂行为，严格落实河（湖）长制，巩固河湖“清四乱”成果，打造样板河（湖）。三是扎实推进净土保卫战。坚持以农用地、建设用地、涉重金属行业等为重点，实施分类管理，推动安全利用、结构调整和生产改造，严厉打击超标排放与偷排漏排行为，加强固体废物污染防治，抓好医疗废物及特殊垃圾处置，重点开展打击进口洋垃圾、清废专项行动、“三磷”专项排查整治行动。

（三）大力发展绿色生态产业

严守生态保护红线，因地制宜发展生态农业、健康食品、乡村旅游等产业，推进粮食生产功能区和重要农产品生产保护区建设，大力发展农产品加工企业，培育一批优质特色产业园区基地。加大财政投入，鼓励绿色化改造关键技术研发和推广，在常德经济技术开发区开展绿色制造体系试点。大力发展生态旅游模式，不断完善旅游基础设施，推进全域旅游和“文旅+”融合发展，加快国家生态旅游示范区建设，做大做优做强常德生态旅游产业。

（四）强化生态文明改革创新

落实中央和省委、省政府生态文明改革工作决策部署，加快生态文明体制机制创新，建立科学的生态文明评估机制，及时总结经验，尽快形成一批可复制、可推广的制度成果。继续加强生态文明建设督查工作，对区县（市）绿色发展和生态文明建设进行压力传导，厚植“绿色”发展理念。

（五）大力推进生态共建共享

坚持生态惠民、生态利民、生态为民，探索多元化生态价值转化和共享机制，切实把“绿水青山”变成“金山银山”，真正让群众成为生态文明的主导者、建设者、受益者。积极开展生态文明建设示范创建工作，常德市尽快成功创建省级生态文明建设示范市，津市市创建国家级生态文明建设示范县，同时争创1个“绿水青山就是金山银山”实践创新基地，并统筹开展生态文明建设示范县、乡（镇）、村（社区）创建，进一步巩固常德市生态文明建设基础，促进生态文明建设成果全民共建共享。

B.18
张家界市2020～2021年生态文明建设报告

张家界市生态环境局

摘　要：2020年张家界市深入贯彻习近平生态文明思想，以污染防治攻坚战为抓手，提升生态环境质量，生态文明建设成效明显。但污染防治攻坚战力度仍需进一步加大，城乡环境保护基础能力建设有待加强，农业面源污染形势依然严峻。2021年，张家界市将紧紧围绕习近平总书记赋予湖南的"三高四新"新时代使命任务，切实加强多部门联合执法，深入打好污染防治攻坚战，强化生态环境问题整改，积极开展生态文明建设示范和"两山"基地创建，为张家界高质量发展提供坚强有力的生态环境保障。

关键词：张家界　生态文明建设　污染防治

2020年，张家界市深入贯彻习近平生态文明思想，牢固树立"绿水青山就是金山银山"理念，坚决抓好突出生态环境问题整改，打赢打好污染防治攻坚战，努力创建国家生态文明建设示范市，全面推进生态文明建设，推动实现经济高质量发展。

一　2020年生态文明建设总体情况

（一）生态环境质量持续改善

2020年1～12月，市中心城市环境空气持续改善，空气质量优良率高达97.8%，比2019年提高4.1个百分点；市中心城市PM10年均浓度43微克/立方米，较2019年下降14%；PM2.5年均浓度25微克/立方米，较2019年下降19.4%；连续三年稳定达到国家二级标准。全市国控、省控和市控考核断面水质优良，考核断面水质稳定达到功能区要求，县级以上城市集中式饮用水水源达标率100%。全市地表水环境质量、城市环境空气质量综合指数排名均居全省第1；累计完成受污染耕地安全利用59948.03亩，严格管控1400.01亩，全面完成省定目标任务。慈利县枧潭桥断面镍浓度年均值0.0228毫克/升，比2019年的0.025毫克/升下降8.8%，比2012年的0.255毫克/升下降91.06%。截至2019年底，全市四项主要污染物排放量较2015年大幅下降，其中，二氧化硫、氮氧化物、化学需氧量、氨氮排放量分别削减59.9%、28.9%、15.86%、5.64%，提前完成“十三五”污染减排目标任务。

（二）主要做法

1. 坚守政治责任，坚定不移推进生态绿色张家界建设

一是坚持思想引领。始终把“解决突出生态环境问题、改善生态环境质量、为人民谋福利”作为全市生态环境保护工作努力的方向和动力，张家界市委理论学习中心组、各级党校（行政学院），对习近平生态文明思想、习总书记考察湖南重要讲话精神、党的十九届五中全会精神，以及中央、湖南省委、张家界市委关于生态环境保护工作重要决策部署，第一时间组织学习，第一时间贯彻落实。二是坚持整体推进。张家界市委常委会、市政府常务会、市生环委会多次专题研究，全面落实《关于深入实施长江经济带发展战略建设生态绿色张家界推动高质量发展的决定》和《生态绿色张家界建设“先导工程”三年行动计划（2018～2020年）》，就生态绿色张家界建设，制定工作要点，细化责任分工，持续强力实施碧水守护、蓝天保卫、净土攻坚、大地增绿、城乡洁净五大行动，扎实开展污染防治攻坚战“夏季攻势”，机动车尾气污染、“千吨万人”饮用水水源地生态环境、省级及以上工业园水环境等一大批生态环境问题得到解决，全力推动生态绿色张

家界建设落地落实。三是坚持示范创建。全面实施《张家界国家生态文明建设示范市规划（2018 ~ 2025 年）》，坚持山水林田湖草系统治理，省级生态文明建设示范市 36 项创建指标基本达标。张家界市永定区成功晋级全国“绿水青山就是金山银山”实践创新基地，成为湖南省唯一获此殊荣的区县；慈利县、桑植县成功创建省级生态文明建设示范县。全市累计建成市级生态文明建设示范村镇 118 个。张家界荣获“2020 中国最具生态竞争力城市”称号。

2. 坚持主动作为，坚决打赢打好污染防治攻坚战

一是打赢打好蓝天保卫战。张家界市狠抓重点行业大气污染治理，桑梓火电厂燃煤锅炉超低排放改造基本完成；完成 16 家“散、乱、污”企业分类整治，其中关停取缔 8 家，整合搬迁 3 家，提升改造 5 家；全面落实水泥生产企业错峰生产计划，两家水泥厂超额完成了 2020 年第一季度 40 天的停产计划。严格机动车排放管理，淘汰老旧柴油货车 21 辆，完成 2746 台非道路移动机械编码登记工作，超额完成省定任务目标。强化扬尘污染管控，在建施工工地“六个 100%”扬尘污染防治措施全部到位，市人大常委会组织开展了《张家界市扬尘污染防治条例》执法检查，整改问题 26 个。张家界市不断加大环卫机械设备投入力度，市中心城市道路机械化清扫率达到 100%，县城建成区道路机械化清扫率达 90% 以上。强化秸秆禁烧工作，全市农作物秸秆综合利用率为 85%，秸秆卫星监测火点较 2019 年明显减少。加强大气环境监管能力建设，出台了新版《张家界市重污染天气应急预案》，完成大气污染源排放清单、应急减排清单更新和温室气体排放清单编制；加强机动车排放污染治理，全面实施汽车排放检验和维修（I/M）制度，全市 6 家机动车尾气检验检测机构全部完成三级联网；市中心城区建成投运 2 套机动车尾气固定式遥感监测系统及监控平台。二是打赢打好碧水保卫战。加强饮用水水源地保护，10 个县级及以上城市集中式饮用水水源均按要求划定保护区，完成 27 个“千吨万人”和 68 个“千人以上”集中式饮用水水源保护区划定；完成县级及以上饮用水水源地规范化建设和环境问题排查整治，设置界牌、宣传牌、警示牌 350 块，建成保护区隔离防护栏

15900 米，共整治水源地环境问题 90 个。加快推进城镇生活污水治理，全市新增建设污水处理厂配套管网 122 千米，乡镇污水处理厂管网 21.7 千米，建成乡镇污水处理厂 37 个，在建 16 个。整治黑臭水体，完成仙人溪、无事溪 2 个地级城市黑臭水体治理，黑臭水体消除率 100%。治理港口和船舶污染，建成永定区张家界旅游航道上岸点、温塘上岸点和慈利县江垭库区上岸点、鱼潭电站库区等 4 个港口码头船舶污染物接收、转运站，完成建设任务的 100%。建立澧水流域横向生态补偿机制，张家界市与常德市、两区两县（张家界市所辖的永定区、武陵源区及慈利县、桑植县）签订澧水、溇水流域上下游横向生态补偿协议，实现张家界市澧水流域上下游横向生态补偿全覆盖。深入推动落实河长制，市级河长巡河 60 余次，省级交办的 19 批 26 个问题，市级督察发现的 23 个问题，摸排"四乱"发现的 68 个问题，全部完成整改。三是打赢打好净土保卫战。设置 118 个国控土壤监测点位，开展 5 轮涉镉等重金属污染源排查。枧潭桥监测断面水质显著改善，积极落实《慈利县枧潭溪流域镍污染综合治理实施方案（2018～2025 年）》，已治理废渣 232.05 万立方米，恢复植被 33.03 万平方米，铺设废水收集管网 9852 米，建立渗滤液和矿洞涌水处理站 4 座，废水处理能力 400 吨/时。深入推进农村环境综合整治，提前完成"十三五"500 个行政村环境综合整治任务，农村生活污水治理建制村覆盖率达 82%；为了全面推动农村生活垃圾治理能力提升，对 10 个乡镇生活垃圾开展专项整治行动，建成乡镇垃圾中转站 48 个，整治非正规垃圾堆放点 24 个，90% 的村庄生活垃圾得到有效治理，"八村一区"实施农村生活垃圾源头分类试点示范。防治畜禽养殖污染，完成畜禽养殖污染治理规划编制，划定禁养区面积 1087.2 平方千米，占全市国土面积的 11.3%；完成 156 家规模养殖场的粪污处理及资源化利用配套设施改造，粪污资源化利用率达到 90.31%。严格危险废物管控，4 家收集、利用危险废物企业进入产业园区，全年累计处置医疗废物量为 1374.06 吨，其中新型冠状病毒医疗废物累计实际处置量为 1.868 吨。实施生活垃圾分类，印发《2020 年张家界市公共机构生活垃圾分类工作实施方案》，市中心城区新家园、世纪花园、江与城等小区开展生活垃圾分类示范。四是扎实推进“2020年夏季攻势”。省定6大类53项具体任务全部完成整改。其中，在全省率先完成老旧柴油货车淘汰、“千吨万人”饮用水水源地生态环境问题整治，按要求完成全国人大水污染防治法执法检查指出的问题的年度整改目标。

3. 强化问题导向，全力推进突出生态问题整改

一是全力推进中央和省级环保督察问题整改。截至2020年底，中央环境保护督察向张家界交办的71件信访件全部办结，反馈的9个问题已整改完成8个。中央生态环保督察“回头看”向张家界交办的信访件87件已办结85件，反馈的5个问题全部完成整改，其中涉张家界大鲵国家级自然保护区88座水电站，明确保留2座，其余86座水电站发电设备已全部拆除；需拆除的46座大坝、86座发电设备、57座厂房已全部拆除；88座水电站生态基流、增殖放流等生态修复措施整改到位；88座水电站全部完成整改销号。整改工作获得时任省委书记杜家毫6次批示和时任生态环境部部长李干杰2次批示肯定。省级环保督察向张家界交办的252个问题已办结249个；反馈意见指出问题29个，已整改完成26个。省级生态环保督察“回头看”向张家界转办的信访件69件，已办结52件；交办件17件，已整改完成6件；通报的2个典型案例正在整改中。二是着力推进“绿盾”自然保护地问题整改。“绿盾行动”自然保护地疑似问题台账1031个（其中：2017～2018年绿盾行动问题台账325个，2019年新增遥感疑似问题644个，2020年新增遥感疑似问题58个、自查问题10个），累计销号837个。纳入2020年“八类重点问题”97个，已销号87个，未销号10个问题无须整改或已整改完成，正在履行销号手续。

4. 立足关键环节，不断夯实生态文明建设基础

一是持续推进“四严四基”工作。印发《全面推进湖南省生态环境保护工作“四严四基”三年行动计划（2019～2021年）着力打造张家界生态环境保护铁军的实施方案》，成立了“四严四基”三年行动计划领导小组。设置了公安、检察、法院驻环保联络室，加强环境行政执法与刑事司法衔接。出台《张家界市生态环境损害赔偿制度改革实施办法》，开展损害赔偿

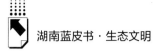

4件，涉及金额100万元。制定《长江经济带发展战略环境评价张家界市“三线一单”》。完成《张家界市“十四五”生态环境保护规划（初稿）》、《张家界市“十四五”生态环境监测规划（初稿）》。二是固定污染源排污许可已全面完成。清理整顿固定污染源排污许可和排污许可发证登记工作的速度居全省第2，第一批33个行业涉及应发证或登记企业321家；第二批91个行业涉及应发证或登记企业1216家。三是严格生态环境监管执法。全市共建成执法人员信息库5个，建成污染源信息库5个，确定污染源日常监管企业551家，其中重点排污单位27家，一般排污单位519家，特殊监管对象2家，全年开展“双随机”监管一般排污单位433家次、重点排污单位52家次，其他执法事项监管126家次，发现并查处违法问题数量79个。完成同市场监管局“双随机”系统平台的无缝对接和数据迁移。2020年，全市共实施行政处罚46起，处罚金额488.675万元。按照《中华人民共和国环境保护法》四个配套办法办理环境违法案件12起，其中查封扣押1起，限产停产2起、移送拘留8起，刑事犯罪1起。案件办理数量同比增长31%，罚款额同比增长54%。四是不断提升环境应急管理水平。组建了25人市级环境应急专家库，出台《张家界市生态环境应急专家库管理办法》。积极开展政企合作，会同中石化张家界分公司率先在全省建成首个市级环境应急物资储备库，添置各类救援物资、防护装备、处置设备56种。修订完善《张家界市突发环境事件应急预案》。2020年12月4日，依托张家界贵友环保材料科技有限公司，组织了多家单位共同参与的危险化学品泄漏突发事件应急演练。2020年12月25日，举行了张家界市2020年辐射事故综合应急演练。截至2020年底，全市共受理环境信访投诉件513件，办结513件，办结率为100%。五是努力营造全民参与浓厚氛围。举办“六五”世界环境日主题宣传活动，张家界市生态环境局组织召开了新闻发布会，举行了市级生态环境应急物资储备库挂牌仪式和中商广场环保宣传；市城管综合执法局举行了垃圾分类启动仪式；市公安局、市国资委、市水文局、市边检站等10余家单位与绿色卫士张家界大队合作开展清洁河流活动；区县生态环境分局组织学生、市

民参观环境教育基地达1000人次。加强新闻媒介宣传报道，其中《张家界新闻联播》对鱼潭电站库区及上游沿河乡镇生活垃圾专项整治行动进行跟踪报道；制作清洁河流抖音等5件新媒体产品，其中清洁河流抖音短视频24小时关注量在10万以上。

二 存在的主要问题

（一）进一步改善环境质量的压力加大

张家界市水环境质量、环境空气质量居全省前列，但部分主要污染物减排压力尚未完全缓解。城市建筑工地及道路扬尘、餐饮油烟、农作物秸秆露天焚烧等管控工作需持续加力。柴油货车和非道路移动机械污染监管工作有待进一步加强。煤矿矿井涌水污染治理推进缓慢。枧潭桥断面水质状况还有待持续改善。

（二）农业面源污染形势依然严峻

农村污染防治基础设施建设、项目资金分配、治理机制体制等方面还比较薄弱，秸秆综合化利用程度不高，还存在垃圾简易焚烧问题，农村农药、化肥严格管控有待进一步加强。农业面源污染治理在人、财、物等方面均有巨大缺口，乡镇生态环境保护力量仍比较薄弱。随着生猪养殖政策开放，后期污染治理资金难以跟上，监管难度较大，存在环境污染风险。

（三）城乡环境保护基础能力建设滞后

城市污水管网清污分流不彻底，进水浓度普遍偏低。乡镇污水处理厂仅建设截污主干管，纳污支管基本未建，污水无法纳管，尚未发挥污染减排作用。生态环境专业人才队伍建设有待进一步加强，市级环境监测站上收省里后，大量事权留在地方，现有的环境监测技术人员数量与业务水平难以完全满足监测工作需求。同时，生态环境系统人员老龄化较严重，专业技术水平有待提高。

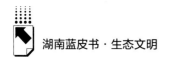

（四）自然生态保护问题依然突出

矿山无序开采情况尚未得到根本解决，矿渣乱堆乱放、侵占公益林、污染土地等情况时有发生，扬尘、废水处理等污染防治设施以及矿山生态修复尚不到位。“绿盾行动”问题整改销号进度较慢，2017 年以来建立的 1031 个问题台账，完成整改销号 837 个，仅完成 81.2%，每年仍然存在自然保护地人类活动遥感监测问题线索移交。自然保护地部分建设项目未严格按照总体建设规划实施，还存在超面积侵占自然保护地等问题。

三 2021年生态文明建设思路

（一）指导思想

全面贯彻党的十九大和十九届二中、三中、四中、五中全会精神，深入贯彻习近平生态文明思想，按照“五位一体”总体布局和“四个全面”战略布局，牢固树立新发展理念，紧紧围绕习总书记赋予湖南的“三高四新”新时代使命任务，以改善生态环境质量为核心，以达标排放和污染减排为抓手，以整改生态环境突出问题为着力点，以生态文明创建为落脚点，坚持方向不变、力度不减，进一步在生态环境保护工作深度和广度上下功夫，全力创建国家生态文明建设示范区，深入打好污染防治攻坚战，坚守生态保护红线、环境质量底线、资源利用上线，严格落实环境准入清单，推动经济和产业绿色发展、循环发展、低碳发展，实现在经济发展中保护好生态，在保护生态环境中谋发展，为张家界高质量发展提供坚强有力的生态环境保障。

（二）工作目标

张家界市中心城市 PM2.5 浓度控制在 30 毫克/立方米以下，市中心城市空气质量优良天数比例达 93% 以上。到 2021 年底，全市国控、省控、市控地表水断面水质优良比例（达到或优于Ⅲ类）保持 100%，且水质较

2020年不下降；县级及以上城市集中式饮用水水源水质达到或优于Ⅲ类比例达100%；慈利县枧潭桥重金属监控断面水质持续好转；市城区建成区黑臭水体消除比例达100%。

（三）重点工作

1. 深入打好污染防治攻坚战

突出精准治污、科学治污、依法治污，持续打好大气、水、土壤污染防治攻坚战。

（1）大气污染治理方面。深化工业企业大气污染治理。全面推进重点行业挥发性有机物污染治理。健全全市工业炉窑排放管理清单，推进烧制砖厂开展废气治理设施提质改造和在线监测设施建设。督促水泥行业完成特护期错峰生产计划和执行特别排放限值。严格执行国家、省、市相关法规，加强扬尘污染治理。全面整治采石制砂扬尘污染，落实矿山生态恢复措施。强化秸秆焚烧管控，全市秸秆焚烧卫星遥感监测火点数持续减少。强化餐饮油烟和烟花爆竹管控。推进4个灶头以上的餐饮企业安装在线监测设备和监控平台建设。严格落实重要节点重点区域烟花爆竹禁放管控。加强移动污染源管控。贯彻实施全市机动车排放监管I/M制度（机动车排气污染检测与维护制度），进一步加强机动车尾气排放监控和老旧机动车淘汰力度。开展机动车排放道路抽测执法等大气环境监管监测执法能力建设。积极应对重污染天气，落实应急减排措施，不断提高环境空气质量预报预警水平。推动非道路移动机械挂牌管理、排放监测及执法工作。

（2）水污染治理方面。持续推进饮用水水源地保护。对县级以上和“千吨万人”饮用水水源地整治情况开展“回头看”，启动乡镇千人以上饮用水水源地环境问题整治；抓好超标饮用水水源地整治，确保农村饮用水安全。持续推进城镇污水收集、处理设施建设与改造。落实县以上城市污水治理提质增效三年行动计划，加快补齐城市（含县城）污水收集和处理设施短板，2021年底，全面完成慈利县污水处理厂、杨家溪污水处理厂、桑植县污水处理厂扩建提标改造；积极推进雨污分流、老旧污水管网改造和破损

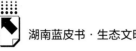

修复等工作，加快消除城中村、老旧城区和城乡接合部生活污水收集处理设施空白区，显著提升城镇生活污水集中收集效能；加快推进乡镇污水处理设施建设四年行动计划，出台乡镇污水处理收费政策和征收管理制度，保障已建成的乡镇污水处理厂正常运行。启动入河排污口排查整治，建立入河排污口管理台账，做好入河排污口设置审批工作。进一步提升工业园区水环境监管能力。推进慈利县高桥镇枧潭桥重金属监控断面水质持续好转；强化城市黑臭水体治理监管，巩固城市黑臭水体治理成果；加快推进沿江化工污染整治。推动建立枯水期环境管理制度。

（3）土壤污染治理方面。深入贯彻实施《中华人民共和国土壤污染防治法》和《土壤污染防治行动计划》，加强历史遗留重金属废渣综合整治。开展重点行业土壤污染防治和涉重金属行业企业排查整治工作，加强农用地土壤污染源头管控。强化2021年度土壤污染防治项目储备库建设，积极组织实施2020年申报入库的6个土壤污染防治项目。加强项目日常监督管理，进一步加大对永定区天门山周边区域以及慈利县大浒矿区重金属污染治理项目的支持力度，持续改善枧潭桥断面水质状况。抓好受污染耕地安全利用和严格管控以及污染地块安全利用工作。着力抓好农村污染防治工作，重点加强农村饮用水安全排查整治和农村生活污水治理；加大畜禽养殖场执法监管力度，确保规模化养殖场粪污设施配套率、正常运行率100%。坚持减量化、资源化和无害化“三化”原则，推动农村生活垃圾治理不断深入，建立城乡生活垃圾收运处理一体化模式。

2. 强化生态环境突出问题整改

聚焦中央、省级生态环保督察及“回头看”问题、“绿盾行动”，重点突出省级生态环境保护督察“回头看”反馈意见、交办问题、通报典型案例及重复信访问题以及自然保护地八大类重点问题整改，加强综合协调、督查督办、通报考核，高质量完成整改。按“山水林田湖草是生命共同体”的系统思想，从大局观、全局观推动生态环境问题整改。重点开展非煤矿山生态环境整治，按照永定区、慈利县、桑植县三区县2019～2025年普通建筑材料用砂石土矿专项规划、第四轮矿产资源规划，实现非煤矿山行业布局

合理、科学，开展非煤矿山行业专项整治，严厉打击无证、越界非法开采生产及破坏耕地、林地和滥伐林木的行为，严厉打击违法生产行为和砂石运输超载抛洒行为，规范非煤矿山开采；采取矿山废弃地复垦再利用、加快推进取缔、关闭及主体责任灭失矿山生态环境修复。对已完成突出生态环境问题整改的，及时按相关程序组织整改、核查和销号，对重点问题经常性开展“回头看”，坚决防止问题反弹。

3. 切实加强生态环境保护执法

聚焦污染防治攻坚战，开展排污口整治、矿山整治、河道采砂死灰复燃现象等执法；组织实施“清废行动”、“绿盾”、消耗臭氧层物质（ODS）、排污许可证后监管、建设项目环保“三同时”监管等执法专项行动。推进全地域、全方位、全过程执法监管，始终保持环境执法高压态势。严格规范执法，强化精准执法，严禁平时不作为、及时“一刀切”。全面实施生态环境损害赔偿。高度重视漠视、侵害群众环境权益问题，对群众投诉、举报的环境问题，迅速查办，涉嫌违法排污的，从严查处，不能以改代罚、以改代问责，查处情况要及时回复反馈。

4. 深入推进生态环境保护“四严四基”工作

一是科学编制规划。编制“十四五”生态环境保护规划及大气、水、土等各类专项规划。二是严格行政审批。按省生态环境厅要求开展“严审批”试点。根据实际情况，适时更新“三线一单”成果并对外公布；实现对所有行业和企业的排污许可“一证式”管理全覆盖；构建完善的实体政务大厅、网上办事、移动客户端等多种形式的公共服务平台；强化对第三方服务机构和人员的监督管理。三是加大监测力度。进一步完善监控平台和监控中心建设，在中心城区新建10个小微站；新增4个长江经济带水质自动监测站，严格执行监测规范，认真做好水、大气、土壤等环境监测工作。加强自动监测站和第三方监测单位监管，确保监测数据“真、准、全”，坚决杜绝监测数据弄虚作假。四是开展执法大练兵。以“全年、全员、全过程”为原则，制定完善案件审核、自由裁量权、案件登记归档、案件移交移送等制度。以执法大练兵为契机，推动执法系统提高办案数量、

提升执法技能、促进队伍建设。五是锤炼生态环保铁军。加强全面从严治党，不断深化环境监测监察垂直管理改革，强化队伍建设，提升整体素质；加强党风廉政建设，担起主体责任，落实廉政风险防控措施，积极营造风清气正良好政治生态；加强作风建设，深化形式主义、官僚主义问题整治，全面提升干事创业的精气神。

5. 积极开展生态文明建设示范和“两山”基地创建

做强特色，提升亮点，补齐短板，深入践行“绿水青山就是金山银山”理念，将生态优势转变为经济优势、发展优势，走生态优先、绿色发展之路，积极创建环境保护模范城市。永定区争创国家生态文明建设示范区，武陵源区创建国家级“绿水青山就是金山银山”实践创新基地。新增市级生态文明建设示范乡镇 8 个、示范村 30 个。

四　2021年张家界市推进生态文明建设工作的建议

（一）实施差异化考核并提高生态文明建设指标权重

张家界地处湘西北武陵山腹地，属经济欠发达地区，建议省考核市州时将张家界与经济发达地区区别对待，降低经济指标考核权重。省对市州 2020 年重点工作绩效评估生态文明指标占比仅 7 分，其中自然资源保护 1 分，污染防治 6 分，比重非常小，建议将生态文明指标权重增加至 20 分以上。

（二）加大重点生态功能区转移支付力度

张家界属国家重点生态功能区，其中 76% 的水域为大鲵国家级自然保护区，张家界为保护大鲵国家级自然保护区做出了重大牺牲，尤其 2017 年中央环保督察以来，各级党委、政府全力关停河道采砂、整治水电站，一定程度上制约了经济发展。建议加强省级统筹，加大对承担重要生态功能地区的转移支付力度。

（三）加大环保专项资金支持力度

国家、省污染防治专项资金主要支持环境质量不达标地区，环境质量越好的地区环境治理项目越难进入国家和省级项目库，导致环境质量越好的地方越得不到上级专项资金支持。张家界虽然整体上生态环境质量良好，生态资源禀赋优越，但是矿山生态破坏、水环境污染、土壤重金属污染等环境问题依然突出，建议省里在环保专项资金分配和项目安排上予以倾斜。

B.19

益阳市2020～2021年生态文明建设报告

益阳市发展和改革委员会

摘　要：　2020年，益阳市委、市政府深入贯彻落实习近平生态文明思想，按照湖南省委、省政府的决策部署，坚决贯彻“共抓大保护、不搞大开发”，以高度的思想自觉、政治自觉和行动自觉，不断探索“生态优先、绿色发展”的新路子，生态文明建设不断向纵深推进。2021年，益阳市将以“三高四新”战略为引领，深入打好污染防治攻坚战，持续改善生态环境质量，加快推进环境治理体系和治理能力现代化，奋力建设“益美益阳”。

关键词：　益阳　污染防治　城乡环境建设

一　2020年生态文明建设情况

（一）工作成效

1. 污染防治攻坚战成效显著

（1）空气环境质量明显改善。2020 年 1～12 月，益阳市中心城区环境空气质量综合指数 3.82，在全省排第 12 位，改善排名在全省排第 4 位。市中心城区环境空气质量平均优良天数比例为 84.5%，PM2.5 平均浓度为 43

微克/立方米，改善排名在全省均排第1位。

（2）水环境质量稳步提升。2020年1～12月，益阳25个国省控断面Ⅰ～Ⅲ类水质断面占比88%，同比提升4个百分点，改善排名在全省排第3位。其中，洞庭湖的南嘴、万子湖为Ⅳ类水质，达到“水十条”考核要求，大通湖总磷浓度持续下降，达到Ⅳ类水质；资江流域水质总体为优，干流各断面均为Ⅱ类水质，各断面锑浓度年均值达标，并持续下降，锑浓度均值0.0034毫克/升，同比下降19%；中心城区饮用水源水质达标率100%。

（3）土壤环境质量稳中向好。坚持“预防为主、保护优先、风险管控”原则，益阳市完成了324个土壤监测点位设置，完成31.49万亩受污染耕地安全利用和3.73万亩重度污染耕地严格管控年度治理工作任务。实现重点行业重点重金属污染物排放减排目标，较2013年重金属排放削减达14%。历史遗留污染问题石煤矿生态治理已整治到位，重点防控区域有效管控。农村环境综合整治通过省级验收。土壤污染防治项目完成情况居全省第1，获得湖南省政府真抓实干督查激励奖励。

（4）突出环境问题整改实现“凤凰涅槃”。曾经一个个满目疮痍的“矿业疮疤”变身为“矿山公园”；大通湖连续26个月退出劣Ⅴ类水质，“水下沙漠”蝶变成“水中森林”；投入资金7000余万元安全处置位于益阳城区饮用水水源上游的原益阳市锑品冶炼厂15万余吨废渣，确保了市级饮用水源持续达标；全市11家造纸企业19条生产线全部停产退出，落后生产线和设备全部淘汰，高污染造纸业在益阳成为历史；搁置7年之久的医疗废物处置项目，于2020年建成运行；困扰多年的资江流域益阳段锑浓度连年下降，从2017年年均值0.0055毫克/升下降到2020年的0.0035毫克/升，各断面月均值全部达标，特别是城北水厂、桃江一水厂、桃谷山断面锑浓度值已连续稳定达标。

2. 城乡环境基础设施建设不断完善

2020年，全市完成52个建制乡镇污水处理设施建设的夏季攻势年度目标任务，78个乡镇全部建成（接入）污水处理设施，实现全覆盖；2020年6月10日，全省推进乡镇污水处理设施建设现场会在益阳市沅江召开；

2020年11月，沅江市获评全国农村生活污水治理示范市（全国20个）。白马山渠黑臭水体整治完工，初见成效，累计完成14个城市黑臭水体整治，城市黑臭水体消除比例达100%；完成了19个乡镇建成区黑臭水体治理，县城、乡镇黑臭水体基本消除。

2020年，益阳市污泥集中处置项目建成投产，垃圾焚烧发电厂扩建工程完工，新增处理规模600吨/日，生活垃圾无害化处理率达100%，城乡生活垃圾清洁焚烧占比达40%以上；北部、西部垃圾焚烧发电项目已完成社会资本招标并签订协议，前期工作基本完成；完成52处非正规垃圾堆放点及5座垃圾卫生填埋场整治。

3. 生活垃圾分类有序推进

2020年，益阳市印发了《益阳市中心城区生活垃圾分类制度实施方案》（益政办函〔2020〕41号）、《关于印发〈益阳市中心城区生活垃圾分类制度实施方案〉的通知》、《益阳市中心城区城市生活垃圾分类工作考核评比暂行办法》（草案）、《益阳市城市生活垃圾分类投放指引》等一系列文件，成立了以市长为组长的中心城区生活垃圾分类工作领导小组。截至2020年底，全市中心城区120家处级以上公共机构、225家副科级以上公共机构，生活垃圾分类覆盖率达100%；建成资阳区汽车路街道垃圾分类示范街道，形成了较好的示范引领作用。

（二）工作经验

1. 持续高位推进，领导率先垂范

2020年，全市形成了市主要领导亲自抓、分管领导具体抓、部门联动合力抓的工作推进机制。益阳市委书记瞿海、市长张值恒先后数十次专题研究突出环境问题整改，20余次调度大通湖治理、西流湾溢流、中心城区饮用水源取水口上移、饮用水安全、大气污染防治等工作。市委常委分片包干，8个区、县（市）成立工作专班、推动整改，全力聚焦破解大气污染防治、大有猪场退养关闭、资江一号砂场拆除、石煤矿山治理、资江锑污染防治等重点和难点问题。各区、县（市）党委、政府和市直相关单位均安排

专职机构或科室统筹推进。

2. 完善考核体系，倒逼责任落实

设立150万元专项工作奖励资金，并出台了《益阳市污染防治攻坚战2020年工作方案》《益阳市2020年污染防治攻坚战考核办法》，将8个区、县（市）、16个市直部门、9个省级及以上工业园区污染防治攻坚战工作纳入市委、市政府绩效考核体系，实现考核全覆盖，对区、县（市）党委、政府实行一季一考核，对市直部门和园区加强日常调度和年底考核，将污染防治攻坚战各项工作压紧、压实、压细。充分发挥考核指挥棒作用，在干部提拔使用上，充分征求生态环境部门意见，对存在突出环境问题单位的主要负责人和分管负责人坚持不提拔、不重用、不调整。

3. 强化部门联动，凝聚最大合力

紧紧依托市生环委办、市突出环境问题整改办、蓝天办、石煤矿山整治领导小组办公室、大通湖水环境治理工作组等平台，统筹推动全市污染防治攻坚战，形成了齐抓共管、合力攻坚的良好氛围。建立“4+X”督察机制，季度督察和专项督察相结合，市委、市政府“两办”督察室、市“洞庭清波”办和市突出环境问题整改办，联合开展了高密度的督查，2020年以来，基本实行一月一督察，一月一通报；累计开展专项督察4次，日常督查12次，发放督察通报10期；对突出环境问题整改缓慢的，及时进行督办，并将工作情况纳入绩效考核范围；市整改办向各区、县（市）和市直部门下发督办函54件，推进重点工作、重点问题整改到位。市蓝天办抽调市城管执法局、市住建局、市公安局等单位业务骨干，坚持“日巡查、周会商、月通报”，对在建工地“六个100%”和企业扬尘污染防治等进行日常巡查，发现问题及时交办催办，普通问题日清日结、重点难点每周会商、工作开展情况每月通报，有效推动各责任单位工作落实。

4. 严格综合执法，体现刚柔并济

强力开展锅炉行业整治、挥发性有机物治理、混凝土搅拌站专项整治、采碎石行业环境整治、砖瓦行业专项整治、固定污染源排污许可清理整顿六大专项行动，出动执法人员3000多人次，检查企业800余家次，对污染严重、群众意见大的企业实行铁腕执法，对成长性好的企业，污染较轻、企业主动治理的，采取柔性执法，实施“五步工作法”，即排查、交办、核实、约谈、执法五步工作法，指导帮扶企业整改。2020年，益阳市共办理行政处罚案件120件，罚款1029.5万元，查封扣押2件，限产、停产2件，行政移送案件15件，司法移送案件2件；妥善处理群众投诉，全年共办理群众投诉案件1236件，同比下降42%，人民群众对生态环境保护工作满意度逐步提升。

5. 创新宣传方式，提升宣传实效

依托“节能宣传周”、“六五”世界环境日、“全国低碳日”，通过微信自媒体、微博、网站、电视台，全面开展节能环保低碳知识进社区、进学校、进企业活动，围绕“绿水青山，节能增效”“美丽中国，我是行动者”“绿色低碳，全面小康”等主题，在全面落实疫情防控各项措施的前提下，以“线上为主，线下为辅”灵活多样的形式开展节能环保低碳宣传活动。举办了“美丽益阳，绿色出行”“全民节能知识大赛答题抽奖”等系列宣传活动，形成了广播电视有影像、报刊有图文、网络有动态、内部有美篇的节能环保宣传立体攻势，先后被《人民日报》《中国环境》《新湖南》《红网》《益阳发布》《文明益阳》等数十家主流媒体进行报道转载，全市数十万人次通过活动现场、微信、微博等方式参与，取得了较好宣传效果。针对突出环境问题整改取得的成效，中国网、人民网、《中国环境报》、《湖南日报》、湖南卫视等10余家主流媒体集中给予了重点宣传报道。

（三）存在的困难和问题

1. 环境治理任务艰巨

大气环境方面，中心城区空气环境质量在全省排名靠后，大气污染治理压力大、难度大，主要是内源污染与外部输入性污染（益阳市处于北方污染物传输通道）相互叠加，严重影响中心城区空气环境质量。水环境方面，国省控断面水质优良率为88%，进一步改善空间小，特别是洞庭湖、大通

湖总磷浓度持续下降难度大，治理任务相当艰巨。土壤环境方面，益阳市是有色金属之乡，涉重金属污染还存在一定的风险。

2. 重点问题推进压力大

部分中央生态环保督察及“回头看”、长江经济带生态环境警示片突出问题整治涉及的管网建设等需要较大资金投入，资金筹措压力较大。农村生活污水治理和农业面源污染治理等重点问题点多面广，治理难度大。城区生活污水管网配套水平不高，乡镇污水管网有待完善，这些都需较长建设周期和较大资金投入。

3. 经济转型进展缓慢

益阳市地处洞庭湖腹地，畜禽养殖业和水产养殖业发达，随着长江流域全面禁渔禁捕、制浆造纸企业引导退出等一系列举措的实施，全市传统养殖业遭受了毁灭性打击。部分农民因再就业技能不高，失去收入来源；部分企业因主产业受限，再加上新旧动能转换不畅，新业态规模较小，技术力量不强，产业转型升级艰难，经济发展与生态环境保护间的矛盾愈加凸显。

二 2021年工作计划

2021 年是“十四五”的开局之年，益阳市将以“三高四新”战略为引领，在巩固污染防治攻坚战阶段成果的基础上，持续推进结构调整和绿色发展，持续改善生态环境质量，持续加强生态文明建设，奋力建设“益美益阳”。

（一）持续深入打好污染防治攻坚战

1. 大气方面

强化大气污染综合治理，加强重污染天气应对，持续开展六大专项行动，分类实施治理，继续开展工业炉窑治理和挥发性有机物治理。制定空气质量二级城市达标规划。

2. 水质方面

深入开展水污染防治，实施一批污染综合治理项目。重点抓好洞庭湖和大通湖水环境综合治理；开展入河排污口整治，开展小流域治理，进一步提升优质水比例；巩固城市黑臭水体治理成效；保障饮用水安全，深化千吨万人和农村千人饮用水水源地环境问题整治；加强工业园区水环境管理；推进城镇污水处理设施建设和污水管网建设。

3. 土地方面

加强受污染耕地安全利用和严格管控；开展耕地土壤污染排查和成因分析；加强关停退出企业的污染场地监管。加强农村生活污水治理攻坚；加快推进农业面源污染治理。加强矿山修复和保护，建设绿色矿山，严格石煤矿（尾矿库）整治运维管控，巩固整治成效；持续开展资江流域重金属治理行动，实施绿盾行动，加强自然保护地保护。持续抓好突出环境问题整改；持续推进中央生态环境保护督察及“回头看”问题和交办信访件整改，对已整改完成的工作，按照“月抽查、季覆盖”的原则开展回头看，杜绝虚假整改、表面整改、敷衍整改，确保整改实效。

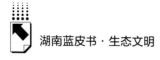

（二）加快推进治理体系和治理能力现代化

系统谋划好“十四五”生态环境保护规划，持续加强山水林田湖草系统保护，进一步突出精准治污、科学治污、依法治污，完善和落实生态环境保护的责任机制，进一步形成分级负责、齐抓共管的格局，加快推进生态环境治理体系和治理能力现代化。

（三）统筹推进城乡环境基础设施建设

统筹协调各级各部门，集中力量实施“县以上城市污水治理提质增效三年行动”“污水收集处理设施补短板强弱项”“垃圾焚烧发电项目建设中长期规划”等环境治理设施建设计划，加快推进与长江生态环保集团的合作，推动污水垃圾治理走向流域性、全局性、系统性治理。

（四）放眼全局谋划项目建设

着力谋划一批重大供水安全保障、水污染综合防治、省生态保护和修复、水文化旅游、水岸线建设与保护等项目进行储备，筛选一批符合国省资金投向的项目，积极创造申报条件，在重点流域水环境综合治理、长江经济带区域生态环境系统整治、长江经济带绿色发展、洞庭湖农村生态环境综合整治“五结合”等领域争取中央和省预算内专项资金支持；积极争取大通湖流域进入国家第二轮流域综合治理与可持续发展试点，推进大通湖流域高质量发展；加强农业农村、水利、生态环境、城乡住建、自然资源、发展改革等部门生态环保领域中央和省预算内资金整合，建立水环境治理财政专项预算；加强用地、施工环境等项目要素保障，强化项目调度督查与考核，力促项目落地实施。

B.20
坚持绿色发展　助力文明郴州

——郴州市2020年生态文明建设报告

郴州市生态环境局

摘　要： 2020年，郴州市坚持生态立市绿色发展理念，大力推进国家可持续发展议程创新示范区建设，着力强化河长制，高质量完善自然资源管理体系，完成污染防治攻坚战三年行动计划，绿色发展体系助推经济高质量发展。2021年，郴州市以深入打好污染防治攻坚战为总揽，强力推进环保督察问题整改，不断强化生态环境保护和修复，进一步改善生态环境质量。

关键词： 郴州　绿色发展　污染防治　环保督察

2020年，是郴州发展史上具有里程碑意义的一年，习近平总书记亲临湖南、郴州考察，做出重要指示，寄予殷切期望，给郴州全市人民带来巨大鼓舞和鞭策。一年来，全市上下以习近平生态文明思想为指导，深入贯彻习近平总书记考察湖南、郴州重要讲话精神，牢固树立“绿水青山就是金山银山”的理念，坚持共抓大保护、不搞大开发，始终坚持走绿色发展之路，加快生态文明改革，着力补齐生态环境短板，持续改善生态环境质量，严格落实生态环境保护责任制，坚决打好蓝天、碧水、净土保卫战。“生态郴州”建设凸显成效，让“绿水青山就是金山银山”在郴州变为了生动实践：2020年，郴州市城区环境空气质量连续第三年实现达标，11个县（市、区）环境空气质量平均优良天数比例达到97.3%；6个国控地表水考核断面达标率为100%，38个省控及以上地表水考核断面达标率为97.4%，13个县级以上饮用水源地达标率100%；全市森林覆盖率达67.94%，市城区生活垃圾无害化处理率100%，县以上城镇污水处理率95.55%。守护生态环境这个最普惠的民生福祉，在“十三五”收官之年交上了满意的答卷。

一　生态文明建设工作具体情况

（一）“以水为媒”大力推进郴州国家可持续发展议程创新示范区建设

2019年5月，国务院批复郴州市以“水资源可持续利用与绿色发展”为主题建设国家可持续发展议程创新示范区。一年多来，郴州市以打造“绿水青山样板区、绿色转型示范区、普惠发展先行区”为目标，坚定不移地走生态优先、绿色发展之路，以水为媒，以科技为动力，以可持续发展为目标，大力推进“护水、治水、用水、节水”行动，统筹推进水生态保护、水污染治理、水资源利用，加快产业转型升级和经济高质量发展。

一是建立健全“合力推进”工作机制，组织保障有力有效。设立了可持续发展促进中心，建立健全常态化调度工作机制，并纳入全市绩效考核；各县（市、区）成立专门机构，形成了省、市、县三级推进体系。

二是积极打造“四水联动”建设模式，生态环境持续优化。紧紧围绕“水资源可持续利用与绿色发展”主题，护水、治水、用水、节水协调联动、全面发力。

三是科技创新支撑逐步发力。2020年，郴州市国家或省科技部门认定高新技术企业140家，总数达279家，同比增长32.2%，1～9月高新技术产品产值增幅为7.3%，有效发明专利数同比增长13.3%。在“水资源高效利用与绿色发展”方面申请发明专利90件，90%已经转化应用。

四是绿色发展新格局逐步构建。通过示范区建设，倒逼产业绿色转型升级，抓实重点项目建设、补强产业链条、构建绿色产业体系。湖南自贸试验

区2020年8月30日获批，涵盖长沙、岳阳、郴州三个片区，郴州国家跨境电商综试区建设方案获批，重点引进世界500强企业正威集团，总投资50亿元打造正威新材料科技城。抢抓“数字经济”发展机遇，大力推进东江湖大数据产业园建设。倾力打造“红色旅游+”产业发展融合模式，推进红色旅游与脱贫攻坚、乡村振兴等融合发展，汝城县沙洲村入选“第一批全国乡村旅游重点村”。2020年9月16日，习近平总书记到湖南考察的第一站来到郴州市汝城县沙洲村，重温“半条被子”故事，追忆党的初心使命，为红色沙洲和老区人民带来了亲切关怀和鞭策鼓励。

（二）“守护一江碧水”全力做好河长制工作

一是全面完成陶家河流域综合治理项目，为子孙后代留下绿水青山。为扎实推进省委、省政府“一号工程”湘江保护工作，全市投入3.4亿元，通过项目治理，减轻了湘江流域的水污染，有效地保护了两岸耕地，改善了两岸城镇生产和生活环境，有力促进当地经济、社会、生态可持续协调发展。

二是实现全市河湖“清四乱”工作常态化、制度化。桂阳县欧阳海水库“四乱”问题形成时间久远，主体成分复杂，清理整治难度大。郴州市委、市政府高度重视、高位推动，市委、市政府主要领导多次亲临现场指导督办，全市投入1.2亿元专项资金用于欧阳海水库“四乱”问题整治。截至2020年底，桂阳县欧阳海库区共完成“四乱问题”整治218处（其中“乱占”204处、“乱建”10处、“乱堆”4处），共移动土石方300余万方，投入挖掘机、推土机等机械设备8000多台次，劳动力4万多个工日，党员干部4000余人次。欧阳海水库“四乱”问题的彻底整治，为实现郴州市河湖“清四乱”工作常态化、制度化提供了有力保障和良好示范。

三是结合实际创新方法，激活河长制“末梢神经”。在郴州市河道保洁“七大机制”“河长+河警长”“水陆同治联合督查”等创新工作基础上，进一步创新方式方法，激活河长制“末梢神经”，切实打通河长制“最后一公里”。如桂阳县浩塘镇与嘉禾县普满乡建立上下游联合协作机制，彻底解决浩塘镇邓家村“飞地”河流管理的历史遗留问题。汝城县河委会与广东省仁化县河委会签订《湖南省汝城县广东省仁化县边界河长制工作合作协议》，开展县域间跨省联合执法，共同打击流窜两地盗采河沙的非法行为。

（三）“攻坚克难”坚决打好污染防治攻坚战

一是稳步推进2020年“夏季攻势”。市领导多次专题调度污染防治攻坚战“2020年夏季攻势”；市委、市政府安全生产和环境保护特别督察组开展定期日常督查；各级各部门强化责任落实、齐抓共管；市生环委办实行“周调度、月通报”，有力推动各项任务落实落地。全年召开专题会议9次，下发通报7次，督办函19次，约谈县（市、区）分管负责人1次。全市七大类79项任务，已完成78项，完成率98.7%。

二是全力打赢蓝天保卫战。打好“控尘、控煤、控车、控烧”组合拳，全市二氧化硫、氮氧化物较2015年分别下降19.52%、25.53%，全面完成减排任务。强化机动车环检，累计检测机动车26.2万辆，合格率94.15%。完成非道路移动机械编码登记7935台。严控秸秆焚烧，积极应对重污染天气。

三是扎实推进碧水保卫战。围绕国家可持续发展议程创新示范区建设，持续推进舂陵江、郴江等流域水污染防治，全面完成湘江支流陶家河治理工程。省级工业园区77个水环境问题、“千吨万人”饮用水水源地27个问题全部完成整改销号。完成178处千人以上集中式饮用水水源保护区划分。成立了郴州市东江湖环境保护和治理委员会，颁布实施《东江湖流域水环境保护规划2020～2030年》，91个良好湖泊治理项目已全部完成并通过验收。重点抓实水环境质量下降等问题整改，扎实推进甘溪河流域马家坪断面水质超标等突出问题整改，切实保护好“一江碧水”。

四是持续打好净土保卫战。开展重点行业企业用地土壤污染状况调查，明确了全市648个地块风险等级。扎实推进涉镉污染源排查整治，296个污染源完成整治销号。全市受污染耕地安全利用率和污染地块安全利用率均完成省定目标任务。大力推进土壤和重金属污染治理。扎实抓好农村生活污水治理，完成县域农村生活污水治理专项规划编制，100个村的生活污水治理任务全面完成。依法规范畜禽养殖禁养区划定，取消无法律法规依据的禁养区84个、面积1136.8平方千米。持续推进农村环境综合整治，完成县（市、区）省级验收。

五是大力推进环保督察问题整改，强化监管执法。2017年中央生态环境保护督察296.5件信访件已全部办结；14个反馈问题已完成整改销号11个，剩余3个整改达到序时进度。2018年省级环境保护督察331件信访件已全部办结；61个反馈问题已完成整改39个，达到整改序时进度要求21个，超期未完成1个（嘉禾铸造行业转型升级问题）。2018年中央生态环境保护督察“回头看”273件信访件已办结258件，15件正在办理；11个反馈问题已完成整改并销号8个，超期未完成1个（重复信访件问题），2个反馈问题正在整改并达到序时进度要求。2020年省生态环境保护督察“回头看”共收到信访举报件106件，已办结及阶段性办结99件。持续强化环境监管执法，组织开展了“千吨万人”饮用水水源地整治等专项行动。严格污染源自动监控管理，及时办结电子督办件144件，办理环境污染投诉4810件。全年累计检查一般排污单位1319家次、重点排污单位483家次、特殊监管对象74家次。参与其他部门联合执法活动19次，检查企业44家次。2020年，全市共立案查处环境违法行为134起，下达处罚决定书131份，罚款1581.46万元。

（四）“六大转变”推进矿业转型绿色发展

2020年，郴州市被湖南省委全面深化改革委员会确定为矿业转型绿色发展改革试点市。试点以来，郴州坚持“一条新路、双轮驱动、三大体系、六大转变”，即探索一条生态优先、绿色发展、转型升级的新路子；实施科技创新和管理改革双轮驱动；构建推进示范区建设的新格局、新途径、新机制三大体系；实现矿业发展方式从粗放式增长向可持续发展转变，矿业发展要素从传统要素主导发展向创新要素主导发展转变，矿业产业分工从中低端初级加工向中高端精深加工转变，矿产资源开发利用从单一开发向综合开发利用转变，矿山生态修复从依靠政府投入向政府和市场主体共同投入转变，矿地关系从以资助式为主向以共享式为主转变的六个转变。坚持贯彻落实习近平生态文明思想和“两山”理念，全力推进绿色矿业发展，取得阶段性成效。截至2020年底，矿权数减少至390个，大中型矿山增加到104个；完成第三方评估达到绿色矿山标准的共49家，其中国家级14家，居全省首位。

二　工作经验

（一）高质量加强自然资源管理

一是健全国土空间规划体系。高标准开展国土空间规划编制，绘精绘实郴州未来发展蓝图。建立“政府主导、专家领衔、全民参与”的规划编制机制，广泛征求社会各界对国土空间规划的意见建议。高起点编制《郴州市国土空间总体规划（2019～2035年）》初步方案，完成生态保护红线调整优化、永久基本农田储备区划定、城镇开发边界方案、52个“多规合一”实用性村庄规划等工作，基本完成10余项重要专项规划和专题研究编制，各项工作高效有序推进。

二是加快全市自然资源和地理空间数据库建设。积极推进并完成郴州市数字城市市县一体化建设，全市各县市地理信息基础数据逐步实现全市统筹管理。市城区1∶500DLG（数字线划地图）数据生产更新已全部完成，并出台《数字郴州地理空间框架建设与使用管理暂行办法》。创新应用，成功申报自然资源湖南省卫星遥感应用郴州市级中心，为地理空间数据库数据更新完善提供保障。

三是建立矿山地质环境评估制度。积极开展矿业转型绿色发展改革试点工作，出台改革试点工作方案，严格执行矿山地质环境评估制度，严把矿山地质环境综合防治方案及分期验收关。按照“谁破坏、谁治理”的原则，严格要求矿山企业边开采、边治理，同时做好矿山地质环境恢复治理基金的监管工作。全域推进绿色矿山建设，制定三年行动方案，加快推进矿山生态修复工作，出台《关于进一步做好矿山地质环境恢复治理和基金管理工作的意见》，强化矿山企业生态修复治理主体责任落实，推动所有生产矿山严格落实“边生产、边恢复、边治理”。

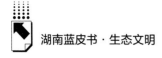

（二）夯实基础推进国家可持续发展议程创新示范区建设

一是积极探索生态补偿机制。国家层面东江湖库区享受森林生态效益补偿基金、退耕还林补助资金、饮用水源保护区财政转移支付等资金支持；省级层面已经对东江湖流域给予生态补偿；市级层面也对东江湖流域的“三县一市”给予生态补偿。

二是建立节约用水的水价机制。成立了节约用水办公室，进一步加快推进水价改革，取得了积极的进展。一方面，全面建立居民用水阶梯水价制度；2020 年，郴州市中心城区已建立居民生活用水阶梯水价制度，县（市、区）除安仁、汝城外，其他县（市、区）居民生活用水均已建立阶梯水价制度。另一方面，加快推进非居民用水超定额累进加价工作；出台《关于非居民用水实行超定额（计划）累进加价的通知》（郴发改价发〔2020〕195 号)，全面推进非居民用水超定额累进加价工作。

三是建立绿色信用体系。郴州市信用信息共享交换平台已归集郴州市发改委、郴州市市场监督管理局、郴州市生态环境局、郴州市应急管理局、郴州市科技局等单位共 330 余万条信用信息数据，相关单位定期将企业污染排放、安全生产、节能减排、科研诚信等信息录入平台。郴州市信用信息共享交换平台已实现与省级信用平台的互联互通，与郴州市“一次办结”政务服务平台和“行政处罚”系统的对接。

四是形成可持续发展公众参与机制。通过宣讲团宣讲、志愿者倡议、企业家号召、新媒体宣传等多种形式动员全社会参与，“示范区建设没有局外人”达成广泛共识。

（三）着力强化河长制工作暗访督查

建立河长制工作督察机制，扎实做好河长制暗访督察，着力解决乡村河长巡河履职、乡河长办规范化建设、河湖生态环境保护等方面的突出问题。采取“市县两级、交叉检查”的方式，实行“一季一督察、一季一通报”，并在此基础上，采取“电话抽查、暗访巡查、视频监察”等“三个抽查”的方式，线上线下，多措并举，健全完善督察督办长效机制。全市880条河流（河段）均设立河段警长和治安联络员，持续强化涉河违法行为打击力度。统筹推进河湖管护信息平台和“智慧水利”平台建设，全市共设置180个河流监控点，实施全天候实时视频监控。致力“水清、河畅、岸绿、景美”，各地共打造“样板河湖”174处。着眼系统集成，注重协同高效，在全省首创跨地区河长制联动机制，解决跨地区、跨流域无共同上级河长的河湖管护联动难题。

（四）强化基础推动绿色发展

一是建设美丽乡村，改善人居环境。分类推进农村人居环境整治，开展“厕所革命”；大力开展美丽乡村示范建设，截至2020年底，全市34个村被评为国家森林乡村，建成各级美丽乡村114个、秀美村庄117个、绿色示范村庄29个、美丽宜居村庄33个。

二是发展绿色产业，提升生态效益。截至2020年底，全市培育新型林业经营主体957个，获评省级秀美林场3个、国家森林公园4A级景区1个；列入国家森林体验重点建设基地1个、省级森林康养试点示范基地2个、全国森林康养基地试点单位6家。大力发展清洁能源，全市风电装机容量236.85万千瓦，光伏发电装机容量24.48万千瓦，新能源汽车20003辆。

三是加强治理修复，改善生态环境。截至2020年底，完成退耕还林还湿试点建设项目5个，完成河湖绿带建设1454.5亩。全市建成乡镇垃圾中转站127个、乡镇垃圾热解气化站5个，行政村生活垃圾治理覆盖率达100%，市城区生活垃圾无害化处理率100%。

（五）协同推进经济高质量发展

持续深化“放管服”改革，扎实开展“三个推进年”工作，助力郴州高质量发展，进一步规范审批流程，对重点建设和重大产业项目环评审批提前介入、专人对接，累计审批建设项目241个。持续推进“不见面”审批，对医疗卫生、防疫物资生产等8个建设项目简化环评审批手续，为项目建设和疫情防控提供便捷服务。开展了生猪养殖建设项目环评告知承诺制试点，已受理此类项目62个，批复58个，推动生猪养殖建设项目尽快落地。积极开展“严审批”试点，以“三线一单”为统领，严格把好项目准入关，坚决杜绝新建“高污染、高能耗”等建设项目，共否决不符合生态环境保护要求的项目6个；“严审批”工作经验被湖南省生态环境厅推介。完成省级“三线一单”编制对接工作，编制发布市级“三线一单”。完成99个行业2556家企业排污登记、341家企业排污许可发证工作。完成129个小水电报告书项目审批工作。

三 2021年工作打算

2021年，郴州市委、市政府将进一步深入贯彻习近平生态文明思想及习近平总书记考察湖南、郴州重要讲话精神，紧紧围绕中央、省、市生态环境领域重大决策部署，深入打好污染防治攻坚战，持续改善环境质量，重点做好以下几个方面工作。

一是强力推进中央、省环保督察反馈问题整改。继续做好中央生态环境保护督察“回头看”、省级环境保护督察反馈问题整改销号工作。认真整改省生态环境保护督察“回头看”反馈问题，配合2021年中央第二轮环保督察。

二是深入打好污染防治攻坚战。采取工业企业深度治理、移动源污染防治等措施，积极开展碳达峰、碳中和工作，力争市城区环境空气质量持续实现达标。编制并实施好《郴州市重点流域水生态环境保护“十四五”规划》，稳步推进湘江保护和治理第三个“三年行动计划”，持续推进重点流域保护与治理，狠抓甘溪河、东河等断面超标问题整治。扎实推进土壤污染防治先行区建设，加快土壤污染治理及山水林田湖草项目实施，开展农村生活污水治理、地下水污染防治，全面推进农村环境综合整治，确保全市生态环境质量持续改善。

三是大力推进生态环境保护与修复。重点推进三十六湾等矿区、陶家河流域、东河流域和舂陵江流域环境整治，继续开展尾矿库治理及日常精准化监管，认真开展“绿盾”行动，不断强化自然保护地监督和风电场的环境监管。积极开展省、市生态文明建设示范县（村、镇）创建工作，抓好汝城国家级生态文明建设示范县创建工作。

B.21
坚持示范引领　推进绿色发展

——怀化市2020～2021年生态文明建设报告

怀化市人民政府办公室

摘　要：怀化市贯彻新发展理念，深入实施绿色生态发展战略，稳步推进生态文明体制改革、建立健全生态文明体制机制，以创建国家生态文明建设示范市为推手、推进国家卫生城市建设，坚决打赢打好污染防治攻坚战，推动生态环境质量持续好转，以绿色高质量发展为主题，建设美丽“新”怀化。

关键词：怀化　示范创建　绿色发展

2020年，怀化市委、市政府始终坚持以习近平新时代中国特色社会主义思想为指导，践行“绿水青山就是金山银山”发展理念，自觉扛起“共抓大保护、不搞大开发”的政治责任，坚持生态优先、绿色发展，稳步推进生态文明体制改革，坚守生态底线，固化生态屏障，优化生态制度。以创建国家生态文明建设示范市为推手，坚决打赢打好污染防治攻坚战，推动生态环境质量持续好转，生态文明建设取得明显成效。

一　2020年怀化市生态文明建设的做法与成效

（一）以生态文明建设示范创建为推手，助力绿色高质量发展

怀化市将国家生态文明建设示范市创建工作作为绿色高质量发展的重要

抓手，并作为“十四五”时期经济社会发展重要目标。按照自下而上、全域推进的原则，2020年怀化市正式启动生态文明建设示范市规划编制工作，下辖通道县荣获国家级生态文明建设示范县命名，鹤城区、洪江市、芷江县、靖州县获得省级生态文明建设示范县（市、区）命名。截至2020年底，怀化市共创建国家级生态文明建设示范县1个，省级生态文明建设示范县（市、区）6个，占全省命名总数的1/4。同时，围绕乡村振兴战略，制定出台了《怀化市生态文明建设示范镇村管理规程及建设指标》，并对9个乡镇、村进行了命名。

（二）建立健全生态文明制度，夯实绿色高质量发展基础

1. 创新生态环境执法方式，构建以排污许可为核心的固定污染源监管制度

制定了《怀化市固定污染源排污许可工作实施方案》，全市形成了以市委、市政府组织领导、县（市、区）统筹推进的齐抓共管工作机制，确保排污许可制度在怀化落地落实。推行排污许可发证登记工作试点工作制度，以点带面在全市更多地区推广实施，助力全市全面完成排污许可全覆盖。截至2020年12月底，怀化市累计完成各类排污单位发放排污许可证743家，其中包括整改企业120家，完成登记备案3116家。不断建立完善统一行使监管城乡各类污染排放和行政执法职责制度，出台怀化市生态环境保护综合行政执法队伍的“三定方案”，明确了市生态环境保护综合行政执法支队职责。开展《怀化市生态环境保护综合行政执法事项指导目录》的制定，规范生态环境保护综合执法行为，建立全市统一的监管污染排放和行政执法职责制度。稳步推进“双随机、一公开”日常执法检查，2020年全市共抽查企业3743家次，其中重点企业697家次，一般企业3023家次，特殊企业23家次。坚持开展专项行动，打击环境违法行为，开展“千吨万人”饮用水水源地整治、打击涉危险废物环境违法犯罪、洗涤消毒行业环境问题排查整治等9个专项行动，共办理环境违法案件数139件，罚款金额533.1904万元，向公安机关移送环境违法行政拘留案件41件，环境污染犯罪刑事案件2件。

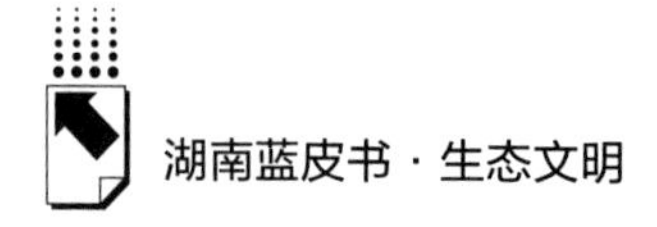

2. 确定生态环境准入清单，全面构建以“三线一单”为核心的生态环境分区管控体系

2020年12月怀化市正式发布了“三线一单”生态环境管控基本要求暨环境管控单元（省级以上产业园区除外）生态环境准入清单，建立生态保护红线和一般生态空间13910.42平方千米，占土地总面积的50.43%。生态保护红线7226.7平方千米，占比26.2%，划分为57个分区管控单元；一般生态空间面积6683.71平方千米，占土地面积比例为24.23%，划分为36个分区管控单元。建立大气环境管控分区优先保护区总面积1222.5平方千米，重点管控区面积4001.6平方千米，一般管控区面积22360.1平方千米；水环境管控分区333个，水环境优先保护区89个，面积1697.9平方千米，重点管控区231个，面积2866.25平方千米，一般管控单元13个，面积10744.83平方千米。土壤管控分区优先保护区面积2507.54平方千米、重点管控区面积5091.05平方千米，一般管控区面积19982.51平方千米、疑似污染地块234个。

3. 整合与优化自然保护区，推进自然资源产权制度改革和确权登记，完善市、县两级自然资源储备体系和资源全面节约制度

制定怀化市自然保护地整合优化工作方案，全市63处各类自然保护地经摸底调查优化整合为39处，其中5个自然保护区，34个自然公园，落图总面积197761.32公顷，占国土总面积的7.17%。开展重点区域自然资源统一确权登记，2020年全市共完成权籍调查103.2万宗，完成率100%；宅基地登记发证757899宗，完成率100%，集体建设用地登记发证5197宗；其中新发不动产权证170012宗。强化集约节约用地，2016~2019年全市完成供地率分别为86.81%、75.66%、78.26%、31.86%。全市共处置“批而未供”土地558宗，涉及批单275个，供地面积698.66178公顷。其中市本级划拨供地（道路用地、绿地）175宗，涉及批单83个，供地面积220.3138公顷。加大土地储备管理，开设了土地储备资金专户和基本户，实行专项资金与日常经费分账核算，专户管理、专款专用，确保专户与基本户资金不混用。

4. 强化流域水环境质量管理，建立流域横向生态保护补偿机制

出台了《怀化市流域生态保护补偿机制工作方案》和《关于落实〈湖南省流域生态保护补偿机制实施方案（试行）〉的通知》，明确了目标任务、组织领导、时间安排、部门职责。积极与上下游城市进行衔接，本着互惠互利、共同合作原则，与湘西自治州、常德市就沅水流域建立横向生态保护补偿机制。市本级及13个县（市、区）完成了上下游横向生态补偿协议签订。

5. 做好领导干部自然资源资产离任审计，持续完善领导干部自然资源资产保护责任履行评价体系

在审计项目实施过程中，为确保市、县审计一盘棋，形成审计合力，始终坚持加强对全市领导干部自然资源资产离任审计工作的领导和统筹。2020年，全市共实施项目25个，涉及领导干部42人，超额实施审计项目11个，全面完成自然资源审计工作。审计意见共计揭示问题162个，提出审计建议91个，撰写审计要情专报3份，移送线索1件，揭示的问题均报送同级党委、政府主要领导，得到被审计单位的高度重视和积极整改。

（三）始终坚持“在发展中保护，在保护中发展”的理念，加快推进生态创新融合发展

1. 持续推动生态旅游经济发展

推出“怀化四季、自驾旅游”等精品线路，举办“徒步雪峰山·怀化森呼吸”等主题活动，成功承办湖南红色旅游博览会通道分会场活动，有力推动疫情后文旅市场复苏，全年接待游客5030万人次，实现旅游收入400亿元。鹤城九丰现代农博园、靖州飞山成功创建4A景区，溆浦北斗溪镇成功创建湖南省特色文旅小镇。

2. 大力推进生态绿色农业发展

一是不断夯实农业发展基础。全市基本农田面积保持在383.07万亩，种植优质稻190万亩，粮食播种面积471.9万亩，总产近200万吨。水果总面积227.1万亩，产量281.6万吨，总产值76.3亿元。新建高标准农田29.08万亩，加固病险水库水闸18座，有序推进大中型灌区续建配套与节

水改造项目29处。二是加快推进农业现代化。新增省级农业特色园区4个、市级现代农业特色产业园20家、粤港澳“菜篮子”生产基地38个、绿色食品认证78个、全国名特优新农产品名录9个、国家农产品地理标志5个。新增省级农业产业化龙头企业19家、市级龙头企业34家。积极防控非洲猪瘟，严厉打击生猪私屠乱宰，生猪产能加快恢复。洪江市被认定为中国特色农产品（黔阳冰糖橙）优势区，麻阳成功入列全国柑橘产业集群基地县。三是整体推进农村人居环境整治。完成农村户厕改造30115户，新建农村公厕32座，创建农村人居环境整治示范村50个、美丽乡村示范村25个，建设省级森林乡村1422个。四是推进畜禽粪污综合利用。市政府出台了《怀化市推进畜禽养殖废弃物资源化利用实施方案》，全市13个县（市、区）均制定了畜禽粪污资源化利用实施方案。全市备案规模养殖场928家，畜禽养殖粪污产生量460.05万吨，通过生产沼气、堆肥、沼肥、肥水、商品有机肥、垫料等方式，进行还田利用379.42万吨，畜禽粪污综合利用率82.47%。全市纳入农业农村部直联直报系统“配套验收”模块的规模养殖场共560家，其中完成粪污防治设施设备配套的规模养殖场554家，设施装备配套率为98.93%。

（四）加大城市环境综合整治力度，构建生态宜居新家园

1. 开展森林城市建设

全市城区绿化新增面积5.02万亩；完成石漠化人工造林1.2万亩和封山育林27.9万亩，完成6.8万亩油茶新造或低改、3.0万亩楠竹低改、5.5万亩花卉苗木产业、91千米新建国省道绿化、200多亩生态修复等多项建设工程。大力开展义务植树，倡导植绿护绿。制定《2020年植树节怀化主城区全民义务植树活动实施方案》，组织开展义务植树活动，全市完成义务植树面积4.7万亩，建设市、县义务植树基地121个，参加义务植树有289.09万人，义务植树尽责率达95.5%，大力开展义务植树宣传活动。市、县联动开展创建活动，洪江市、中方县启动了省级森林城市创建工作，沅陵县已申报创建森林城市。城乡并重开展植树护绿活动，在主城区实施“绿城攻

坚”活动，全市新增绿地1.26万亩，在乡村组织实施千米高速高铁绿化提质、千个“秀美村庄”建设、千万亩封山育林等生态建设工程，建成国家森林乡村34个，430个乡村完成绿化建设，生态环境得到明显改善。全市完成3.98万株古树名木资源普查及挂牌保护，在芷江县开展了全省古树名木主题公园试点建设。

2. 推进城市垃圾分类工作

制定并出台《怀化市城市生活垃圾分类工作实施方案》《怀化市城市生活垃圾分类工作评估办法》和《怀化市城市生活垃圾分类工作督查评估方案》，成立了由市长任组长的全市生活垃圾分类工作领导小组，安排专项资金垃圾分类经费，对鹤城区、经开区及市公共机构共110个部门单位进行了督查评估，有效推进垃圾分类工作。市区生活垃圾分类工作有序推进，市委大院、鹤城区迎丰街道办、怀化经开区碧桂园十里江湾小区分别作为生活垃圾分类工作试点、示范片区和示范小区全力推进，市城区餐厨垃圾收集、运输、处置率已达95%以上。启动了怀化市生活垃圾焚烧发电项目建设，新建、改造垃圾中转站28座；餐厨垃圾处理项目基本建成，编制2020～2035年厨余垃圾处理实施布局方案，全市明确了4个处理设施建设点。

3. 推进国家级卫生城市建设

全力推进省卫复审工作，高分通过省卫复审考核验收。积极谋划国卫创建工作，各项工作有条不紊开展。推进绿城攻坚。全面推进公园、道路绿化、滨水绿地等创园绿化项目建设任务，加强规划编制，强化绿线管控，进一步提升绿化日常养护管理水平。文明城市创建实现全覆盖，为全省第4个实现省级文明县城（城区）全覆盖的市州。

（五）打好污染防治攻坚战，提升生态环境质量

全面推进打赢蓝天保卫战、碧水保卫战、净土保卫战、长江保护修复攻坚战、农业农村污染治理攻坚战等污染防治攻坚战七大标志性战役和四大专项行动，全力抓好上级交办的突出生态环境问题整改。怀化市制定并出台地方性法规《怀化市扬尘污染防治条例》，根据湖南省污染防治攻坚战2020

年度工作方案、“夏季攻势清单”、考核细则，结合实际制定出台了《怀化市污染防治攻坚战2020年度工作方案》《怀化市污染防治攻坚战“夏季攻势”任务清单》《怀化市2020年污染防治攻坚战考核细则》等文件，将各项指标任务分解到各县（市、区）和相关市直部门。市委常委会先后3次、市政府常务会先后3次、市生环委全体会议先后3次研究部署污染防治攻坚战；时任省人大常委会副主任、怀化市委书记彭国甫，市委副书记、市长雷绍业多次亲临一线指导、督办污染防治攻坚战任务落实情况。集中力量开展污染防治攻坚战“夏季攻势”行动，2020年污染防治攻坚战“夏季攻势”共7大类136个任务全部完成。

1. 大气污染防治工作

全面启动了颗粒物组分站建设、大气污染管控三清单编制和更新项目，完成了市区声功能区划定、高排放非道路移动机械禁止使用区划定工作。强力推动环境空气质量二级标准达标城市创建工作巡查督导，全年出动督查人员958人次，巡查工地和企业1201个，下达问题交办函79件，城区建筑工地、道路扬尘、混凝土搅拌站等行业和区域的扬尘污染得到有效控制，市城区空气环境质量得到大幅提升。2020年，怀化城区空气质量平均优良天数比例为98.1%，同比上升7.7个百分点；PM2.5、PM10平均浓度分别为29微克/立方米、53微克/立方米，同比分别下降了19.4%和19.7%；六项考核指标均达到国家环境空气质量二级标准，成功创建国家环境空气质量二级标准达标城市。全市13个县（市、区）城市空气质量平均优良天数比例为98.5%，同比上升4.0个百分点；PM2.5、PM10平均浓度分别为26微克/立方米、40微克/立方米，同比分别下降了10.3%和13.0%。全市PM2.5年均浓度在“年度空气、地表水环境质量约束性指标均完成”的城市中改善幅度排名全省第1，获得省政府真抓实干激励考核奖励。

2. 水污染防治工作

完成了15个县级以上集中式饮用水源保护区环境状况评估、49处乡镇千吨万人集中式饮用水源保护区和527处农村千人以上集中式饮用水源保护区划定工作，全面落实主要河流30个控制断面生态流量；市本级城市建成区黑臭水体消除比例100%，进入长治久清阶段；深入推进非法码头整治，完成169艘老旧船淘汰工作，全市7个船舶污染物收集点建设完成并正常运行。2020年，全市地表水水质总体为优，41个考核断面达Ⅰ类的3个、Ⅱ类的38个，达标率为100%；全市15个城市集中式饮用水源地全部达到Ⅱ类水质以上，达标率为100%。

3. 土壤污染防治工作

加强重点企业监管，更新土壤环境重点监管企业名单，确定30家企业为2020年全市土壤环境重点监管企业，督促重点企业开展土壤、地下水自行监测和编制土壤污染防治方案，并向社会公布，同时对30家土壤环境重点监管企业周边地块开展监督性监测。加大重金属监测断面监控力度。积极开展农用地涉镉排查整治，通过污染源排查、开展现场核查，形成两批涉镉整治清单，共计整治任务18个，分批下达涉镉排查整治计划，截至2020年底，所有整治任务已全部完成销号。认真组织土壤污染防治项目储备库项目申报，其中靖州县金鸡岩裸露矿区及废渣污染风险管控项目、中方县花桥磷矿老矿区历史遗留污染整治项目已成功纳入中央土壤污染防治项目储备库。2020年，获得土壤污染防治专项资金3260万元，启动实施了怀化市鹤城区分水坳废弃矿区风险管控等5个项目。积极推进区域土壤污染治理与修复成效评估，印发了《关于加快开展土壤污染治理与修复成效评估的通知》，13个县（市、区）均已完成土壤污染治理与修复成效评估工作。

二　2021年怀化市生态文明建设思路

2021年，是“十四五”开局之年和建党一百周年，怀化市将以习近平新时代中国特色社会主义思想为指导，坚持稳中求进工作总基调，立足新发展阶段，贯彻新发展理念，构建新发展格局，以推动高质量发展为主题，以深化供给侧结构性改革为主线，继续打赢打好污染防治攻坚战，全力创建全国生态文明建设示范市和全国生态产品价值实现机制试点市，推动生态环境质量持续好转，切实为人民群众提供更多优质生态产品和优美生态环境，努力建设五省边区生态文明中心城市。

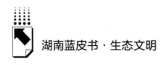

（一）全面实施生态文明建设规划

坚持走高质量绿色发展之路，全面推进生态文明建设示范创建工作。拟定怀化市生态文明建设示范创建工作纲领性文件，构建“党委领导、政府负责、人大政协监督、县市部门协作、全市人民参与”的创建体系，形成上下联动、市县同创的工作格局；高质量推动完成怀化市生态文明建设示范市规划编制并组织开展实施，建立全面高效宣传机制，充分发挥传统媒体和新媒体的宣传教育引领作用，探索建立创建工作监督考核机制；积极按照市县同步、共同推进的原则，统筹协调“两山基地”创建试点、国家生态文明建设示范县创建、市级生态文明建设示范镇村建设工作，形成上下联动、市县同创的工作格局。

（二）持续改善环境质量

1. 继续打好污染防治攻坚战

巩固环境空气质量二级标准达标城市建设成果，空气优良率达95%以上。巩固提升河长制工作，扎实做好“十年禁渔”工作。持续开展饮用水水源地环境问题专项整治，确保沅水干流及主要支流考核断面水质优良比例达到考核目标。强化重金属和工矿企业污染治理，确保污染地块、受污染耕地安全利用率均达90%以上。积极开展国土绿化行动，推进林长制试点和生态廊道建设，继续实施1000万亩封山育林工程，森林禁伐面积达1000万亩以上，完成营造林70万亩，森林覆盖率稳定在71%以上。

2. 稳步提高资源利用效率

优化产业、能源、交通结构，推进建材、电镀、造纸等重点行业绿色转型，抓好矿业转型和绿色矿山建设。全面建立资源高效利用制度，实行能源和水资源消耗、建设用地总量与强度双控。推动市生活垃圾焚烧发电项目年内开工建设，加快推进生活垃圾分类工作，积极创建生活垃圾分类和资源化

利用示范区。建立县级医疗废物收集转运体系，推进市医疗废物处置中心提质扩能建设。

3. 大力倡导绿色生活方式

积极规范“散、乱、污”企业 50 家，引导企业形成绿色发展方式。拓展已有建筑绿色化改造范围，绿色建筑覆盖率达 100%。落实国家 2030 年前碳达峰行动要求，加快推广清洁能源，积极推广应用新能源和清洁能源车，加快共享单车定点停摆场等设施建设。

（三）发展生态经济

1. 集中力量发展生态制造业

加快建设湖南重要电子信息产业基地，大力推进华晨被动元器件、向华电子磁性材料等新项目建设，全力支持奇力新、向华、华晨、金升阳、合利来、正向等企业做大做强。加快建设五省边区生物医药产业基地，支持正清、正好、博世康等企业发展，启动新晃极冰龙脑萃取产业园、洪江市康养基地项目，加快龙脑樟、黄精、茯苓等中药材标准化基地建设，力争生产面积达 100 万亩，实现综合产值 120 亿元。加快建设新材料（精细化工）产业基地，依托恒光科技、双阳高科、久日新材等重点企业，延伸精细化工上下游产业链。启动立坤、华晟等新材料项目，抓好科捷铝业高精密超平铝板、长沙新材料镁合金制品等生产线建设，加速推进高新区新材料产业园建设。

2. 做大做强生态旅游业

以文旅融合全域旅游示范市建设为抓手，大力发展生态文化旅游产业，实现接待游客 5800 万人次、旅游收入 460 亿元。支持芷江受降旧址创建 5A 级景区，新增高 A 级景区 1 个以上。支持雪峰山文旅集团以雪峰山旅游板块为重要支撑，实施区域整合，打造雪峰山山地旅游度假区，唱响“锦绣潇湘・神韵雪峰”大品牌。以千里沅江、百里画廊为依托，加快建设一批特色乡村旅游点。扶持溆浦北斗溪民宿旅游、沅陵借母溪、洪江古商城、黄岩旅游区打响品牌。

3. 发展山地精细生态农业

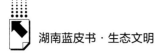

打造“六大强农”行动升级版，努力把中药材、水果、茶叶、蔬菜、畜禽水产、粮油、竹木等 7 个产业培育成百亿产业。积极培育新型经营主体，新增市级以上农业产业化龙头企业 18 家以上。积极创建国家农业高新技术产业示范区，新增省级特色农业产业园区 2 个以上。强化农业科技支撑，加强农产品产地环境监测与管理，深入推进测土配方施肥。加强非洲猪瘟、柑橘黄龙病等动植物重大疫病防治，积极扩大生猪生产。

4. 持续推进商贸物流业发展

以国家骨干冷链物流基地建设为抓手，大力发展现代商贸物流产业，年内新增重点商贸服务企业 20 家，力争商贸物流产业增加值达 410 亿元。完成佳惠农产品（冷链）物流产业园二期工程，推进怀化国际（东盟）物流产业园、高新区产业物流园二期、怀化农科园冷链物流园、义乌中国小商品城二期项目建设，启动以辰溪公铁水多式联运物流园为重点的节点商贸物流项目建设。

5. 开展“两山银行”试点工作

深入学习浙江省丽水“两山银行”先进理论和经验，积极探索推进“两山银行”试点创新工作，筹划碳排放权交易，积极探索碳达峰、碳中和途径，高水平推进生态资源转化成生态产品，打通“两山”金融转化渠道，为推动地方绿色产业发展提供强有力资金保障。

（四）夯实基础能力建设，确保生态环境安全

加强生态环境基础设施建设，包括市政、交通、能源、信息通信、环保、生态服务等各个领域。加强城市道路交通网建设，同时提倡绿色出行、公交出行等；统筹规划建设城市供水水源、给排水、污水和垃圾处理等基础设施，提升污水处理系统和垃圾收集处理系统功能，使之适应城市发展需求；做好垃圾分类的基础设施建设，大力发展废旧物品回收产业，建立健全多种渠道和方法的废弃物回收体系；加强城市公用设施建设，改造延伸城市供水管网，提高供水率和供水质量。加强天然气储配站和管网建设，提高供

气质量；加强信息基础设施建设，整合信息资源，推进通信网、电视网和互联网“三网融合”，推进农村信息化进程。

（五）加大生态文明建设宣传力度，增强全民参与意识

构建生态文明建设宣传体系，扩大生态文明宣传覆盖面，拓宽宣传渠道，提升宣传质量，提升全民生态文明意识。同时进一步拓宽公众参与环境保护的渠道。加大环境保护执法力度，强化执法监督，积极鼓励社会公众参与并监督环境保护；鼓励民间组织开展环保公益活动等。

B.22
娄底市2020～2021年生态文明建设报告

娄底市人民政府

摘　要：2020年，娄底市坚持以习近平新时代中国特色社会主义思想为指导，认真贯彻习近平生态文明思想，以改善环境质量为核心，以打好污染防治攻坚战为抓手，持续推进"碧水、蓝天、净土"保卫战和锡矿山区域环境综合治理攻坚战，深入落实环保督察反馈交办问题整改，全市生态环境质量总体持续改善，环境安全稳步巩固，人民群众的优美生态环境需要得到明显满足。

关键词：生态文明　污染防治　绿色低碳

一　2020年推进生态文明建设情况

2020年，娄底市委、市政府自觉扛起"守护好一江碧水"政治责任，污染防治攻坚战33项任务、"夏季攻势"124项任务全面完成，建成重点镇污水处理厂13个，清理整改小水电150座，第二次全国污染源普查工作获国务院通报表扬，河长制工作获全省先进。完成禁捕退捕年度任务，在全省率先建成资江视频监控系统。全力打好锡矿山区域环境综合治理攻坚战，锑煤矿区生态保护修复试点工程验收销号，砷碱渣无害化处理线投入运行。国家森林城市建设总体规划通过国家评审。

（一）空气质量稳步提升

娄底中心城区无重污染天气发生，空气质量优良率为95.9%，较2019年提升8.2个百分点；环境空气质量综合指数为3.56，较2019年下降0.58；PM2.5均值浓度为33微克/立方米，较2019年下降7微克/立方米；PM10均值浓度为55微克/立方米，较2019年下降11微克/立方米；中心城区空气质量达到国家二级标准。冷水江市、涟源市、双峰县、新化县空气质量优良率分别为88.3%、94%、94%、95.9%，空气环境质量进一步改善。

（二）水环境质量继续向好

纳入考核的14个国、省控地表水断面中，13个达到Ⅱ类水质标准，1个达到Ⅲ类水质标准，水质改善情况居全省前三位。7个县级以上“城市集中式饮用水水源地”水质全部达标，水环境质量进一步提升。

（三）土壤环境质量持续巩固

完成受污染耕地安全利用和严格管控面积24.22万亩，受污染耕地修复后安全利用率达91%，无开发再利用的污染地块，土壤环境质量安全可控。

（四）主要污染物减排任务圆满完成

二氧化硫、氮氧化物、化学需氧量和氨氮等四项污染物排放总量分别削减14610吨、3658吨、4260吨和1305吨，年度和“十三五”规划总量减排目标均圆满完成。

二　主要做法

（一）坚持高位推动，工作机制逐步完善

2020年，市委、市政府先后16次召开全市性的生态环境保护工作部

署、调度、推进会议。一是优化工作机构。调整设立了市突出环境问题整改和配合环保督察工作领导小组，由市委书记任组长，市长和分管市领导任副组长，重新组建市生态环境保护委员会，下设污染防治攻坚战和蓝天保卫战两个工作专班，由市长任委员会主任并兼2个工作专班组长，分管市领导任委员会办公室主任，各县（市、区）也对照完善了机构的职能职责，抽调人员专职负责日常工作。二是主动接受监督。及时向市人大常委会报告生态环境保护工作，坚持高标准办理人大代表建议案，办结率、见面率、满意率均达100%。三是加强督促指导。市政府分管领导先后3次约谈工作滞后的责任单位，督促各级各相关部门严格落实环境保护“党政同责、一岗双责”和“三管三必须”等要求，形成一级抓一级、层层抓落实的工作格局。

（二）围绕发展质量，产业结构逐步优化

针对长期以来传统工业比重过大、发展方式相对粗放的问题，娄底市实施“创新引领、开放崛起”战略，制定《娄底市高质量发展监测评价指标体系（试行）》，大力推进“加速转型、奋力赶超”，切实加大生态环境源头治理力度。完成整治“散乱污”工业企业388家、关闭石灰窑51家、采石场89家。坚持新办企业一律进园区，引导企业开展清洁生产，积极创建绿色制造企业，培育引进一批高新技术企业和资源综合利用企业。

（三）突出责任导向，问题整改全面落实

中央和省环保督察共反馈指出的57个问题已整改完成44个，其余13个整改任务达到序时进度，完成率80%。涟源汇源煤气、新化阳星锑品和锡矿山砷碱渣无害化处理线三个年度重点整改任务均已对照方案完成并上报销号。阳星锑品历史遗留的7795.6吨砷碱渣已全部外委处置；涟源汇源煤气公司污染治理和卫生防护距离内房屋搬迁问题已完成整改；锡矿山砷碱渣无害化处理线技改项目已建成投入试运行，将逐步处置历史遗留的15万吨砷碱渣。2020年省环保督察“回头看”交办娄底14批次信访件164件，已办结61件。全国、省、市人大常委会《水污染防治法》等贯彻实施情况执法检查

指出的29个问题，已整改完成20个，其余达到序时进度。全国、省人大常委会《土壤污染防治法》等贯彻实施情况的执法检查指出的问题，包括“政府和部门法治意识不强，企业和个人对土壤污染危害认识不足”“土壤污染防治缺乏顶层设计”等共性问题和“新化县阳星锑品厂历史遗留砷碱渣”“锡矿山地区田再坳废渣综合整治工程方面”等个性问题，正在抓紧整改。

（四）紧盯“夏季攻势”，污染防治纵深拓展

以项目建设为抓手，对污染防治攻坚战年度任务实行挂图作战。把生态环境投入作为公共财政支出的重点，2020年，市、县两级共投入18亿元，同比增长7.8%。通过狠抓重金属污染治理、关闭煤矿废水治理、饮用水源地达标整治、城市黑臭水体治理、危险废物排查整治和重点排污企业达标整治等重点领域工作，“夏季攻势”124项年度任务已完成，污染防治攻坚战33项年度任务已全部完成。

水污染防治方面，完成13个乡镇污水处理厂主体设施建设；6个省级及以上工业园区均实现“一园一档”，污水稳定达标排放；乡镇级千人以上饮用水水源已划分175处，已全部完成审批；完成21个关闭煤矿废水治理项目，涉及煤矿42家；娄底一污提标扩建、娄底二污提标改造已完成并投入运营；地级、县级城市建成区和乡镇黑臭水体消除比例达到100%；加强船舶污染防治，在娄底经开区白鹭村建设并启用船舶垃圾收集站。

大气污染防治方面，高标准实施钢铁、电力行业超低排放改造，12个钢铁超低排放改造项目已全部完成；3个工业窑炉年度专项治理任务已全部完成；270个加油站、2座储油库均已完成油气回收治理；完成全年淘汰23台老旧柴油货车的任务；228个建筑工地均达到扬尘防治“六个100%”的要求；中心城区170家规模以上餐饮企业油烟废气净化设施已全部安装完成；初步建立市生态环境局和市气象局会商机制，基本达到3天准确预报、7天趋势预报的能力。

土壤污染防治方面，实施完成娄底轻中度污染安全利用类耕地23.28万亩和严格管控类措施的重度污染耕地9400亩的工作任务，达到受污染耕地

安全利用率91%的既定目标；完成2020年度土壤污染防治项目储备库建设，启动2021年度及“十四五”土壤污染防治项目储备库建设；开展危险废物专项大调查大排查，强化危险废物管控；扩大医疗废物处置中心的处置能力，增加一条10吨/日的蒸煮线，年处置能力达5000吨，完全满足全市医疗废物处置要求；全市病虫短期预报准确100%，农药使用量1193.6吨，实现全市农药减量2.6个百分点；2020年未发生因耕地土壤污染导致的农产品质量安全事件，未出现疑似污染地块或污染地块再开发利用不当事件。

锡矿山区域环境综合治理方面，2018年全面打响锡矿山区域环境综合治理攻坚战，三年来共规划实施项目86个，2020年底已完成73个。砷碱渣无害化处理线已投入试运行，该区域历史遗留的7500余万吨一般固废已全部处理完毕，生态修复、风貌改造等工作均在有效推进。通过治理，锡矿山区域环境质量逐步得到改善，青峰河万民桥断面砷、锑年均浓度分别下降77%、31.1%，砷浓度从2019年8月开始稳定达标，涟溪河民主桥断面砷稳定达标，锑浓度下降33.3%，治理成效被国家和省予以高度肯定。

（五）严格环境准入，监管执法力度加大

制定娄底市“三线一单”，按照生态保护红线、环境质量底线、资源利用上线和生态环境准入清单，严把项目审批关，建设项目环境影响评价和环保“三同时”执行率100%。在简化环评审批手续、下放审批权限、为民服务等方面完善了环评改革措施，重新修订《生态环境建设项目环境影响评价文件审批程序规定》，为环评制度探索出一套可复制、可推广的娄底模式。坚持严格执法，加强司法联动，设立法院、检察院工作联络室。2020年全市共立案查处环境违法案件138件，其中移送行政拘留7起、查封扣押、限产停产、环境污染犯罪各1起，罚款金额1140万元。

三　2021年生态文明建设工作思路

2021年是实施“十四五”规划、深入打好污染防治攻坚战和锡矿山区

域环境综合治理攻坚战的开局之年。娄底市坚持以习近平生态文明思想为指导，聚焦绿色低碳发展，奋力开创生态文明工作新局面。

工作目标：突出环境问题进一步解决，重点区域生态环境质量进一步改善；实现中心城区空气环境质量稳定达到国家二级标准；地表水考核断面全部达到Ⅲ类以上，集中式饮用水稳定达标；污染土地安全利用率超过90%；完成省定主要污染物减排和碳排放减量任务；确保不出现较大以上的环境安全事件。

一是压实监管责任，持续巩固环境保护工作“大格局”。根据《湖南省生态环境保护工作责任规定》和《湖南省重大生态环境问题（事件）责任追究办法》，出台娄底相关制度文件。充分发挥市生态环境保护委员会统揽全局、协调各方、牵头抓总的作用，督促各级党委、政府牢固树立“绿水青山就是金山银山”的理念，全面落实“党政同责、一岗双责”和“三管三必须”，督促企业落实主体责任，引导社会力量投身生态环境保护。

二是保持战略定力，持续推进生态环境保护修复。坚定不移贯彻“共抓大保护、不搞大开发”方针，把修复长江生态环境任务摆在压倒性位置，切实加强水污染防治和水生态保护修复，解决区域性、流域性污染问题，确保集中式饮用水水源地水质安全、达标，地表水达到或优于Ⅲ类。实施长江十年禁渔，扎实推进资江水域禁捕退捕。坚持山水林田湖草系统治理，推动生态系统功能整体性提升。认真落实河长制，推进河库系统治理，改善水域生态功能，提升生态系统质量和稳定性，继续抓好全国、省、市人大《水污染防治法》执法检查指出问题的整改工作，确保娄底市生态环境进一步好转、社会各界法律责任进一步落实。

三是紧盯减污降碳，持续改善大气环境质量。加快推动重点矿山和重点厂区的环境污染综合治理，强力推进钢铁、水泥企业的超低排放改造，消除重污染天气，实现中心城区空气质量稳定达到国家二级标准和县、市空气质量明显改善。把应对气候变化摆在更突出位置，加强臭氧和细颗粒物协同控制。

四是坚持标本兼治，着力推进突出环境问题整改。抓好中央和省环保督察交办反馈问题整改，制订并落实省级环保督察“回头看”整改方案；继续推进锡矿山区域环境综合治理，开展重点行业土壤污染整治，加强农用地土壤污染源头管控和受污染地块安全利用，持续抓好全国、省人大《土壤污染防治法》执法检查指出问题整改工作；抓好关闭煤矿矿井废水、采碎石行业等专项治理；加强危险废物医疗废物收集处理；加强固体废物处理处置以及磷污染和重金属污染防治。

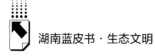

五是完善机制体制，不断建设现代化队伍和治理体系。进一步理顺机制体制，着力疏通垂改后各县、市分局生态环境工作责任的承担和落实难以完全到位的堵点，强化基层环境监管职能，健全网格化环境监管体系，建立双向发力、条块结合、各司其职、权责明确的环境管理新模式。建立健全生态环境损害赔偿制度，全面实行排污许可制，加快“三线一单”与国土空间规划体系的衔接，加强和规范生态环境综合执法体系建设，强化生态环境治理能力。

六是突出绿色低碳，加快构建可持续发展格局。落实国家碳排放达峰行动方案，深入推进零碳区域创建，加快建立排污权和碳排放权交易市场体系，实现减污降碳协同效应。落实可持续发展战略，持续淘汰落后产能，全面推行重点行业和领域绿色化改造，倡导简约适度、绿色低碳的生活方式，创建节约型机关、绿色家庭、绿色学校、绿色社区。全面建立资源高效利用制度，推行垃圾分类，加快推动形成绿色发展方式。

B.23

湘西自治州2020～2021年生态文明建设报告

湘西土家族苗族自治州人民政府研究室

摘　要： 2020年，湘西州以习近平生态文明思想为指导，以创建世界地质公园为契机，进一步提高政治站位，将生态文明建设放到更加突出的位置，实行最严格生态环境保护制度，加强生态环境规划编制和地方性法规建设，环境质量持续改善，生态文明建设取得明显成效。2021年，湘西自治州将继续推进污染防治整治、生态保护修复、绿色发展、生态环境监管执法、地方性法规和体制机制建设等，加快建设美丽开放幸福新湘西。

关键词： 湘西　生态文明建设　污染防治　生态保护修复

2020年，湘西土家族苗族自治州（以下简称湘西州）深入学习贯彻习近平生态文明思想，牢固树立和践行新发展理念，认真落实党中央、国务院以及省委、省政府关于生态文明建设的各项决策部署，全州上下坚持生态文明立州，围绕打造国内外知名生态文化公园总愿景，大力推进生态文明建设，取得了明显成效。

一　2020年湘西州生态文明建设主要做法与成效

2020年，湘西州成功申创世界地质公园，是全国2个成功申创世界地质公园的地区之一；成功纳入全国传统村落集中连片保护利用示范市州，成为全国10个传统村落集中连片保护利用示范市州之一；花垣县纳入国家绿色矿业发展示范区试点；《湘西土家族苗族自治州生物多样性保护条例》经审议通过，湘西自治州是全国332个地级行政区中第一个颁布生物多样性保护地方性法规的市州。全州林地面积1741.5万亩，森林覆盖率70.24%，已经成为全国最绿的地区；地级城市吉首市空气环境质量优良天数99.5%，空气环境质量达到国家二级标准，综合指数全省排名第2；全州34个监测断面水质达标率为100%，10个地表饮用水水源地的水质达标率100%；全面完成省定污染地块治理、受污染耕地安全利用和严格管控任务，污染地块安全利用率达91%，土壤环境质量总体可控。

（一）不断完善生态文明制度体系，实行最严格生态环境保护制度

加强地方性法规和体制机制建设，坚守生态保护红线、永久基本农田、城镇开发边界三条控制线，实行最严格的生态环境保护制度。

一是强化规划引领。坚持生态优先，秉承绿色、可持续发展原则，建立国土空间规划体系，积极推动以“多规合一”为主的国土空间规划改革，统筹山水林田湖草等生态要素，优化国土生态空间布局，厚植湘西生态优势。湘西州“三线一单”编制工作已全面完成，生态红线评估调整工作基本完成，全州生态红线面积37.8余万公顷，占国土总面积的24.47%，其中，自然保护地有20.58万公顷纳入生态红线保护，调整后生态红线与城镇开发边界线、基本农田、合法矿业权冲突基本消除，为未来城镇发展、各类项目落地预留了空间。

二是健全体制机制。深入推进生态环境机构垂直管理制度改革，深入推进“四严四基”工作，对垂直改革做“加法”，增加人员编制83名，州级二级事业机构升格为副处级、各分局二级机构提级为副科级，明确建立州生态环境局区域环境监测站。进一步建立健全环保、公安和检察联席工作机制，大力开展“双随机”执法检查，强化环境监管执法合力；全面推进环境空气自动监测系统改造升级、大气环境质量限期达标规划、“天地车人”

一体化移动源排放监控体系、大气网格化监测等项目建设；加强生态环境监管，已建成空气环境自动监测站10座、地表水环境自动监测站16座，安装重点污染源废水、废气在线监控设施91套，基本实现重点污染源在线监控全覆盖。

三是强化制度保障。在全国地市级行政区层面率先出台《湘西土家族苗族自治州生物多样性保护条例》，编制出台了《湘西土家族苗族自治州西水河保护条例实施细则》，修订完善了《湘西土家族苗族自治州环境保护条例》，生态环境保护法律法规制度体系进一步健全；印发了《湘西州生态环境局关于明确县市分局综合行政执法和行政许可相关事项的通知》和《湘西自治州全面推行行政执法公示制度执法全过程记录制度重大执法决定法制审核制度的实施方案》，进一步规范生态环境保护综合行政执法和行政许可工作；制定出台了《湘西自治州环境保护工作责任实施细则（试行）》和《湘西自治州环境问题（事件）责任追究办法（试行）》，推进生态环境保护审计和自然资源资产离任审计，切实压紧压实“分级管理、属地为主、党政同责、一岗双责、失职追责”和“三管三必须”责任。

（二）切实践行新发展理念，加快推进绿色发展

全州上下立足新发展阶段，牢固树立“绿水青山就是金山银山”的发展理念，推进一、二、三产业融合发展，实现经济建设与生态建设双赢。

一是大力发展绿色生态富硒有机农业。坚持推进农业生产规模化、要素现代化、运营市场化、园区专业化、发展集群化，大力实施农业特色产业提质增效“845”计划，茶叶、油茶、柑橘、猕猴桃、中药材、烟叶、蔬菜、特色养殖8大特色产业发展迅猛，全州农业特色产业面积430万亩，建成了全球最大富硒猕猴桃基地、中国最大的椪柑和百合基地、全省最大的茶叶基地，成为中国“黄金茶”之乡和全国优质烟叶基地。初步形成“一县一业”“一乡一特”“一村一品”的产业开发格局，“湘西香伴”品牌影响力不断扩大。

二是大力发展新型绿色工业。以花垣绿色矿业发展示范区创建为契机，湘西州出台了《湘西自治州推动矿业绿色发展实施方案》，突出抓好绿色矿

业、生物科技及生物制药业、文创产业、食品加工业等产业的提质增效，坚决淘汰高能耗、高污染、附加值低和带动能力弱的落后产能；突出抓好新一代信息技术、新材料、电子信息、新能源、数字创意等战略性新兴产业培育，推动产业集群发展；大力推进锰锌钒矿采选冶炼一体化发展，同时加强陶土、铝土、页岩气等矿产资源开发，有序推进27座绿色矿山建设（2020年建设11座），有效实现了矿山地质环境恢复治理，保护了矿山生态环境。扎实有序推进露天矿山开采加工专项整治，全州露天矿山从471家减少至222家。

三是大力发展生态文化旅游业。初步探索出了保护非物质文化遗产与传统村落有机结合、保护非遗项目与发展文化旅游产业有机结合、保护文化遗产与文旅深度融合的湘西特色模式和样本。积极推进等级景区创建，力争矮寨奇观景区成功申创5A级景区，凤凰古城、老司城达到5A申创标准，拥有世界文化遗产老司城、国家历史文化名城凤凰古城等1517处各类历史文化古迹及172个村寨，各类文化旅游企业4000多家，特别涌现出了一批营业额破千万元的特色文化旅游商品企业和高端民宿；游客服务中心、停车场、接驳体系、旅游标识标牌、A级旅游厕所、安全预警救援等旅游基础设施加快建设，星级酒店、宾馆、民宿等接待服务设施进一步提升，3000千米旅游快慢体系进一步完善，智慧旅游建设有序推进，提高旅游公共服务供给质量。

四是大力推进美丽湘西建设。城镇面貌焕然一新，地下综合管廊、路网、停车位、公厕等基础设施及配套设施进一步完善，城区污水、垃圾处理实现全覆盖，黑臭水体得到有效治理，海绵城市建设持续推进，老旧小区改造、棚户区改造、保障性住房建设等加快推进，实施了一批净化、绿化、美化、亮化工程。乡村颜值发生蝶变，加强非物质文化遗产传承，创建了300个美丽乡村精品村，申报成功20个中国少数民族特色村寨、172个中国传统村落，留住了历史文脉；加快特色小镇建设，着力打造里耶、边城全国特色小镇，凤凰国际文化艺术旅游小镇、苗儿滩特色文旅小镇、保靖吕洞山茶旅小镇，永顺松柏猕猴桃小镇、龙山洗洛百合小镇等一批省级特色产业小镇。

（三）坚决打好污染防治攻坚战，全面提升生态环境质量

以提高生态环境质量为核心，以满足人民对良好生态环境的需要为重点，着力打好污染防治攻坚战。

一是打好蓝天保卫战，持续推动空气质量改善。扎实推进“气化湘西”建设，实施了“天地车人”一体化移动源排放监控体系、水泥行业升级改造、空气质量自动监测站建设、挥发性有机物治理等13个重点项目，深入推进道路扬尘治理、工地“六个100%”、餐饮油烟达标排放，全州空气环境质量持续改善。2020年，省下达湘西州二氧化硫、氮氧化物减排任务为：“二氧化硫消化新增量，持续推进工作”，截至2020年底，二氧化硫、氮氧化物新增削减量分别为706吨、569吨（上报数），超额完成省下达年度和“十三五”减排任务。

二是打好碧水保卫战，强化水资源保护和高效利用。全面落实河长制，进一步扛起管水治水重大责任，推动生态环境高质量发展。实施饮用水水源地环境保护工程项目，饮用水源保护区规范化建设，实施重点减排项目6个、水污染防治项目11个，完成2个地级、12个县级、20个“千吨万人”、113个“千人以上”饮用水水源地保护区划分工作，实施农村污水治理153个村。开展地级、县级饮用水源规范化建设，排查出的“千吨万人”饮用水水源地生态环境问题整治任务18个、省生态环境厅交办问题3个，均已完成整改销号。2020年，34个国省控地表水断面、10个地表饮用水水源地水质达标率为100%。

三是打好净土保卫战，保障土壤环境安全。湘西州印发了《尾矿库污染防治基础工作验收的指导意见》《湘西自治州尾矿库污染防治工作方案》，全州已有26个尾矿库完成污染治理，23个正在治理，重点推进花垣尾矿库闭库治理和浮选企业整治，闭库治理88座和关停浮选企业162家，完成了花垣锰锌高科、保靖化工二厂、凤凰华宇、保靖化工马老虎沟等项目治理，污染土壤治理达200亩；加强耕地保护，全州划定基本农田保护面积234万亩，推广测土配方施肥技术458.8万亩次、覆盖率达到92%，农药用量

1069.02 吨，同比下降 4%；基本摸清全州污染地块的分布情况，完成受污染耕地安全利用和严格管控面积 15.9 万余亩，污染地块安全利用率达到 91%，全州土壤环境质量总体良好，环境污染可控。

（四）坚持对标对表，抓实突出生态环境问题整改

湘西州高度重视突出环境问题整改，实行“一月一调度、一季一督查”，对标对表，紧紧围绕矿业、水、大气、土壤等领域环境突出问题，强力推进专项治理，环境质量得到持续改善。

一是中央、省环保督察反馈问题整改按期推进。中央、省环保督察交办问题 362 个，已完成整改 357 个，完成率 98.6%。高效配合完成 2020 年省生态环保督察“回头看”工作，交办湘西州的 37 件问题已办结 31 件。审计署指出的花垣县太丰冶炼公司危废超期储存问题，提前一个月完成 15.86 万吨现场转移处置任务，正在按程序销号。长江经济带生态环境警示片披露的花垣县文华锰业渣库渗滤液出现渗漏和外排问题，已启动搬迁治理，正在进行整改。

二是矿业环境综合整治成效显著。强力推进矿业环境问题综合整治，深入开展道路扬尘防治和涉矿村环境整治，加强尾矿库治理和生态修复，全面淘汰落后产能，依法取缔“小散乱污”浮选企业 162 家，关闭电解锰企业 9 家、退出产能 11.1 万吨，铅锌企业全面整合成 1 家综合矿业集团，矿业环境综合整治取得重要阶段性成效，省政府已对花垣县矿山环境污染问题解除挂牌督办。花垣县 100 多家工矿企业转型发展农业特色产业，走出了“矿业转农业、黑色变绿色、老板带老乡”的新路子，被列为全省矿业绿色发展改革试点县，州委、州政府高度重视花垣太丰公司等有关环保问题的整改，州财政安排资金 8000 万元用于花垣县突出环境问题整改。

三是“夏季攻势”任务全面完成。严格落实新《中华人民共和国环境保护法》的相关规定，聚焦黑臭水体、畜禽养殖污染、建筑工地扬尘污染、餐饮油烟污染、农村违建别墅等事关群众切身利益的问题，深入开展专项整治，严厉打击环境违法行为，解决了一批群众反映强烈的环境信访问题整

改。生态环境部门依法公开污染防治、监管执法、环境影响评价审批、大气环境质量和相关法规政策标准等重点领域信息，加强涉及群众反映强烈的环境信访问题监管，省定涉及湘西州“2020 年夏季攻势”问题（任务）共 6 大类 44 项全面完成。

二　2021年生态文明建设工作重点

2021 年，湘西州将全面贯彻党的十九大精神和十九届二中、三中、四中、五中全会精神，坚决贯彻落实习近平生态文明思想，继续巩固扩大生态文明成果，国家和省地表水考核断面水质优良比例达到 100%，8 个县、市环境空气质量优良天数比例平均达到 92% 以上，森林覆盖率继续保持 72% 以上，推动形成人与自然和谐发展的现代化建设新格局，为全面建设社会主义现代化新湘西开好局、起好步，以优异的成绩庆祝建党 100 周年！

（一）坚决打好污染防治攻坚战

湘西州作为长江经济带重要生态屏障，坚决扛起生态文明建设的政治责任，强势推进大气、水、土壤环境污染三大保卫战，确保圆满完成既定的各项工作任务。

一是深入开展水污染防治行动。坚持方向不变、力度不减，持续加大污染防治力度，巩固三年攻坚成果。全面推行河长制，加强美丽河流创建，统筹水资源、水生态、水环境治理，推动重点流域生态保护修复，加强源头水系和水质良好水库生态保护；持续巩固深化城镇、乡镇“千吨万人”饮用水水源整治成果，推进“千人以上”饮用水水源问题整治，加强排污口、工业园区污水处理监管。持续开展城市黑臭水体整治、环境保护专项行动，加快推进乡镇污水处理设施建设；加强工业园区污水处理，做好船舶、码头和高速服务区污染防治。

二是深入开展大气污染防治行动。制定空气质量改善规划，稳步推进全州空气质量提升，加快“气化湘西”建设，推进吉首市特护期污染治理；

持续推进挥发性有机物综合整治、工业炉窑大气污染综合治理和水泥等重点行业深度治理，制定轻中度污染管控措施，更新完善应急减排清单，继续实施重污染天气应急减排分级管控，有效应对中重度污染天气；提升城市区域、交通和功能区声环境质量，进一步加大对建筑施工噪声、社会生活噪声、交通噪声和工业噪声源头治理力度，全州确定两个噪声扰民典型案件，加强噪声污染防治；做好“全国低碳日”和“保护臭氧层”等宣传活动。

三是深入开展土壤污染防治行动。严格污染土壤管控，推进农用地分类管理。加大农业面源污染治理，开展农村人居环境整治。持续开展危险废物专项整治，加强有毒有害化学物质环境风险防控。开展各项重点领域的环境安全隐患排查，持续推进尾矿库污染治理。重视新污染物评估治理体系建设。开展“四废”整治专项行动。加强受污染地块安全利用和保护，加强关停退出企业的污染场地管理，推进受污染场地调查，推进受污染场地治理。持续开展“白色垃圾”综合治理，推进“无废城市”建设。

四是持续发起污染防治攻坚战“夏季攻势”。继续筛选一批群众反映强烈、对环境质量影响较大的环境问题，采取项目化、工程化、清单化形式进行污染防治攻坚，对涉及中央交办突出环境问题整改、入河排污口的排查整治、涉挥发性有机物项目治理、千人以上乡镇饮用水水源地整治、尾矿库污染整治等集中开展大排查、大整治行动。

（二）加强生态保护和修复

坚持生态优先，切实把生态环境保护和修复摆在压倒性位置，加快推进生态保护和修复工作。

一是落实推进长江保护修复攻坚战八大专项行动。全面落实长江十年禁渔，统筹推进重点流域岸线治污治岸治渔，推进山水林田湖草系统治理，优化拦河水利工程管控和整治，加强水土流失综合治理，巩固拓展流域退耕还林还湿成果，改善河流连通性。

二是推进“绿盾”行动和国土绿化行动。全面推进以国家公园为主体的自然保护地体系建设，推进自然保护地问题整改和生态保护红线监管，配

合完成2015～2020年全州生态状况变化遥感调查评估。建立和推行林长制，全面推进矿山整治和生态修复、采砂采石专项整治、绿色矿山创建、尾矿库治理。

三是实施碳排放达峰行动。健全议事协调机构。成立湘西州应对气候变化及节能减排工作领导小组，统筹碳排放达峰行动。启动全州碳排放达峰相关工作，制定碳排放达峰行动计划，编制应对气候变化达峰行动方案和“十四五”应对气候变化专项规划。

四是加强生物多样性保护。严格执行《湘西土家族苗族自治州生物多样性保护条例》，制定实施细则，推进生物多样性保护重大工程，加强特有珍稀濒危野生动物及其栖息地保护，完善生物多样性保护网络。丰富生物多样性宣传形式。

五是加快推进“五彩森林”建设。以全州23条主要旅游大通道、现有公路和即将建成旅游交通公路、省道、县道公路以及1813个村、社区为范围，充分利用湘西“绿”和“青”的浓厚底色，以红、黄、白（叶、花）为主要树种，重点实施千里红色走廊、千里黄色走廊、千里白色走廊、万亩花海走廊和重要旅游通道、秀美村庄建设工程，构建“自然、多彩、连通”的“红、黄、白、绿、青”生态廊道与山水林田湖一体的健康稳定生态系统，全力打造特色明显、景色宜人、色彩斑斓的“五彩森林”。

（三）助推经济绿色发展

充分发挥绿色生态优势，把绿色优势转化为发展优势、经济优势、竞争优势，把“绿水青山变成金山银山”。

一是立好绿色发展规矩。进一步建立健全“三线一单”制度体系，加强“三线一单”编制与国土空间规划的有效衔接，优化“三线一单”成果和数据运用平台，落实分区管控措施。深入贯彻《排污许可管理条例》和生态环境部《关于构建以排污许可制为核心的固定污染源监管制度体系实施方案》，构建以排污许可制为核心的固定污染源监管制度体系，加强排污许可证事中、事后监管。落实企事业单位和产业园环保信用评价管理办法，

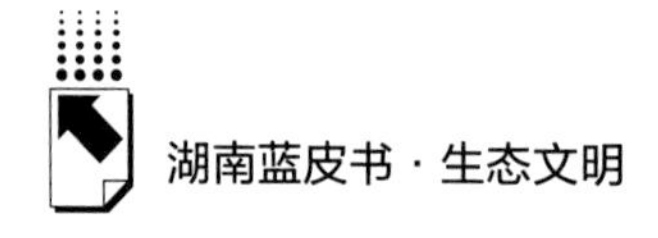

加快推进环保信用体系建设。

二是进一步提高服务质量。推进环评审批和监督执法“两个正面清单”改革举措制度化，全面落实《建设项目环境影响评价分类管理名录（2021年版）》，切实践行新发展理念，对名录未做规定的建设项目，不纳入建设项目环境影响评价管理。加强对重大项目环评审批指导服务，落实建设项目环境影响评价告知承诺制审批，对符合环保政策要求的基础设施、民生项目开辟绿色通道。加大园区赋权力度，做到“应放则放、应放尽放、应接尽接、应简尽简”。持续推进“一件事一次办”，落实“互联网+政务服务”一体化平台运用，加快推行网上办。强化生态环境政策宣传和帮企治污，支持服务企业绿色发展。

三是扶持壮大绿色产业。加快推进农业现代化，推进农村一、二、三产融合发展，构建现代乡村产业体系。坚持因地制宜，依托乡村特色优势资源，推动农业产业延链、补链、强链，完善利益联结机制，让农民切实享受产业发展红利。推进特色农产品产地初加工和精深加工，优化县域布局，加快建设农业产业强镇、优势特色产业集群以及现代农业产业园。加强标准化建设，推动市场主体按标生产，大力培育农业龙头企业标准“领跑者”。开发休闲农业和乡村旅游精品线路，完善配套设施，大力发展森林旅游康养和林下经济，抓好林下经济基地建设，森林旅游接待游客突破100万人次。严格落实河长制，全面建立林长制，完善生态文明建设目标评价考核机制，促进经济社会发展全面绿色转型。

（四）严格生态环境监管执法

以“最严格制度、最严密法治”为遵循，切实加强重点领域和重点行业的环境监管，坚决纠正环境违法行为，全面压实生态环境保护责任。

一是加强生态环境监控。配合做好“十四五”环境质量监测与评价，实现空气、地表水等监测站点与国家、省级平台联网共享。深化环保智慧监管平台建设，不断创新非现场监管手段，进一步推进固定污染源排污许可重点企业自动在线监控系统建设，强化平台监管和数据运用。落实生态质量评价办法，配合做好国家重点生态功能区县域生态环境质量监测与评价。强化第三方监测单位监管，杜绝监测数据弄虚作假的行为，确保数据真实、准确、全面。继续推进重点流域区域涉镉、铊等重金属治理，建立尾矿库分级分类环境管理制度，加强化学物质环境风险管理。加强医疗废物、废水及特殊垃圾等收集处置环境监管，严格落实医疗废物处置情况日报告制度，切实做好常态化防控工作，筑牢疫情联防联控防线。

二是严格生态环境行政许可。加大规划环评力度，加强规划环评与建设项目环评衔接，强化源头控管。建立健全排污许可制度与环境影响评价制度相衔接的制度机制，严格落实企业持证排污要求。积极推进依法行政，规范行政许可流程，加强行政许可事中事后监管。

三是严格生态环境执法。强化日常监管，完善和落实“双随机、一公开”制度。强化日常执法，围绕深入打好污染防治攻坚战，重点开展涉重金属、涉危废、涉矿等系列专项执法行动。强化“两法”衔接，联合公安持续打击涉危险废物等环境违法行为。

（五）推进生态文明体系制度建设

以推进环境治理体系和治理能力现代化为目标，进一步完善生态文明体系制度体系。

一是加快构建现代环境治理体系。持续深化生态文明体制改革，制定实施构建现代环境治理体系实施意见和三年工作方案，进一步推进生态环境治理体系建设和治理能力现代化。深入推进环境保护机构垂直管理制度改革，持续加强生态环境保护监察监测队伍建设与管理。深入推进“四严四基”三年行动计划，做好立法试点工作，持续推进地方立法，夯实生态环境保护基础工作，加强队伍建设，不断提升能力水平。进一步健全信访投诉机制，加强生态环境信用投诉举报联网管理平台应用和管理，提高响应受理时效、办结效率，切实提升群众满意度。

二是持续完善生态环境保护法律法规和标准。开展生态环境损害赔偿案件实践，出台湘西州生态环境损害赔偿管理等制度，推动《湘西土家族苗

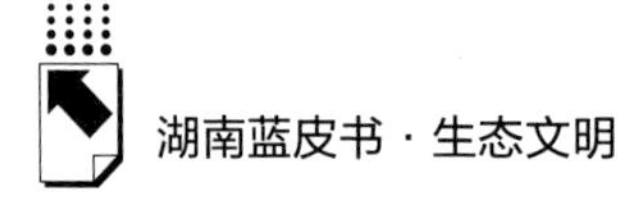

族自治州环境保护条例》修订完善。配合开展好《工业废水铊污染物排放标准》等地方生态环境标准的制修订和评估工作。完善生态环境保护的市场机制，完善排污许可证、排污权有偿抵押、生态补偿、生态赔偿、生态产品价值实现等制度和机制。建立健全绿色低碳循环经济体系。持续推进企业环境信息依法披露机制，探索开展区域环境综合治理托管服务模式和生态环境导向的开发模式试点工作。

三是打造生态环境全民行动体系。进一步落实生态环境新闻发布会制度，注重中央、省生态环保督察等重大主题宣传报道，持续巩固政务新媒体宣传阵地。进一步提升热点舆情的处置和引导能力，加大和完善环保设施向公众开放力度，完善生态环境公益诉讼制度，引导更多机构和个人参与生态环境保护监督。大力开展绿色生活创建行动，构建全民参与的生态文明建设新格局。

B.24

攻坚克难　精准发力
打好污染防治攻坚战

——湖南湘江新区2020～2021年生态文明建设报告

湖南湘江新区管理委员会

摘　要：　2020年，湘江新区深入贯彻落实习近平生态文明思想和习近平总书记考察湖南重要讲话指示精神，牢固树立“绿水青山就是金山银山”发展理念，坚决打好打赢污染防治攻坚战，生态环境质量持续好转。2021年，将按照“十四五”生态文明建设的新要求，坚持高标准建设、高质量发展，持续打好蓝天、碧水、净土保卫战，打造全国两型社会和生态文明建设引领区。

关键词：　生态文明　污染防治　海绵城市　土壤修复治理

2020年是全面建成小康社会和“十三五”规划的收官之年，也是打好污染防治攻坚战的决胜之年。湖南湘江新区（以下简称新区）认真贯彻落实习近平生态文明思想和习近平总书记考察湖南重要讲话指示精神，以改善生态环境质量为核心，突出精准治污、科学治污，坚决啃下硬骨头、完成硬任务，在统筹疫情防控和经济发展的同时，坚决打好打赢污染防治攻坚战。

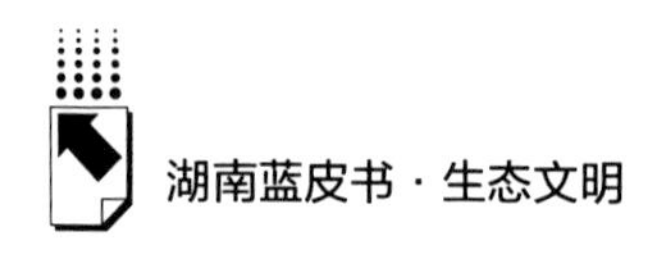

一　2020年生态文明建设情况

（一）蓝天保卫战取得新成效

2020 年，新区以《湖南湘江新区“强力推进环境大治理、坚决打赢蓝天保卫战”三年行动计划（2018～2020）》为指引，突出问题导向，创新工作思路，坚持标本兼治，空气优良率达 84.4%，蓝天保卫战取得阶段性胜利。

1. 压实责任，狠抓工地监管整治

加强统筹调度，不断夯实企业的主体责任和部门的监管责任，形成上下联动、合力推进的工作机制。新区蓝天办、政务服务中心、质安监站多次深入新区工地一线，2020 年全年共督促整改施工扬尘问题 266 个，整治裸露黄土面积约 72 万平方米，下达各类整改通知书、告知书 230 份，约谈 480 人次。

2. 紧盯目标，创新方法精准治理

严格落实“8 个 100%”要求，出动无人机 132 次，实现接入工地在线扬尘监测设备（95 个）和在线监控视频（1554 路）接入率“双 100%”。2020 年共整治施工围挡 16 万米，增设移动式雾炮机 234 台，完成非道路移动机械设备审核 480 台，清退排放标准不合格的非道路移动机械 317 台，重点整治因拆迁导致的裸露和待开发出让闲置地块 22 个，完成非施工区域裸土复绿 41 万平方米。

3. 加强宣传，着力营造良好氛围

积极对接学习强国、红网等媒体，陆续发布了《湘江新区：绘就大美新区，助力美丽中国》等 20 多篇宣传报道，其中《新区又双叒叕刷屏了，这次不仅仅是这份“新区蓝”，还有特殊时期的坚守!》单篇阅读量达 15 万次；红网时刻《新区蓝天保卫战》专题稿件阅读量达 270 万多次，有效提升了新区蓝天保卫战工作的社会影响力。

（二）碧水保卫战取得新突破

2020 年，新区强化统筹协调，狠抓龙王港流域突出环境问题整治，第二批长江经济带生态警示片披露的龙王港、肖河问题完成整改，并作为正面典型在全省推介。“肖河河长制落实不力”问题于 2020 年 6 月 30 日通过省级现场核查验收正式销号；“岳麓区龙王港梅溪湖段水质较差，夜间多个排污口直排污水”问题于 2020 年 9 月 24 日通过省级核查验收正式销号。龙王港干流水质年度达标率首次达到 100%（2019 年水质达标率仅为 25%）；入湘江断面平均水质达Ⅱ类（2019 年平均水质为Ⅳ类）。

1. 治理机制不断完善

坚持新区、高新区、岳麓区“三区共治”，通过建立龙王港流域联合执法工作群等形式，形成“问题发现—问题反馈—问题查处”良好动态工作循环。2020 年，新区、岳麓区联合约谈金茂悦等涉水质污染问题的小区、企事业单位、门店 50 余家，下发整改通知书 50 余份，办理行政执法案件 14 件，处罚 12.8 万元。高新区约谈金沙药业等涉水质污染问题的企事业单位、小区 30 余家，下发整改通知书 30 余份。

2. 披露问题整改到位

针对警示片披露的问题，制定整改工作方案，明确时间表、任务书、路径图；迅速实施龙王港节庆路事故排放口阀门更换和嘉顺苑小区阳台排水改造、推进 907 临时公交站整治搬迁等措施，第一时间完成龙王港节庆路排口、肖河赏月路 04 号排口污水下河问题整改。组织对全流域 97 个排口开展溯源调查，锁定岸上污染源、症结点，并对症制定排口问题整改责任清单，落实落细属地整改责任，协同督促属地政府实施了流域两厢小区、企事业单位排水雨污分流改造和排口问题整治，《人民日报》先后于 2020 年 10 月 13 日、12 月 14 日对龙王港突出问题整改和长效治理进行报道。

3. 工程治理有效推进

以工程措施为抓手积极补短板，先后完成南园路水系污水干管完善、龙王港枯水期河道应急补水工程、排口截污设施提质改造、肖河（岳麓区段）

河道环境综合整治等重大项目。其中，南园路水系污水干管完善工程可实现日剥离污水3万吨；龙王港枯水期河道应急补水工程可实现最大补水量15万吨/天。金星路污水干管（枫林路—梅溪湖核心泵站）工程、南园路水系排水雨污分流改造工程、南园路水系污水支管完善工程、龙王港（岳麓区）市政管网修复工程先后启动。

（三）净土保卫战取得新进展

原长沙铬盐厂铬污染治理是2017年中央生态环境保护督察涉及长沙市反馈问题中尚未销号的3个问题之一。截至2020年底，原长沙铬盐厂铬污染治理柔性垂直风险管控系统工程完成60%工程量，污染介质治理工程完成41%工程量，圆满完成年度目标任务。

1. 科学规划，做好服务协调

统筹片区内土地利用规划，在充分考虑技术水平、节约投资、区域规划需求的前提下，开展项目方案设计和技术论证，将铬盐厂污染区域用地规划为公园绿地，提升片区生态环境质量。鉴于土壤修复治理作为一个较为新兴的工程行业，国家尚未出台相关报批报建程序，积极联合发改、住建和生态环境各部门优化程序，协调解决项目拆迁、报批报建和项目实施过程中的关键卡点，加快推动项目实施。

2. 精准施策，攻克技术难关

多方咨询国内环保行业顶级的专家和科研团队，多次实地考察和调研国内铬治理修复场地，委托生态环境部环境规划院开展全面详细的环境调查，对10余个同类项目外出考察，组织国内外著名行业专家开展论证，力求整体治理技术方案科学、技术有效、经济合理。与修复企业技术交流30余次，根据场地污染状况、介质性质和场地条件，实行“风险管控＋修复治理”结合的模式，对污染土壤按5种介质精准分类，采取4种技术精准实施修复。

3. 创新工艺，加强精细管理

用“绣花功夫”抓项目管理，坚守质量底线，不越污染红线，筑牢安

全防线，高标准、严要求开展设计、检测和施工，致力于将铬治理项目做成修复行业的标杆，打造绿色修复项目施工典范。勇于攻坚克难，创新施工工艺，防渗墙样板段完成施工并于2020年4月通过专家验收，防渗墙成功开槽下膜平均深度38米，创世界同类工程之最，下膜最深深度已达44米。成功构建柔性垂直防渗墙施工工艺、质量管理、检测、验收等全套体系。

（四）生态文明建设取得新成绩

1. 科学编制专项规划

深入各园区、区市开展调研，广泛征求意见、不断修订完善，完成《湖南湘江新区“十四五”生态文明建设专项规划》，为持续提升新区生态环境质量、建设现代化美丽新区提供重要支撑和保障。

2. 深入推进海绵城市建设

红枫路（碧桃路—三环线隧道）道路景观工程、桐溪湖一期和女神公园、地铁洋湖垸换乘站配建地下停车场及地面绿化景观工程和麓山国际洋湖实验学校等四个海绵城市示范标杆项目基本完成建设，梅溪湖国际新城海绵城市示范园区项目已完成方案设计，并铺排了相关海绵建设项目计划。

3. 高质量完成“一圈两场三道”建设

2020年，新区根据长沙市人民政府办公厅《关于印发长沙市“一圈两场三道”2020年建设工作方案的通知》有关要求，着力解决停车难、自行车道系统不完善等问题，2020年高标准完成了4个停车场1506个泊位、18.4千米自行车道建设，居民出行、停车更加方便快捷，切实增强了群众幸福感、获得感和安全感，让幸福在百姓家门口升级。

二 2021年工作思路和重点

2021年是“十四五”开局之年，也是新区朝着“十年树标杆”目标奋斗的第一年。新区将按照“十四五”生态文明建设规划新要求，坚持高标准建设、高质量发展，突出生态优化、绿色发展，持续打好蓝天、碧水、净土保卫战，进一步推动“治污”向“提质”迈进，打造全国两型社会和生态文明建设引领区。

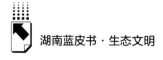

（一）持续深入推进蓝天保卫战

严格按照蓝天保卫战“新三年”工作要求，持续发力、精准施策，不断巩固和扩大新区蓝天保卫战工作成果。一是持续加强新区工地监管。进一步加强重点片区、重大项目、线性工程的巡查监督力度，加强工地围挡破损、建筑垃圾焚烧、车辆带泥上路、裸土覆盖不到位等问题整治力度，加大喷淋设施、雾炮机等精准湿法作业力度，全面落实扬尘污染防治“8个100%”。二是持续发挥科技治污作用。充分发挥新区污染防治在线监控平台和无人机巡航“千里眼”和“顺风耳”的作用，进一步完善新区“全方位、全天候、立体化”智能环境监控体系，通过科学、高效、精准的监测手段，全面实现新区建筑工地智慧监管。三是持续联合加强管控。继续加强与岳麓区住建、环保、城管等部门的工作联动，齐抓共管、形成合力。针对施工扬尘污染问题突出的工地，加强执法震慑，严格督查处罚。

（二）持续深入推进碧水保卫战

坚持问题导向、目标导向，紧扣国家“十四五”水环境治理以及城市污水提质增效相关工作要求，全面推进龙王港流域水环境、水安全、水资源、水生态、水景观的“五水共治”，精准施策、系统整治。一是强化统筹协调，督促在建治理工程分批按期见实效。紧盯南园路水系污水支管完善、小区排水雨污分流改造、龙王港两厢市政污水体系修复等治理工程，按照轻重缓急和协同有序推进的原则，串联好各项工程时序安排，力争建成一批、见效一批，从岸上源头逐步减轻龙王港水污染。二是依托河长统筹，系统强化流域水环境长效管理。建立健全流域长效管护机制，切实抓好日常巡查和水环境管护；开展流域河道保洁补偿试点，切实提升河道岸线保洁水平；强化开发片区排水管理与属地执法监管联动，确保问题得到及时发现解决、违法行为得到有效查处，形成有效震慑。全面实现龙王港“排口有人盯、河道有人巡、岸线有人管”的良好工作局面。三是科学谋划布局，围绕“十四五”新要求做好水文章。按照国家“十四五”水环境治理新要求，重点围绕水资源、水生态、水环境做文章，更加注重水生态要素和人水和谐，推进龙王港碧道工程试点，着力提升龙王港水生态环境质量和老百姓获得感。

（三）持续深入推进净土保卫战

加强与部、省对接协调汇报，积极争取技术、资金支持，确保柔性垂直风险管控系统工程和核心污染区污染介质治理工程完成验收。一是加强项目管理。把安全生产放在首位，严格执行安全管理制度，按照精品工程要求进行管控，保障项目环境安全。二是做好组织铺排。紧盯年度目标，倒排工期、挂图作战，污染介质治理修复工程力争2021年10月底完成全部土壤修复，风险管控系统工程力争2021年11月完成全部下膜施工。三是严格流程把控。严格把关各环节所必须获取的原始单据，坚持资料完整，相互佐证，依规章管理，按程序办事，确保流程上不出纰漏，避免不必要的风险。

（四）持续深入完善生态景观体系

推行“片区开发总控机制”，重点片区推行总建筑师、总规划师机制，提升开发建设品质。修订并实施新区建筑形态规划管控指导意见，建立单地块城市设计和建筑风貌审查机制。加强新区建筑风貌管控，对新区重要项目的色彩、形态、外立面等进行严格把控。完善大王山片区海绵城市专项规划，积极推动海绵城市建设专项指标落入控规，充分发挥指导、规范片区基础设施和地块开发建设的作用；加快推进梅溪湖国际新城海绵城市示范园区建设，率先启动象鼻窝森林公园小微水体恢复工程、龙王港河道生态岸线恢复及排口整治工程、松柏路南侧绿地及基因谷生态廊道工程等系列海绵工程，打造新区海绵城市建设新标杆、新示范。

B.25
湖南南山国家公园体制试点区 2020 ~ 2021年生态文明建设报告

湖南南山国家公园管理局

摘　要：　南山国家公园体制试点以来，在湖南省委、省政府的高度重视和坚强领导下，采取省、市、县三级联动模式，以“建立三个体系、构建四大机制、做好五项工作、落实六项保障”为抓手，全面完成了国家公园试点实施方案的具体任务，形成了一些可供复制推广的试点改革经验，取得了良好的生态文明建设改革效应，下一阶段计划从完善机构设置、落实区域调整工作、加快重点项目建设、挖掘资源生态价值、强化监测及课题研究、推进小水电等产业退出等方面继续加强国家公园的建设。

关键词：　南山　国家公园　生态文明

南山国家公园位于邵阳市城步苗族自治县境内，地处南岭山系主峰区域，长江流域沅江、资江和珠江流域西江水系源头，是我国生态安全战略中“南方丘陵山地带”的典型代表。公园总面积635.94平方千米，由4个国家级自然保护地整合而成。南山国家公园试点地区的建立，对巩固我国南方重要生态屏障、保护珍稀野生动物栖息地和国际候鸟迁徙通道，探索中部集体林地比重较大地区的资源生态保护模式等方面具有重要意义。

试点以来，湖南南山国家公园管理局在湖南省委、省政府，邵阳市委、市政府和上级林业部门的领导下，以习近平生态文明思想为根本遵循，牢固树立“绿水青山就是金山银山”的发展理念，始终与党中央、国务院关于国家公园建设的战略要求保持高度一致，始终与省委、省政府关于全省生态文明建设任务的决策部署保持高度一致，确保试点不跑偏、不走样，按照“建立三个体系、构建四大机制、做好五项工作、落实六项保障”的既定目标，深入推进体制试点工作，于2020年8月通过了由国家林草局（国家公园管理局）组织的试点评估验收。此后，国家林草局委托中科院生态环境研究中心形成的《南山国家公园体制试点评估验收综合报告》指出，10个试点区试点工作推进顺利，南山国家公园体制试点区试点总体方案和试点实施方案规定、提出的试点建设任务全部完成，产生了良好的生态效益和社会效益，民生改善初步显现，特色亮点工作突出，为国家公园全面深化建设积累了宝贵经验，整体上都符合设立国家公园的条件。

一 主要工作完成情况

（一）以理顺管理体制为总纲，建立“三个体系”

1. 建立了统一的管理体系

2017年10月，南山国家公园管理局经湖南省人民政府批准授牌正式成立，由湖南省人民政府垂管、委托邵阳市代管。整合优化了原四个保护地及相关机构的职责，实现了“一个保护地一块牌子、一个管理机构”的统一管理目标。

2. 建立了统一的自然资源资产管理体系

在全国率先开展自然生态空间统一确权登记，构建了自然资源资产登记体系，划清了自然资源所有权边界，摸清了自然资源种类、数量和权属，建立了自然资源资产数据库，实现了自然资源资产现状“一张图”、登记“一个库”、管理“一张网”，于2018年7月成功通过自然资源部评估验收。同时，通过经营权的租赁流转、合作保护协议的签订等方式，实现了集体土地和林地全部统一管理。

3. 建立了统一的综合法治体系

立法方面，2018 年底，《湖南南山国家公园管理条例》已经湖南省政府常务会议审议通过并提请省人大常委会审议；2020 年 8 月，邵阳市人民政府出台《南山国家公园管理办法》，为依法管理奠定了坚实基础。执法方面，设立专门的执法机构综合执法支队；同时，整合城步县相关职能部门的执法力量和资源，成立联合执法领导小组，实现了统一综合执法。

（二）以强化协同运行为目标，构建“四大机制”

1. 构建协同管理机制

省、市、县三级成立相应的工作领导小组，构建了主体明确、责任清晰、相互配合的协同管理机制。在试点筹备及工作攻坚等重点时期，通过创新实行三级联合办公，形成工作合力。

2. 构建权责划分机制

2019 年 4 月，省政府出台《湖南南山国家公园管理局行政权力清单（试行）》，将省、市、县有关行政许可、行政执法、行政处罚等 197 项行政权力（省级 44 项、市级 16 项、县级 137 项）集中授予南山国家公园管理局，并在城步县行政审批局设立政务服务窗口，确保权力清单承接有力、运行高效。建立事权划分机制，在行政授权基础上，出台《湖南南山国家公园管理局行政授权外经济社会发展综合协调等事权划分》，明确南山管理局和属地政府的权责，强化当地政府生态保护协同责任和社会管理职责。

3. 构建统一规划机制

出台《南山国家公园建设标准体系》和《南山国家公园管理办法》。制定出台《南山国家公园总体规划（2018～2025 年）》、控制性详规以及生态保护与修复、智慧公园等 12 个专项规划，形成了较为完整的规划体系，实现了“一园一规、多规合一”。

4. 构建多方监督机制

一是加强生态审计。将试点地区纳入当地政府考核，并于 2018 年 7 月

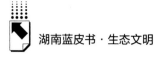

实行了同步审计。二是加强监测评估。出台《南山国家公园自然生态系统保护成效考核评估办法》等文件，开展试点成效、自然生态系统状况及环境质量变化综合监测评估，评估显示试点生态和社会效益显著、民生改善突出。三是建立监管平台。完成生态空间用途管制试点，实现了自然资源生态全方位、动态化监管。

（三）以加强生态保护为重点，做好“五项工作”

1. 做好本底调查和专项调查

大力开展自然资源及社会经济普查摸底，建立了数据库，形成了《南山国家公园综合科学考察报告》成果；与中科院、湖南师大等单位合作，深入开展野生动植物调查，完善了各物种种群数量、生境、栖息地等本底数据，新记录维管束植物447种、发现新种2种，新记录脊椎动物68种、发现新种4种，捕捉到国家Ⅰ级保护动物林麝、白颈长尾雉、中华秋沙鸭影像，新发现国家Ⅰ级保护植物资源冷杉种群1100余株、国家Ⅱ级保护植物华南五针松天然古树群落3.5万余株，形成了《南山国家公园植物多样性考察报告》《南山国家公园鸟类迁徙通道调查报告》《南山国家公园脊椎动物资源调查报告》等一批重要成果。

2. 做好封禁管护工作

一是突出联防共护。建立森林火灾联动应急机制，在园区安装防火应急系统，推进“一村（居）一消防站”建设，建立专业化消防队伍，实行公益林护林员、森林防火巡山员、林业有害生物测报员“三员合一”，提升了管护效率，确保了试点区零火灾；建立跨区域协管机制，与广西龙胜县签订《关于加强湘桂边界生态环境保护的战略合作框架协议》，共同打造大南山、大生态，维护了试点区边界安全。二是落实日常巡护。建立片区干部+生态巡护人员+综合执法大队“三位一体”巡护机制，构建了天上有无人机、山上有保护站、地面有监控、林中有巡护的四维立体巡护监管体系。三是开展专项整治。开展南山、白云湖等环境综合整治专项行动，共拆除违章建筑15座，南山景区乱摆乱放乱搭等游憩经营秩序全面规范；每年不定期开展野生动植物保护专项行动3次以上，查处25件涉及野生动植物的刑事案件、成功抓获43名犯罪嫌疑人，并提起湖南省首例生态违法案件刑事附带民事公益诉讼。四是搞好核心禁护。对核心保护区实行永久性封禁管理，共阻挡访客3万余人次、车辆4500余辆，人类干扰活动得到有效控制，核心保护区生态得到全面自然恢复。

3. 做好智慧公园项目建设

运用互联网、大数据、智能分析等现代信息技术，着力打造技术先进、功能完备的信息化管理系统，建成了集智慧监测、大数据分析为一体的多功能平台，现已投入运营。

4. 做好产业有序退出

下最大决心、用最硬措施、按最严标准实施产业退出。出台南山国家公园产业退出实施意见、采矿权退出实施方案、小水电生态改造及退出实施方案、风电项目关停退出整治方案及旅游规划管理方案，重点实施了矿权、小水电、风电、旅游开发等四类产业退出，共退出矿权12座、小水电1座（2022年后续退出5座），退出1个在建风电项目、停止2个已核准风电，终止1座规划小水电，退出3个旅游开发项目。

5. 做好生态移民和生态修复

大力推进生态移民，制订《南山国家公园生态移民搬迁实施方案》，完成生态搬迁207户940人。实施自然生态恢复，恢复面积总计819.13公顷，占退化或损害总面积85.5%。开展修复项目建设，修复面积总计138.85公顷，试点区自然植被覆盖率提高1.7个百分点。

（四）以抓好试点支撑为依托，落实“六项保障”

1. 落实社区发展保障

根据功能分区，制定生产生活区域图，明确生产生活边界，在重要地段设立标牌标识。一是强化社区建设管控。出台《南山国家公园管理办法》，实行村、乡（镇）初审—南山管理局审核—县职能部门审批机制，层层把关，严防严控，确保各类建设零违法、零违规。二是推进特色小镇和入口社

区建设。出台《南山国家公园社会协调发展管理办法》，依托南山景区旅游资源优势，制订《南山国家公园特色小镇规划》，精准招商引进战略投资者，计划总投资22.24亿元。

2. 落实群众生活保障

制订完善《湖南省人民政府办公厅关于建立湖南南山国家公园体制试点区生态补偿机制的实施意见》，确保生态保护补偿政策落实落地。积极探索野生动物损害补偿，出台补偿办法，并与保险公司签订服务协议，对重点保护区陆生野生动物造成的人身伤亡、损毁农作物等进行赔偿，截至2020年底，共有26户农户获得相关赔偿。加快推进集体林“三权分置”改革，在不改变林地和林木所有权及用途前提下，按照自愿原则，以20元/（亩·年）的租赁价格流转经营权；将集体公益林和集体天保林的补偿标准提高，新标准为30元/（亩·年）；截至2020年底，已申请流转登记3058户15226.7公顷，完成兑付1077.2万元，户均流转面积74.7亩，流转农户年均增收3500余元。着力开发生态公益岗位，聘用了496名建档立卡贫困户护林员，聘用了20名环卫、游憩服务等公益管护人员。

3. 落实科研支撑保障

建立国家公园专家智库，聘请首批国内知名专家25名；与湖南省林科院等单位合作，建立科研站（点）6个；与中南林业科技大学、邵阳学院共建南山国家公园研究院，着力在生态环境保护与修复、人与自然和谐共生等领域开展相关研究；与中科院等7家科研机构建立战略合作关系，截至2020年底，各合作单位共完成研究成果14项。

4. 落实资金人才保障

强化财政投入，中央财政共安排项目资金1.26亿元，省、市共统筹各类建设资金4.74亿元。严格执行收支两条线管理，对试点资金实行统一拨付、统一管理、统一使用，专项专账、封闭运行，并健全了多元化资金保障等9项制度。强化人才保障，配强、配齐南山管理局班子队伍，面向全国、全省引进、招聘林业等专业技术人才14名；构建内部人才提升通道，聘用高级工程师和工程师23名。

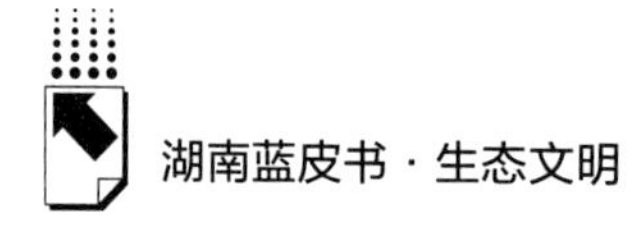

5. 落实基础设施保障

完成《南山国家公园建设项目库（2018～2025）》编制。围绕生态保护管理，实施基础设施项目8个，总投资2.54亿元，完成标牌标识安装4048块，新开辟和修复巡护道路86千米，新改扩建生物监测保护站10个，新建环保公厕3个、污水处理站1座，其他项目正按计划有序推进。

6. 落实教育宣传保障

面向全国公开征集设计国家公园LOGO标志；开通南山国家公园官方网站、微信公众号、微博，累计访问已达18万余人次；制作国家公园宣传片、专题片、纪录片，印制宣传画册，开展国家公园"十全十美"摄影展等冠名活动，在新华社、《人民日报》、红网等主流媒体发稿千余篇，试点工作社会关注度和影响力明显提升；设立4个自然教育基地和多个教育平台，建立宣教中心，年接待访客万余人次；建立志愿者服务站、网上招募平台和信息库，每年定期组织开展志愿服务活动12次以上；结合"湿地日""爱鸟周"等国家公园主题活动，开展自然教育、生态环境体验活动32批3万人次，社会公众对试点工作的满意度和认可度不断提高。

二　取得的成效及经验

国家公园试点工作取得显著成效，推动了试点区及所在地生态文明和经济社会的协同发展。

（一）有力推动了习近平生态文明思想落地生根，促进了干部群众思想观念的根本转变

通过国家公园体制试点，各级各部门深入学习、宣传和践行习近平生态文明思想，各级干部和群众对于习近平总书记提出的"山水林田湖是生命共同体""绿水青山就是金山银山""坚持共抓大保护、不搞大开发"等思想理念有了深刻认识和体会，生态优先、绿色发展的理念开始深入人心。

一是地方党委、政府的发展观、政绩观进一步转变。通过试点，各级党

委、政府摒弃了过去依赖资源粗放式高速增长的习惯思维，不以牺牲环境为代价换取一时发展。在绩效文明、全面小康等重要考核中，不再唯 GDP 论英雄，减轻了 GDP 考核权重、增加生态文明考核权重，或取消了 GDP 指标考核。在发展实践中，坚决淘汰落后产能，大力发展清洁能源、生态农业、文化旅游等绿色生态经济，以人民为中心的发展思想进一步树牢。

二是广大群众的生态意识、环保意识进一步提升。通过试点，群众生态环保意识不断增强，试点区山更青、水更绿、天更蓝、空气更清新、乡村更美丽了，群众切切实实感受到试点带来的变化。同时，广大群众通过生态补偿、从事生态保护工作、发展生态产业等，真正吃上“生态饭”，获得了实实在在的实惠，进一步激发了参与试点建设的积极性和主动性，形成“人人参与试点、个个建设公园”的良好局面。

三是域内企业的生态红线意识、社会责任意识进一步增强。通过试点，域内企业对建设国家公园认识更加深刻，进一步树立绿色发展理念。有污染的企业，能整改的立即整改，能技改的加紧技改；必须关停退出的，积极配合政府行动，或关停退出，或转产转业；同时做好生态修复相关后继工作。

（二）有力推动了域内自然生态系统的全面保护，促进了国家公园的成型成熟

通过国家公园体制试点，积极践行国家公园理念，相关工作始终做到“两手抓”。一手抓生态保护，采取封禁管理、产业退出、科研监测、生态移民、联合执法等一系列保护措施，试点区生态系统得到严格、整体、系统保护，大幅减少了人类活动和自然灾害对生态系统的干扰，有力促进了生态系统结构和功能的改善。试点区内中亚热带低海拔常绿阔叶林、资源冷杉、银杉等主要保护物种种群维持稳定，且有增加趋势，并发现了久未出现的重要保护物种。通过科考报告对比发现，近 3 年新增动、植物记录就有 515 种，新发现维管束植物和脊椎动物新种 6 个。一手抓生态修复，以自然恢复为主，人工修复为辅，采取退牧退种、还草还湿、生态复绿等多种措施，恢复或修复林地、草地、湿地 957.98 公顷。深入实施“四边（路边、水边、

城边、村边）五年”绿色行动，每年造林3万亩以上。域内生态环境质量明显改善，森林覆盖率已达83%，空气质量优良率常年保持在90%以上。如今，试点区内珍稀野生动物频繁现身，昔日矿山填平复绿，森林覆盖率逐年增长，草山退化现象得到遏制，综合执法已成常态，实现了人与自然和谐共生的美好愿景。

（三）有力推动了脱贫攻坚扎实有效开展，促进了当地民生民利不断改善

试点区所在地城步是国家扶贫开发工作重点县、湖南省深度贫困县，其中试点区内有贫困村22个、深度贫困村3个。国家公园体制试点做到与脱贫攻坚相融合，实现了互促共赢。

一是把体制试点与生态扶贫有机结合起来。推动生态补偿政策扩面提标，将试点区内的集体林地全部纳入生态补偿范围，并将生态公益林补偿标准提高到30元/（亩·年）。全县每年落实生态补偿资金达5700万余元，受益贫困人口4.7万人，聘用了1750名建档立卡生态护林员、561名建档立卡生态保洁员，人均年收入1万元，实现了贫困对象在家门口就业。

二是把生态建设与发展扶贫产业有机结合起来。利用丰富的青钱柳等生态资源，成立种植合作社，发展了青钱柳茶、长安虫茶、峒茶等一系列享誉国内外的茶产品，城步青钱柳茶获评国家地理标志产品；如坳岭村等地村民发展茶叶种植面积3000亩，年收入达120万元。发展杨梅、苗乡梨、猕猴桃等经济林种植，如白云湖村种植乌梅500余亩，实现户均增收4万元。用好特许经营机制，授权南山牧业公司“企业+基地+农户”奶业特许经营，南山牧场奶牛规模控制在3000头以内，202户农户从事奶牛养殖。

三是把公园基础建设与扶贫基础设施建设有机结合起来。坚持把试点区和全县农村的基础设施建设同步规划、同步实施。到2019年底，试点区及所在地共完成农村公路提质改造263.8千米、自然村通水泥路145千米，行政村通畅率、通客车率、自然村通达率均达100%；完成人安饮水工程237处，14.3万人实现饮水安全；所有行政村全部完成电网升级改造，实现安

全电、同价电全覆盖，宽带“村村通”，4G网络全覆盖等。

通过国家公园体制试点与脱贫攻坚同频共振，群众生产生活条件明显改善，脱贫攻坚取得决定性进展。贫困人口大幅减少，2014~2019年，城步县累计脱贫14320户56040人，贫困发生率由25.72%下降到0.73%；其中，试点区脱贫1239户5708人，脱贫率达97%。农民收入大幅增加，试点区及所在地农民人均纯收入年均增长12.5%以上，增幅居湖南省前列。2020年2月，经湖南省人民政府批复，城步县如期脱贫摘帽，确保了在决战脱贫攻坚、决胜全面小康中不少一户、不落一人。

（四）有力推动了绿水青山与金山银山融合，促进了县域经济社会高质量发展

通过国家公园体制试点，试点区所在城步县上下牢固树立了“绿水青山就是金山银山”的发展理念，始终坚持“生态立县”战略不动摇，不断把生态资源优势转化为经济发展优势。努力推进“生态产业化、产业生态化”，全县生态产业蓬勃发展。域内牛羊乳业年产值恢复到3亿元以上，高山蔬菜发展到41.9万亩，生态旅游综合收入突破15亿元。全县经济结构不断优化，三次产业结构由2016年的28.4∶34∶37.6调整为2019年的21.14∶13.42∶65.44，第三产业占比提升近28个百分点，生态产业总产值占GDP比重达到七成以上，高新技术产业增加值占GDP比重、税收占比等持续提升，县域经济呈现低碳、绿色、高质量发展的良好态势。

（五）有力推动了体制机制创新，创造了一些可复制可推广的经验

在试点过程中坚持体制、机制和工作创新，形成了一些有特色、有影响的模式，创造了一些可复制、可推广的经验。

一是首创南方集体林地统一管理的“南山”模式。南山国家公园体制试点区集体林地占比高达63.7%，为加强集体林地管护和可持续发展，积极主动开拓创新，重点推进了试点区集体林地“三权分置”改革，扩面、提标、促发展为破解我国南方集体林地占比大、管理难的问题提供了好经

验、好做法。在扩面方面，将试点区集体林地中16973公顷非公益林、3936.2公顷商品林全部增补进区划，纳入公益林或天保林范畴，奠定统一管理的基础。在提标方面，以20元/（亩·年）的租赁价格，流转林地15226.7公顷（占42%），将公益林的补偿标准提高到30元/（亩·年）。在促发展方面，科学引导一般控制区内原居民发展适度规模的林下经济等替代产业；比如，黄伞村成立了专业合作社，种植金银花等中药材550亩，年收入高达45.5万元。

二是新建行政授权、统一管理的权力清单机制。跨界授权，打破区域及部门界限，在全国首批10个试点区中，率先将林业、生态环境、水利等相关职能部门的行政执法权力，以及省、市、县各级、各部门相关的行政许可、行政执法、行政处罚等行政管理权力授予南山管理局。提级授权，按照“权依法定、权依法使、权依法究”原则，打破行政层级、部门管理等框架，由省政府牵头，颁布出台《湖南南山国家公园管理局行政权力清单（试行）》，将省、市、县的上述行政管理权力授予南山管理局统一承接、统一行使。集中授权，省、市、县集中授予南山管理局行政权力197项，做到授权有据、管理有度，开创事业单位权力清单机制先河。

三是力推“多级联动”的综合执法新体系。首先，联合执法、统一执法。设立综合执法支队、下设4个执法大队，构建了“联合执法领导小组+综合执法支队+县直相关职能部门+综合执法大队+森林公安派出机构”的“层叠式”执法组织体系。其次，“网格化”执法联动。加强公、检、法等司法机关的协同配合，形成以综合执法为重点、生态巡护为支撑的“网格化”执法联动机制，确保全覆盖、无死角。最后，“连环式”执法打击。结合专项行动、巡护巡查、联合执法等多种手段，让各种执法主体、力量互联互通、形成闭环，实现各类违法案件的精准打击，立案率、破案率均达100%。

四是打造“多维立体、规范标准”的规划管理体系。针对原有4个保护地之间存在重叠、穿插、“飞地”等现象，打破原有界限，重新设置4个片区，实现区域无缝对接和空间整体联通。将原有4个自然保护地总体

规划优化整合，将涉及试点区的“十三五”规划以及国土空间、交通、旅游等规划统筹融合，形成统一的《南山国家公园总体规划（2018～2025年）》，实现“一张蓝图”绘到底目标。同步编制12个专项规划，形成“一主多辅、一体多翼”规划体系。在“十四五”规划中，将县域经济社会发展规划和《南山国家公园总体规划（2018～2025年）》进行无缝对接，为南山国家公园建设描绘了更加美好的蓝图。同时，出台《南山国家公园建设标准体系》《南山国家公园生物多样性监测技术规程》等6个技术规范规程，形成了试点“南山”规则和标准体系，为国家公园建设提供了有益参考。

五是构建“有序退出、制度管控”的产业发展长效机制。出台《南山国家公园管理办法》《南山国家公园开发强度管理办法》等制度规程52个，颁布“八条禁令”“七个一律”，明确了产业准入及禁止相关事项，形成产业发展管控制度体系，实现产业退出及管控有法可依、有章可循。

三　2021年工作重点及建议

（一）完善试点管理机构设置

根据中编委印发的《关于统一规范国家公园管理机构设置的指导意见》（中编委发〔2020〕6号）规定要求，按照省委、省政府及省编委安排部署，将南山国家公园管理局机构性质、级别，管理层级等事项落实到位，打通机构设置“最后一公里”，为授牌设立南山国家公园制造条件。

（二）落实试点区区域调整工作

根据评估验收组相关意见和《南山国家公园总体规划（2018～2025年）》规定要求，为实现自然资源的系统保护、整体保护，维护生态系统完整性和连通性，按照省委、省政府和市委、市政府的统一安排部署，将周边属同一生态地理单元的自然保护地纳入进来，满足设立南山国家公园面积要求。

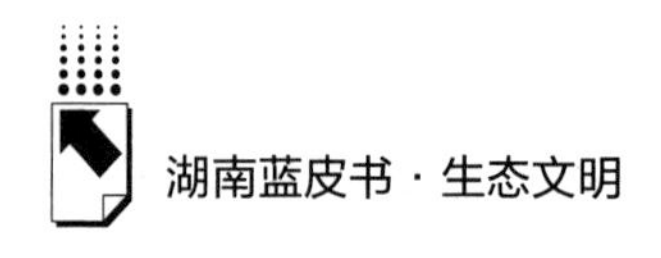

（三）持续加快推进重点建设项目

一是完成试点期间重点项目建设。按照省试点领导小组第六次会议审议通过的《南山国家公园重点项目建设清单》，加快推进智慧管理中心建设项目、主入口及生态移民基础设施建设项目、南入口及生态移民基础设施建设项目、十万古田生态公路提质改造工程、南山镇生态移民安置点建设项目以及高山森林沼泽湿地生态修复等项目建设，确保按照省试点领导小组要求，如期完成各项建设任务。二是加快做好“十四五”规划项目和国债项目前期工作。着眼以项目建设促进南山国家公园大发展目标，坚持“储备一批、设计一批、建设一批”原则，立即启动可研、立项、设计、概算等项目前期工作，对标对表高质量储备一批项目，确保项目能第一时间内拿得出、报得准、落得地，项目资金到位后能立即实施。

（四）深挖细掘资源生态价值

加强与科研院所合作，充分发挥专家智库、国家公园研究院作用，深度挖掘南山国家公园十万古田、金童山等核心区域生态价值。

（五）强化科研监测及课题研究

利用好智慧管理系统平台，充分发挥设备和技术优势，进一步强化对动植物监测，重点做好水环境、野生动植物、外来有害生物入侵监测工作，及时掌握辖区水文、野生动植物资源的动态变化情况，提出改进恢复措施和形成有效的科研成果。

（六）按计划推进小水电等产业退出工作

配合城步县人民政府以及相关部门继续推进小水电退出与生态改造，配合县有关部门按照上级部门要求对国家公园内的小水电做好退出与整改工作。

专题报告

Special Reports

B.26

坚持“河湖联动 五水统筹”深化“一江一湖四水”系统保护和治理

潘碧灵 彭晓成*

摘 要： “十三五”期间，湖南省以习近平生态文明思想为指引，坚决扛起“守护好一江碧水”的政治责任，持续攻坚克难，圆满完成各项约束性指标，较好实现“水清了、景绿了、候鸟多了、群众满意了”的目标。“十四五”期间，湖南省水生态环境保护机遇与挑战并存，还需要深入贯彻新发展理念，坚持“河湖联动、五水统筹”，深化“一江一湖四水”系统保护和治理，为保护长江母亲河贡献更多的湖南力量。

关键词： 习近平生态文明思想 五水统筹 长江保护法

* 潘碧灵，全国政协常委、民进湖南省委主委、湖南省生态环境厅副厅长；彭晓成，湖南省生态环境厅水生态环境处副处长。

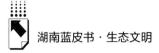

作为长江中游省份，湖南省水资源丰富，水系发达，水情是最大的省情，全省96.7%以上的面积都属于长江流域，湘、资、沅、澧四水通过洞庭湖汇入长江，在维护长江中下游江湖关系和生态平衡方面起着不可或缺的重要作用。“十三五”期间，全省上下坚决扛起“守护好一江碧水”的政治责任，深入贯彻落实习近平生态文明思想，有力有序有效推进了“一江一湖四水”系统保护和治理。“十四五”期间，湖南要始终保持加强生态文明建设的战略定力，按照习近平总书记关于长江经济带发展系列重要指示精神要求，深入贯彻落实《中华人民共和国长江保护法》，在保护长江母亲河上体现新担当、展示新作为。

一 “十三五”开展的主要工作和取得的主要成效

（一）坚持生态优先，定方向

中共湖南省第十一届委员会第五次全体会议通过《中共湖南省委关于坚持生态优先绿色发展　深入实施长江经济带发展战略　大力推动湖南高质量发展的决议》，全省各级各有关方面牢固树立“绿水青山就是金山银山”发展理念，将推动长江经济带高质量发展作为践行“四个意识”、坚定“四个自信”、做到“两个维护”的自觉行动。出台《湖南省人民政府关于实施“三线一单”生态环境分区管控的意见》，建立“1+14+860”生态环境准入清单管控体系，实施差异化管理，明确湘江干流两岸各20千米范围内不得新建化学制浆、造纸、制革和外排水污染物涉及重金属的项目。综合利用能耗、环保等标准退出落后产能，分类整治3995户“散、乱、污”企业，突出抓好五大重点区域产业转型升级，株洲清水塘261家、湘潭竹埠港28家重化工企业全部退出。加快发展工程机械、轨道交通设备、智能制造等20个工业新兴产业链，2020年，全省高新技术企业净增6804家。加大绿色创建力度，江华、湘阴等11个县（市、区）被评为国家级生态文明建设示范县，资兴市、永定区被评为国家“绿水青山就是金山银山”实践创新基地。

（二）坚持齐抓共管，聚合力

省委、省政府成立高规格的省突出环境问题整改工作领导小组、生态环境保护委员会等组织领导机构，先后出台《湖南省污染防治攻坚战三年行动计划（2018～2020年）》《湖南省贯彻落实〈长江保护修复攻坚战行动计划〉实施方案》等系列文件，主要领导亲自部署、亲自推动、亲自检查，坚持“一把手”推动，“一盘棋”统筹。强化生态环境保护硬约束，建立省级生态环境保护督察机制，将有关重点工作纳入市州党委和政府政治巡视、省直相关部门及市州政府绩效考核和激励措施范畴，加大监督检查和奖惩力度，压紧压实各级各有关方面责任。始终坚持执法监管高压态势，建立生态环境违法行为举报奖励制度，持续开展“环湖利剑”等专项行动，严格落实企事业单位治污主体责任。加大信息公开力度，畅通群众监督举报渠道，启动湖南绿色卫士环保公益小额资助项目，引导社会公众深入参与，广泛营造“人人关心、人人参与”的良好社会氛围。

（三）坚持补齐短板，减负荷

省政府办公厅印发《关于推进城乡环境基础设施建设的指导意见》等文件，建立“长江经济带生态保护和绿色发展重点项目库”，深入推动长江保护修复攻坚八大专项行动、环境污染治理“4+1”工程，持续夯实环境治理基础设施。加强城镇生活污染治理，截至2020年底，建成县以上城镇生活污水处理厂163座，668个乡镇建成（接入）污水处理设施，全省县以上城镇污水处理率达到97.3%。加强农业农村环境整治，126个县（市、区）（含管理区）完成农村环境连片整治现场验收工作，102个县实施畜禽粪污资源化利用整县推进项目，升级改造洞庭湖区74万亩精养池塘。加强工业污染防治，全面完成86389家固定污染源清理整顿和排污许可证发放任务，144家省级及以上工业园区实现“工业污水收集处理设施全覆盖、在线监测设施全联网”。加强交通污染治理，完成43个港口码头环保设施改造完善，2678 艘 400 总吨以上货船和 350 艘符合改造条件的 400 总吨以下货船全部安装生活污水处理装置。

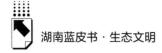

（四）坚持修复生态，增容量

科学划定并严格落实生态红线制度，将全省 20.23% 的面积纳入保护范围，将 435 个自然保护地整合优化为 306 个（增加面积 6.17 万公顷）。坚持自然恢复为主、人工修复相结合的方针，推动湘江流域和洞庭湖生态保护修复工程试点纳入国家第三批“山水林田湖草”生态保护修复工程试点范围统筹，高标准实施了矿区生态保护修复、生物多样性保护修复 4 大类工程 20 个子项目。持续推进造林绿化，加强森林资源管护，认真开展长株潭生态“绿心”保护修复，全省森林覆盖率达到 59.96%，森林禁伐面积达 532.42 万公顷。加强湿地保护，全省湿地保护总面积达 77.27 万公顷，湿地保护率达 75.77%，全面完成洞庭湖自然保护区核心区 13.63 万亩杨树清理迹地及洲滩生态修复任务，组织 34 个县（市、区）开展小微湿地保护与建设试点。全面加强水生生物资源保护，持续开展鱼类人工增殖放流行动，在长江湖南段、洞庭湖、湘资沅澧“四水”干流等水域全面实行“十年禁渔”。大通湖在加强流域污染治理的同时，突出抓好生态保护修复工作，全湖 80% 的水域有水草，水质由劣Ⅴ类好转为Ⅳ类，由过去的“水下荒漠”转变为“水下森林”。

（五）坚持综合施策，抓重点

坚持问题导向、目标导向和效果导向，紧盯重点区域、流域，落实落细目标任务，一张蓝图绘到底，一任接着一任干。将湘江保护和治理作为“省一号重点工程”，2013 年开始，连续实施 3 个“三年行动”计划，累计退出 1200 余家涉重企业，突出抓好五大重点区域综合整治，持续改善流域环境质量。2020 年，湘江流域水质优良率达到 99.4%，镉、汞、砷、铅和六价铬五种重金属浓度比 2012 年平均下降 58%。深入推进洞庭湖生态环境整治，2016～2017 年，实施洞庭湖水环境整治五大专项行动；2018 年开始，

推动落实农业面源污染防治、城乡生活污染治理等十大重点领域和大通湖、华容河等九大片区综合整治，切实降低流域污染负荷。2020 年，湖体水质由 2015 年的Ⅴ类好转为Ⅳ类，总磷浓度持续下降为 0.06 毫克/升，比 2015 年下降 46.4%；监测到越冬水鸟 28.8 万余只，同比增长 16.6%。

（六）坚持攻坚克难，解难题

针对中央层面交办、群众高度关注的重点任务、突出问题，从 2017 年开始，连续 4 年发起污染防治攻坚战“夏季攻势”，以项目化、清单化的形式向各市州交办任务，推动地方集中时间、集中资源攻坚克难，加快解决了一批过去想解决而未解决的突出环境问题。截至 2020 年底，中央环保督察反馈的 76 项任务完成整改 70 项；中央生态环保督察“回头看”反馈的 41 项任务完成整改销号 33 项；2018 年、2019 年长江经济带生态环境警示片交办的 37 个问题整改销号 33 个。加强饮用水水源保护，2018 年全面完成县以上城镇集中式饮用水水源环境问题排查整治，2020 年基本完成乡镇“千吨万人”集中式饮用水水源环境问题排查整治。按照“源头化、系统化、流域化”的要求，加快推进不达标水体、黑臭水体整治，浏阳河、捞刀河等流域已稳定达标，地级城市建成区 184 处黑臭水体整治完成 181 处，长沙圭塘河积极探索“6 +”治河模式，中央电视台等 30 多家媒体进行宣传推广。加强历史遗留污染治理，完成 600 余个重金属污染治理项目，娄底锡矿山综合治理历史遗留废渣约 5200 余万吨，原来不毛之地现已郁郁葱葱。

（七）坚持改革创新，强能力

加快推进生态文明体制改革，6 个方面 53 项改革任务基本完成，全面推进企业（园区）环境行为信用等级评价、生态环境损害赔偿制度改革试点、排污权有偿使用和交易等制度。颁布实施《湖南省湘江保护条例》《湖南省饮用水水源保护条例》等法规，制定《湖南省农村生活污水处理设施水污染物排放标准》《湖南省水产养殖尾水污染物排放标准》等标准，强化地方法治保障。加大财政投入，出台湘江、洞庭湖保护和治理奖补政策，积极推进合同环境服务、第三方环境治理等模式吸引社会资金投入。与重庆、江西等省份建立跨省流域横向生态保护补偿机制，水质水量生态补偿全面覆盖四水干流和重要一、二级支流。制定突出环境问题整改验收销号（行业）标准，加大对地方的指导和帮扶力度。实施《湖南省生态环境保护工作“四严四基”三年行动计划（2019～2021年）》，切实加强基层能力建设。

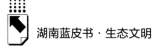

通过“十三五”持续努力，尤其是克服2020年疫情、特大洪水等不利因素影响，湖南圆满完成各项约束性指标，确保水生态环境质量持续稳中向好。根据监测，2020年，全省60个国考断面优良率93.3%，全面消除劣V类水体；345个省考断面优良率达95.9%，比2015年提高8.2个百分点，其中，长江干流湖南段和湘、资、沅、澧四水干流108个省考断面水质全部达到或优于Ⅱ类，四水主要一级支流断面全部达到或优于Ⅲ类，永州市、邵阳市进入全国水环境质量状况排名前30位，较好实现“水清了、景绿了、候鸟多了、群众满意了”的目标，为保护长江母亲河做出了湖南贡献。

二 “十四五”面临的机遇和挑战

总体而言，“十三五”期间，湖南“一江一湖四水”保护和治理工作取得显著成效，习近平生态文明思想深入人心，环境治理基础设施进一步夯实，污染防治体制机制进一步健全，为“十四五”深入推进相关重点工作、实现更高目标奠定了良好基础，也坚定了我们深入打好污染防治攻坚战的决心和信心。但水生态环境保护涉及方方面面，是一项复杂的系统工程，湖南生态环境保护与社会经济发展长期矛盾和短期问题交织，生态环境保护结构性、根源性、趋势性压力总体上尚未根本缓解，犹如逆水行舟，不进则退，“十四五”乃至今后相当长一段时间内，“一江一湖四水”系统保护和治理仍然处于攻坚期、窗口期、关键期，工作要求更高、面临问题更多、触及矛盾更深，既要打攻坚战，也要打持久战。

一是思想认识不够高。部分地方、部门“绿水青山就是金山银山”新发展理念树立得不牢，生态环境保护“党政同责、一岗双责”“三管三必

须”的要求落实还不到位，统筹经济高质量发展和生态环境高水平保护不够。受疫情等因素影响，一些地方对生态环境保护工作的重视程度有所减弱。部分地方或部门工作定力不够、标准不高、作风不实，抓工作不敢动真碰硬，形式主义、官僚主义问题不同程度存在。

二是流域污染负荷重。作为人口大省、农业大省，湖南产业结构不合理，部分区域、行业粗放的增长方式短期难以明显改变，污染物排放强度大，尤其是农业农村排放总量大，减排压力大，洞庭湖等重点区域环境负荷远超环境容量。根据第二次全国污染源普查，湖南化学需氧量、氨氮、总磷年排放量分别达 127.82 万吨、7.23 万吨、2.23 万吨，排在全国前列。其中，农业源排放占比越来越高，总磷排放占比 65% 以上。

三是治理成效有差距。水生态环境质量从量变到质变的拐点尚未到来，部分支流，如舂陵水、捞刀河部分断面水质还未达标或不稳定，一些城市黑臭水体存在返黑返臭现象。洞庭湖总磷问题短时间难以整治到位，大通湖、珊珀湖等内湖还为Ⅳ类、Ⅴ类，部分沟渠塘坝淤积严重。一些河湖生态缓冲带建设和保护不够，部分区域湿地萎缩退化现象客观存在。部分乡镇、农村集中式饮用水水源水质仍未稳定达标。

四是保护治理不平衡。保护和治理工作区域、流域、行业不平衡的问题突出，范围不够广，程度不够深，成效不够稳。重城市，轻农村，工作重心、投入重点还是在城市。重治理，轻保护，末端治理、污染减排工作力度大，源头预防、生态扩容重视不够，力度较小。重下游，轻上游，流域联防联治还有欠缺，对四水源头水系保护不够。重建设，轻管理，雨污分流不彻底、管网配套不到位，部分环境治理基础设施晒太阳的问题客观存在，运行效率较低。

五是重点领域欠账多。城镇生活污水收集管网不配套问题较为突出，相当比例城镇生活污水处理设施进水污染物浓度过低。部分区域水资源保障难度大，用水总量逼近“红线”。一些企业、园区环境管理粗放，环境违法行为时有发生。部分乡镇、农村生活污水还直排，洞庭湖区农业种植、畜禽水产养殖污染问题日趋突出，整治工作严重滞后。生态环境事件多发频发的高风险态势没有根本改变，郴州三十六湾、娄底锡矿山等重点区域历史遗留污染整治任务艰巨繁重。

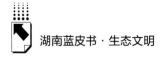

六是支撑保障水平低。行政手段用得多，市场、经济等手段用得少，不系统。不少县（市、区）对生态环保的投入与任务还不相匹配，社会资金投入不够。生态环境治理体系和治理能力现代化水平较低，基层监管执法能力薄弱，相关法规、标准、规范等不完善，科技支撑和信息化水平不高，统筹水环境、水生态、水资源能力不足，难以适应新形势任务要求。社会公众生态环境意识和实践能力总体偏弱，参与广度、深度不够。

三　深化“一江一湖四水”系统保护和治理的对策措施

“十四五”时期是我国全面建成小康社会、实现第一个百年奋斗目标之后，乘势而上开启全面建设社会主义现代化国家新征程、向第二个百年奋斗目标进军的第一个五年，意义重大，十分关键。2021 年 3 月，十三届全国人大四次会议通过了《中华人民共和国国民经济和社会发展第十四个五年规划和 2035 年远景目标纲要》，明确要求推动绿色发展，促进人与自然和谐共生，确保到2025 年，生态文明建设实现新进步，生态环境持续改善。我们要深刻认识和准确把握进入新发展阶段、贯彻新发展理念、构建新发展格局的核心要义和战略考量，不断提高政治判断力、政治领悟力、政治执行力，把思想和行动统一到党中央、国务院的重大判断、决策部署上来，以“等不起”的紧迫感、“慢不得”的危机感、“坐不住”的责任感，保持加强生态文明建设的战略定力，以水生态环境质量改善为核心，坚持“河湖联动、五水统筹”，深化“一江一湖四水”系统保护和治理，一个问题接一个问题解决，一项制度接一项制度建立，让越来越多的河湖能够水清岸绿、鱼翔浅底，成为美丽湖南不可或缺的组成部分。

（一）深入贯彻新发展理念，以生态环境高水平保护促进经济高质量发展

深化思想认识，提高政治站位，将习近平总书记在全面推动长江经济带发展座谈会上的重要讲话精神与在湖南视察时的重要指示结合起来认真学习，深刻领会其核心要义和思想精髓，自觉用习近平生态文明思想武装头脑、指导实践、推动工作。牢固树立“绿水青山就是金山银山”新发展理念，围绕“三高四新”战略推进，坚定不移走生态优先、绿色发展道路，全面建立资源高效利用制度，加快建立健全绿色低碳循环发展经济体系，擦亮湖南省高质量发展的生态成色。严格落实“三线一单”制度，构建国土空间开发保护新格局，对860个环境管控单元实施差异化管理。深化“放管服”改革，积极服务“六稳、六保”和“双循环”新发展格局，加快推动工业新兴优势产业链发展，积极支持清洁生产企业、生态工业园区建设，深入推进株洲清水塘、湘潭竹埠港等重点区域转型升级。加快建立生态产品价值实现机制，以洞庭湖生态经济区、郴州国家可持续发展示范区、岳阳长江经济带绿色发展示范区等为载体，加快推进产业结构转型升级，积极培育绿色增长点，大力发展生态农林业和生态旅游业，真正实现“产业兴、企业强、群众富、生态美”的目标。

（二）全面落实长江保护法，加快构建共治共建共管共护新格局

作为我国第一部流域法律，2021年3月1日起正式实施的《中华人民共和国长江保护法》，统筹保护与开发，从规划与管控、资源保护、水污染防治、生态环境修复、绿色发展、保障与监督、法律责任等方面提出了具体要求，为永葆长江母亲河生机活力提供了法治保障。下一步，湖南要全面深入贯彻落实《长江保护法》，推进各级政府及有关部门全面履行法定职责，不断提升应用法治思维、法治方式推进工作的能力，推动尊法、学法、守法、用法成为习惯和自觉。严格落实生态环境保护“党政同责、一岗双责”和“三管三必须”的要求，充分用好政治巡视、党委和

政府绩效考核、生态环保督察等措施，推动各级各有关部门守土有责、守土尽责。坚持源头治理、系统治理、综合治理，将“一江一湖四水”系统保护和治理工作融入经济、政治、文化和社会建设各方面和全过程，统筹局部和全局、当下和长远、治标和治本的关系，多措并举，整体施策。坚持流域联防联治，按照“统一规划、统一标准、统一监测、统一监管、统一考核”的要求，推进上下游、左右岸、干支流共建共管共护共治。坚持部门联动协调，将“一江一湖四水”系统保护与治理和河（湖）长制落实、城乡人居环境整治提升等工作一体谋划、一体部署、一体推进，按照“目标一致、规划衔接、力量整合、资金集中、措施同步”的要求，聚集重点区域、流域同向发力。

（三）牢牢把握“河湖联动，五水统筹”总要求，积极推进解决“一江一湖四水”主要问题

坚持“山水林田湖草”系统治理，从生态系统整体性和流域系统性出发，坚持问题导向、目标导向和结果导向，突出精准、科学和依法治污，以河湖为载体，统筹水环境治理、水资源利用、水生态修复、水安全保障、水文化弘扬，深化“一江一湖四水”系统保护和治理。对于长江干流湖南段，重点解决流域岸线破坏、生物多样性下降、水环境风险隐患等问题。对于洞庭湖，重点解决流域农业面源污染重，湖体及部分内湖总磷偏高，枯水期水资源短缺，部分湿地功能退化等问题。对于湘江，重点解决流域饮用水安全保障，东江湖、铁山水库等良好湖库保护，沩水、捞刀河等支流水资源保障，三十六湾、水口山等重点矿区历史遗留重金属污染等问题。对于资江，重点解决流域锑污染，水资源保障，锡矿山、龙山历史遗留重金属污染和城镇黑臭水体整治等问题。对于沅江，重点解决流域环境基础设施建设滞后，“锰三角”地区锰污染，重点河流生态水量保障等问题。对于澧水，重点解决流域小水电退出后生态恢复，环境基础设施建设滞后，大鲵自然保护区管护等问题。对于珠江水系武水，重点解决流域历史遗留重金属污染，生态流量不足等问题。同时，强化示范引领，以浏阳河、东江湖、铁山水库、潇水

等为重点，因地制宜积极推进美丽河湖保护与建设试点，稳定实现“有河有水、有鱼有草、人水和谐”的目标，为人民群众提供更多更好的亲水空间。

（四）积极推动项目建设，加快补齐水生态环境治理短板

按照“补短板、强弱项、提效能、防风险”的原则，科学谋划、加快实施一批重点项目，积极破解“一江一湖四水”保护和治理不平衡、不充分的问题。完善城乡环境基础设施，按照“厂网一体”的要求，全面落实县以上城市污水治理提质增效三年行动和乡镇污水处理设施建设四年行动，巩固地级城市黑臭水体整治成效，基本消除县级城市黑臭水体。突出抓好农业农村污染治理，梯次推进农村生活污染治理，不断深化“厕所革命”，开展畜禽粪污资源化利用整县推进项目建设，积极实施一批农业面源污染防治试点示范项目，突出抓好洞庭湖区精养鱼塘养殖尾水整治。深化工业污染防治，推进有色、化工等行业企业进行清洁化改造，按照“一园一策”的要求深化园区环境整治。以三十六湾、锡矿山、锰三角等区域为重点，有序推进历史遗留污染治理，消除尾矿库、矿井涌水污染扩散。加强饮水安全保障，积极整治或替代超标饮用水水源，积极推进区域城乡供水一体化。推进重点区域生态保护修复，加强水质较好湖库和“四水”源头区域环境保护，积极开展河湖生态缓冲带修复与建设试点，加强洞庭湖等区域湿地保护修复，推动实施一批水生生物多样性保护工程。保障水资源，深化重点领域节水改造，建设节水型社会，实施区域再生水循环利用工程，积极推进湖区沟渠塘坝清淤疏浚，加快推动洞庭湖四口水系综合整治工程。

（五）深化改革创新，着力提升生态环境治理体系和治理能力现代化水平

持续深入推进生态文明体制改革，为“一江一湖四水”系统保护和治理工作释放更多的政策“红利”。进一步完善水生态环境监测、评价和考核体系，强化基层生态环境监测监管能力建设，提升综合监管水平。持续加大各级财政投入，大力推进产业园区、区域环境污染第三方治理，多渠道吸引

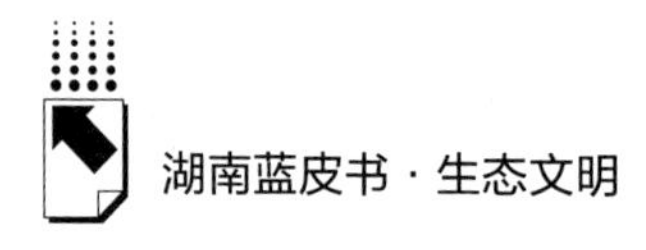

社会资金参与，积极推动建立湖南省生态环境保护集团，加大绿色金融支持力度，确保生态环保投入与修复治理任务相匹配。积极推进制度创新，加快健全完善流域生态补偿、用水权、排污权等交易市场体系，完善生态环境损害赔偿、公益诉讼等制度。加大科技支撑，围绕饮水安全保障、重金属污染防治、总磷削减、农业面源污染防治等重点领域，加大先进适用技术研发与示范推广。加快推进数字赋能，建设全省生态环境大数据智慧平台，提升信息化管理水平。积极推动社会公众参与，大力弘扬湖湘“亲水、爱水、护水”光荣传统，在更大范围、更高层面加大绿色学校、绿色家庭、绿色社区、绿色单位创建力度，让绿色生活与绿色消费蔚然成风，通过多种形式激发人民群众呵护好“一江一湖四水”的内在动力，形成共治共享的良好社会氛围。

B.27

湖南生态绿色食品产业发展研究

湖南省人民政府发展研究中心调研组*

摘　要： 湖南生态绿色食品产业发展具备良好基础，品牌建设稳步推进，创新能力不断增强。2020年，省委、省政府将其纳入20个工业新兴优势产业链，发展前景广阔。但目前产业发展的质量和效益还不高，存在产业龙头不强、产业附加值不高、品牌效应待提升、支持保障能力相对薄弱等方面的短板，下一步应抓住居民消费升级的市场机遇和相关政策机遇，从强化基地建设、强化龙头引领、强化品牌建设、强化要素支撑等方面推动产业高质量发展。

关键词： 生态绿色食品　基地建设　品牌建设

发展生态绿色食品产业，是满足人民群众日益增长的消费升级需求的重要手段，是发挥湖南农业资源禀赋优势的必然选择，是优化全省产业结构的客观需要。2020 年初，湖南省委、省政府把生态绿色食品产业链纳入 20 个工业新兴优势产业链中，着力推动产业发展，取得了一定的成效，但产业发展的质量和效益还不高。本报告在深入调研基础上，分析了湖南生态绿色食品产业发展存在的问题，提出了相应对策建议，供领导参阅。

---

* 调研组组长：谈文胜，湖南省人民政府发展研究中心党组书记、主任；副组长：唐宇文，湖南省人民政府发展研究中心党组副书记、副主任、研究员；调研组成员：唐文玉、刘琪、田红旗、周亚兰、罗会逸，均为湖南省人民政府发展研究中心研究人员，其中罗会逸为执笔人。

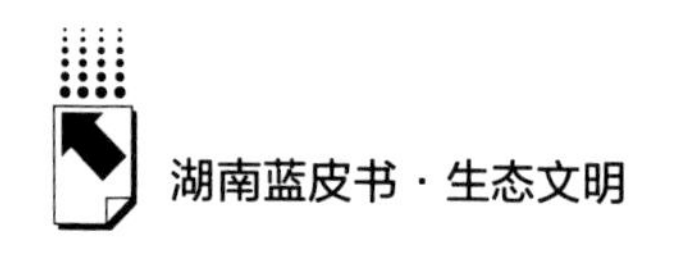

一　湖南生态绿色食品产业发展现状

（一）产业发展具备良好基础

湖南农副产品资源丰富，近年来食品工业增长迅速，生态绿色食品产业具有广阔的发展空间。2019年，全省规模食品工业（不含烟草）增加值同比增长6.9%；全省规模食品工业主营业务收入5189.4亿元，同比增长4.0%，总量居全国第7位、中部第3位。截至2019年底，全省持证食品生产企业7500多家，规模以上食品企业2614家，年销售收入过10亿元的企业超过50家，17家食品企业先后在港交所和A股主板成功上市。部分子行业发展较好，全省粮食加工、饲料加工、果蔬加工、精制茶加工、方便食品制造、罐头食品制造等6个子行业主营业务收入占全省食品工业的比重高于全国平均水平，具有一定的比较优势。产业集聚稳步推进，宁乡经开区、望城经开区等重点园区食品工业增长强劲，平江食品工业园、安化黑茶产业园、华容芥菜产业园等一批食品产业特色园区快速发展。

（二）品牌建设稳步推进

大力推进"4+4+20"区域公共品牌建设，培育了4个省级区域公共品牌、4个片区品牌、20个"一县一特"特色品牌。通过品牌建设带动"两品一标"认证，截至2020年8月底，全省有"两品一标"产品2707个，其中，绿色食品2368个，有机食品242个（9成以上是茶叶品类），农产品地理标志97个。绿色食品企业1185家，有机食品企业77家，授权使用农产品地理标志的企业605家；预计2020年全年"两品一标"产品总产值610亿元，占食用农产品总产值比重超过15%。

（三）创新能力不断增强

人才队伍实力雄厚，湖南有袁隆平等6位院士分别从事杂交水稻、油菜、生猪肉类制品、蔬菜、茶叶、水产等生态绿色食品产业相关研究工作，研究团队为产业链的科技创新提供了重要支撑。初步形成了产学研相结合的技术创新和产品研发体系，企业研发水平不断提高；唐人神集团建立了国家级企业技术中心，30多家生态绿色食品企业建立了省级企业技术中心，湖南果秀食品2019年获得了国家科学技术进步二等奖。科技公共服务平台、技术孵化平台等建设加快推进，江南大学技术转移中心宁乡分中心作为该校在中部食品园区的第一个技术服务平台落户宁乡经开区，加加食品获批国家工业4.0智能制造示范企业。

二 湖南生态绿色食品产业发展存在的问题

尽管湖南生态绿色食品产业发展态势良好，但仍有四大短板制约产业高质量发展，主要体现在以下四个方面。

（一）产业龙头不强

湖南食品企业散、小、差问题突出，2019年末，2614家规模食品企业中，大中型企业只有251家，缺乏规模大、效益好、带动能力强的大企业和大品牌；食品产业主营业务收入为河南省的40%左右，比中部第二位的湖北省少近1200亿元；2019年全国农业产业化龙头企业500强中，食品产业主营业务收入比湖南低的安徽有23家企业，而湖南仅有8家企业上榜。从产业园区的发展水平来看，宁乡经开区食品园区企业数量100家、产值200亿元，世界500强企业仅1家；而武汉临空经开区食品园区企业200家、产值300亿元、世界500强企业5家以上；河南漯河经开区食品园区企业700家、产值600亿元、世界500强企业也在5家以上。

（二）产业附加值不高

湖南农副食品50%以上是初加工产品，产业链短，一般、原料型低端产品多，精深加工产品少；代表食品精加工水平的食品制造业和饮料制造业，占全省食品工业的比重较低。引进的龙头企业促进农产品精深加工的效应不明显，如宁乡经开区引进的生态绿色食品产业中，市场驱动型企业占据主导地位，本地原材料利用程度不高，对区域特色农产品的带动能力相对较弱，如恰恰食品、康师傅、好益多等食品龙头企业，均是利用湖南本地市场建立区域性生产基地，大宗原材料与核心研发两头在外。

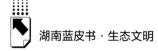

（三）品牌效应有待提升

优质优价的市场秩序还有待形成，企业开展“两品一标”认证的积极性不高；根据湖南省绿色食品办公室市场调查结果，认证为绿色有机食品后能优质优价销售的企业只有52%，而一些企业在绿色有机食品认证期满后，不再申报绿色有机食品。“两品一标”的运用还不充分，品牌影响力较低；全省97个地理标志农产品，已作为公共品牌形成了良好的产业发展态势的占1/3，正在推进产业发展的占1/3，还有1/3没有发挥应有作用。市场环境有待进一步规范，有些企业违规经营；有的企业不珍惜自身形象，在获得绿色食品标志后，用不合格产品代替绿色食品；有些企业使用过期标志，严重损害了生态绿色食品的品牌形象。

（四）支撑保障能力相对薄弱

从资金上来看，湖南没有出台专门的支持“两品一标”品牌建设的相关政策，每年资金仅数百万元且需一事一议，而安徽每年安排5000万元专项资金支持“两品一标”建设，黑龙江每年安排上亿元的资金支持绿色食品基地建设。从人才上来看，高端技工紧缺、普工难招成为行业普遍问题，宁乡经开区有近20家企业反映，食品行业操控高端智能设备的技术人才缺乏，其培训专班的数量少、课程滞后；普工流动性大，招工难。从配套建设上来看，冷链物流发展滞后，服务能力弱；较多企业反映检测成本高，以婴幼儿辅食为例，产品涉及的32项指标均需检测，单个指标检测费用800～1200元；大多企业反映湖南提供包装设计、品牌策划等服务的第三方机构较少，如外包给发达省、市的第三方机构，方案的落地性和可操作性又较差。

三 “四个强化”推进湖南生态绿色食品产业发展

湖南生态绿色食品产业增长潜力大。下一步应抓住居民消费升级的市场机遇和推动工业新兴优势产业链发展的政策机遇，从强化基地建设、强化龙头引领、强化品牌建设、强化要素支撑四方面加大工作力度，推动湖南绿色食品产业发展迈上新台阶。

（一）强化基地建设，夯实产业发展基础

一是加强生态绿色食品原材料生产基地建设。依托以精细农业为特色的农副产品基地，加强规划指导，择优推进一批绿色食品生产基地建设，为产业发展提供优质的原材料支撑。优化空间布局，依托长沙的市场优势和洞庭湖区优质丰富农产品的资源优势，重点做大做强长沙粮油乳茶加工、岳阳粮油茶水产调味品加工、常德粮油酒水产品加工、益阳“一县一品一特”等4个生产基地和产业集群，将环洞庭湖区打造成产业链核心，支持大湘西及其他地区发展具有地方特色的生态绿色食品产业。二是聚焦标准化提升基地发展质量。加快标准制修订，结合现有国家、行业标准，组织修订地方标准，引导企业加快产品标准升级，开展国际对标和行业对标行动，逐步缩小与国际标准差距。加大政策支持力度，完善绿色食品生产基地水、电、路、渠等基础设施配套建设。全面推行按标生产，扩大园区创建规模，如农业标准化示范区、园艺作物标准园、畜禽标准化示范场、水产健康养殖场，支持现代农业园区、农民合作社、家庭农场按标生产；创新生态绿色食品生产基地的管理模式，规范种养殖生产档案，引导农户按技术规范和操作规程生产。三是搭建生产基地与生态绿色食品企业的对接平台。加强优质稻、生猪、油菜、油茶、蔬菜、水果、茶叶及水产品生产基地与龙头企业的对接。支持有条件的企业建立绿色原材料专用基地，或者通过联合、租赁等方式，稳定企业与绿色食品原材料生产基地的供需关系。

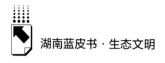

（二）强化龙头引领，增强产业发展动力

一是引进和培育龙头企业。加大招商引资力度，编制生态绿色食品产业项目库，通过产业链招商和集群招商等方式，引进一批“三类500强”企业；加快外向型食品工业加工区建设，承接国际知名食品生产基地转移，争取雀巢、亨氏、亿滋、玛氏等食品企业巨头将中部区域总部落户湖南。培育壮大本地企业，引导要素资源向龙头企业聚集，支持优势企业实施强强联合、兼并重组，组建大型食品企业（集团）；强化服务意识，主动对龙头企业实行“一对一”帮扶，在基地扩建、工艺升级、品牌宣传和项目申报等方面给予支持。二是聚焦短板加快产业补链强链。把握大型乳制品企业布局湖南的机遇，支持本土企业进行高标准牧场建设，加快乳制品业发展。高度重视白酒产业发展，建议从加强顶层设计、加大资金支持、提升品牌知名度和影响力、积极拓展销售渠道等方面推动“湘酒中兴”；重点支持酒鬼酒、湘窖酒业等龙头企业强强联合，加快集群发展，做强“湘酒”招牌。着力发展老年人功能食品、中央厨房等新模式新业态。三是引导产业集聚发展，引导企业向生态绿色食品产业园集中，支持将宁乡经开区（国家级农科园）打造成“千亿绿色食品示范园区”，加快建设永州国家农业高新技术产业示范区。四是充分发挥龙头企业的带动作用。推动农副食品精深加工、食品制造等龙头企业与农业协同发展，根据企业原材料需求，鼓励通过股份合作、订单合同、服务协作等形式，与农户、农民合作社、家庭农场等建立稳定购销关系。培植农业产业联合体，推广“乡镇＋合作社＋基地＋龙头企业”模式，建立风险共担、多方共赢的利益联结机制，推动一、二产业融合发展。探索采用价格补差、税收返还等方式，鼓励生态绿色食品企业采购一定比例的本地大宗农产品原材料；鼓励机关事业单位在同等条件下优先采购湖南生态绿色食品。

（三）强化品牌建设，拓展产业发展空间

一是加强“两品一标”认证。加大对企业“两品一标”认证所需的检

测费、认证费和标志使用费等的补贴力度，探索将认证结果与企业参加展示展销活动、开展产业化龙头企业评定、授予相关荣誉等政策挂钩，调动企业认证的积极性和主动性。强化农业投入品生产销售管理，加强对获证企业的后续监管，严厉打击冒用认证标志等违法行为，维护“两品一标”的质量信誉，提升社会公信力。二是擦亮“湘味”品牌。加强对湖南传统食品的挖掘、保护、传承、发展和认定，传承和挖掘老字号“湘味”生态绿色食品，打造一批具有湖湘文化特色的食品品牌。加强农产品地理标志的保护和运用，抓住脱贫攻坚和乡村振兴有机衔接的战略机遇，加快大湘西、湘南片区生态绿色食品品牌的培育，重点打造“湖南茶油”“湘江源蔬菜”等区域公共品牌。加强企业品牌资源整合，依托唐人神、金健米业、克明面业、金浩茶油、安化黑茶、果秀食品等优势品牌进行整合，增强品牌效应，提升品牌的市场知晓度和认可度。三是加强品牌宣传推广。开展绿色食品宣传月，绿色食品进社区、进学校、进超市等集中宣传推介活动，邀请媒体走进获证生态绿色食品企业，深挖典型案例，讲好品牌故事；旗帜鲜明的号召全省人民“吃湖南粮、喝湘江水、品湖湘味”。支持企业参加各类农博会和展示展销会，继续办好中国中部（湖南）农博会，争取中国绿色食品博览会落地长沙。加大电商平台建设力度，开通市、县优质产品特色馆，促进生态绿色食品上线销售。

（四）强化要素支撑，优化产业发展环境

一是加大资金支持力度。建议成立生态绿色食品产业发展专项基金，在智能制造改造、品牌策划、营销渠道拓展、商贸流通等方面对生产规模大、市场前景好、带动力强的园区和企业给予重点扶持。开展生态绿色食品产业项目投资，通过同股同权、固定分红、基金担保等方式，撬动社会资本投入。支持金融机构加大对生态绿色食品企业的信贷支持，鼓励企业上市，进一步拓宽企业融资渠道。二是加强科技支撑。依托湖南在机械领域的深厚技术积累，加大在干燥机械、烘烤机械、冷冻机械、挤压膨化机械等先进食品生产设备的研发力度。积极培育面向生态绿色食品产业的工业互联网平台，

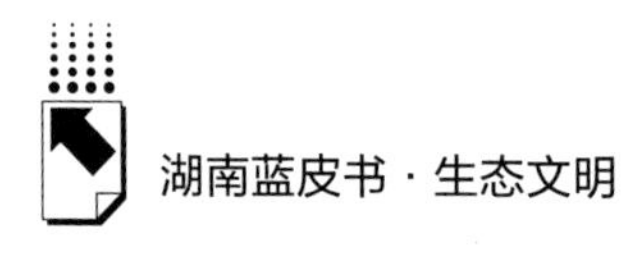

推动企业在原料采购、研发设计、生产制造、经营管理、售后服务等全流程与物联网、云计算、大数据等新一代信息技术应用融合。支持湖南农大、农科院等科研院所的科技人才通过技术承包、技术入股、技术转让等方式，参与生态绿色食品产业发展。建议对于生态绿色食品企业适当放宽科技创新小巨人、高新技术企业及平台认定等方面的标准。三是完善基础配套建设。加强食品技术研发、检测、物流、标准等公共服务平台建设，以生态绿色食品工业园区（基地）为重点，发挥湖南检验检测园产业优势，促进检验检测产业链与生态绿色食品产业协同发展。加强农产品流通体系建设，推进农贸市场建设和改造升级，支持田头预处理设施、产销地冷库、冷链运输、冷链批发市场等冷链建设。挖掘湖南文创产业的人才优势，加快培育在包装设计、品牌策划、营销推广等方面提供优质服务的第三方机构和平台。四是加快人才培养。支持生态绿色食品企业与科研院所联合建立人才培养示范基地，探索学徒制人才培养模式，着力培养专业技术及企业经营管理人才。

B.28

推动污染第三方治理改善湖南园区生态环境

湖南省人民政府发展研究中心调研组*

摘　要：园区是产业集聚升级和区域经济发展的重要载体，也是打好污染防治攻坚战的重要阵地。当前，湖南园区环境污染治理取得积极进展，但面临污染治理任务依然艰巨、环境监管能力亟须加强、第三方治理的体制机制仍需健全等问题，下阶段应以第三方治理为突破口，推行园区集约化、专业化、市场化治污，推动园区生态环境改善。

关键词：园区　环境污染　第三方治理

园区是产业集聚升级和区域经济发展的重要载体，也是打好污染防治攻坚战的重要阵地。2020 年 3 月，国务院下发《关于构建现代环境治理体系的指导意见》，明确要求创新环境治理模式，积极开展园区污染第三方治理试点示范，探索统一规划、统一监测、统一治理的一体化服务模式。湖南应把握机遇，以第三方治理为突破口，推行园区集约化、专业化、市场化治污，推动园区生态环境改善。

* 调研组组长：谈文胜，湖南省人民政府发展研究中心党组书记、主任；副组长：唐宇文，湖南省人民政府发展研究中心党组副书记、副主任、研究员；调研组成员：刘琪，执笔人，湖南省人民政府发展研究中心财政金融部副部长。

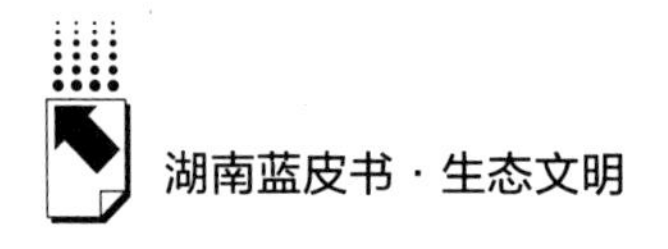

一　湖南园区环境污染治理取得积极进展

（一）积极开展园区规划环评，扎牢园区环境治理篱笆

组织省级及以上园区开展规划环评，推进项目环评分类精准管理，从整体上预防环境污染和生态破坏。截至2020年7月底，湖南144个省级及以上园区已有141个开展了规划环评。明确园区调扩区规划环评的基本要求、工作程序等，组织50多个园区开展调扩区规划环评工作，对符合条件的及时出具审查意见，对规划实施5年以上的20个园区开展了环境影响跟踪评价。结合省级“三线一单”成果编制，组织全省144个省级及以上园区编制生态环境准入清单，明确分类管理要求。在园区“135”工程升级版奖补、高新产业园区创建等方面加强部门协调联动，严格重污染项目环境准入，引导工业企业向专业园区聚集发展。

（二）重点推进园区污水治理，开展园区污染专项整治

一方面，加强园区环境基础设施建设。按照国家统一部署，深入推进工业园区污水集中处理设施建设及运行管理。截至2019年底，全省19家国家级工业园区实现污水管网全覆盖，完成清污分流。144个省级及以上工业园区已全部建成污水处理设施，或依托城镇污水处理厂集中处理，共配套202座污水处理设施，确保主要企业聚集区污水收集处理。同时，202座配套污水处理设施中，已有199座连入省级监控平台，基本实现监控“全覆盖”。

另一方面，集中开展园区水污染防治问题整治。2018年以来，湖南持续将园区环境整治纳入污染防治攻坚战“夏季攻势”，省生态环境厅、省发展和改革委员会下发了《关于做好工业园区污水处理设施问题排查整治销号和“一园一档”管理工作的通知》，按照“一园一档”“一园一策”的要求，组织园区全面查清环境管理状况。建立定期排查整治机制，强化督促检查和考核奖惩，层层压紧、压实责任，发现的问题向市州政府和园区交办，

定期调度进展情况，加强重点园区现场核查，推动突出问题解决。2019 年，通过园区自查、市州核查、省级巡查，向地方交办 354 个问题，截至 2020 年 6 月底，已整改完成 316 个。

（三）环保产业发展迅速，助力园区污染第三方治理

近年来，湖南环保产业发展势头喜人。2017～2019 年，年均增速超过 15%，2019 年全省环保产业总产值达 3004.6 亿元。涌现出一批以永清环保、航天凯天环保、恒凯环保、中联重科环境产业公司为代表的环保骨干企业，以及以华时捷环保、景翌环保为代表的创新型环保企业。重点行业烟气除尘脱硫脱硝、有色冶炼等行业重金属废水处理、水气污染物自动在线监测、电子废弃物循环利用、工业污染场地治理与修复等领域的技术与装备水平在国内处于领先或先进水平。全省环保企业积极参与省内外园区污染第三方治理，在业界树立起“环保湘军”美名。如湘潭岳塘区和永清环保探索采取 PPP（公共私营合作制）模式合作融资，组建湘潭竹埠港生态治理投资有限公司，推动该区域重金属污染综合整治，形成重金属污染治理的“竹埠港模式”。2019 年，金益环保承担的洪江工业集中区环境污染第三方治理项目成功获批全国 27 家第三方治理试点园区之一。凯天环保承担的河北衡水工业新区环境污染第三方治理项目，成为生态环境部公布的全国第一批 6 个工业园区环境污染第三方治理典型案例之一。

二　湖南园区环境污染治理仍面临诸多困难

（一）园区污染治理任务仍然艰巨

部分园区仍存在管网建设滞后、未实现“一企一管”、污水集中处理厂需提标改造等环境基础设施有待完善的问题。企业预处理后排入园区集中处理设施的水质不达标、污水集中处理设施运行不正常、在线监控未联网、管理制度缺失等现象仍然存在。截至 2020 年 7 月底，全省污染防治攻坚战

“2020 年夏季攻势”省级及以上工业园区水环境问题整治 176 个任务中，已完成的仅 66 个，未完成的 110 个。另外，由于园区废气收集与处理设施、危废储存和处置中心、固废集中收集处理设施建设尚处于起步阶段，全省园区恶臭气体排放强度高和工业固废（危废）风险较高等问题也很突出。

（二）园区环境监管能力亟须加强

一是项目审批程序有待简化。调研过程中，不少园区和企业都反映环境治理项目环评审批等手续复杂，审批部门多，耗时长，严重影响项目推进进度。二是园区环保监管力量亟须加强。园区企业数量多、污染物种类复杂，对精细化环境管理能力要求高。但大部分园区环境管理机构人员配置不够，一线环境执法人员偏少，业务能力不足，面临监测监控手段落实、指挥和决策系统的自动化信息化水平较低，应急监测与应急处置训练手段系统性不足等困难。三是园区环境信息档案有待完善。园区环境管理部门对园区内企业污水排放量和主要污染物种类等基本信息掌握不足，难以对园区内各类污染源进行有效监管。

（三）园区规划布局不优导致环境保护难度大

一区多园现象普遍，工业企业没有相对集中，同类产业集聚度低，临近环境敏感区域。部分工业园区在建设早期对园区的环境状况以及园区开发带来的环境问题缺乏足够重视，没有开展区域环境影响评价，对园区的选址、规模、性质的可行性缺乏系统论证，没有建立科学的环境总量控制规划和环境保护管理体系。即使在后续发展中进行了环境影响评价，但由于前期建设的盲目引进和不同时期环保管理尺度的差异，造成部分工业园区存在布局不合理、重复建设、各功能区混杂、规划随意变动、入驻企业不合理、环保安全隐患大等问题。

（四）园区污染第三方治理的体制机制需进一步健全

一是环境服务监管评价机制不健全。随着第三方治理市场准入门槛的降

低，越来越多的中小企业纷纷进入第三方治理市场，由于缺少环境治理成本估算和治理效果评判的标准，第三方治理领域拼价格、拼人脉、重业务承接、轻运营管理等现象仍然存在，恶性竞争现象比较普遍，给地方政府选择第三方治理企业带来困难。二是税收政策有待健全。如按现行税收政策，排污企业如将治理设施建设运营费用计入企业生产成本，自行解决污染治理问题，则无须纳税。而采取第三方企业投资建设或运营，其收取的服务费用需缴纳各种税费，整体上增加了全社会治污成本。三是融资政策有待完善。调研中，第三方治理企业普遍反映，银行绿色信贷融资落地较难，企业面临环保投入资金需求总量大和回收周期长，缺乏抵押品、收费权质押难、融资期限错配、融资成本偏高等困难。

三　推动湖南园区环境污染第三方治理的对策建议

（一）以严格准入和完善设施平台为重点，夯实第三方治理基础

一是严格园区环境准入制度。强化“三线一单”硬约束，健全园区生态环境空间管控体系。认真落实“规划环评 + 环境标准”制度，加强园区规划环评与项目环评联动，采取对项目环评豁免、简化审批、严格项目环评、不予审批等措施，分类制定管理要求，建立园区污染治理的“四张清单”：问题清单、任务清单、项目清单、责任清单。对现有园区进行分类整合、改造提升、压减淘汰，推动各园区区块集中连片，优化调整工业园区的产业结构和布局，确保重点排污企业的空间布局符合规定要求，依法依规推动环保不过关企业退出。

二是加强园区环境基础设施建设。按照“适度超前”原则建设污水集中处理管网和固体废物集中处置设施，加大涉挥发性有机物排放工业园区和产业集群综合整治力度，推动资源共享，实施集中治理。充分利用社会资本，推进多种建设模式并举，对污水处理厂、固废集中收集处理设施等环保公共基础设施建设采用 PPP - BOT（建设 - 经营 - 移交）模式，对环境监测

项目等没有收费来源的公共服务项目采用EPC（设计－采购－施工）模式，对存量改造项目可采用TOT（移交－经营－移交）模式或EPC＋O模式等。全面排查整治环境基础设施老旧破损、不能稳定达标运行等问题。

三是建立完善园区环境信息平台。完善工业园区“一园一档”数据库，涵盖园区基本情况、企业基础档案、重点企业排污台账、管网建设和运行情况、处理设施建设和运行情况等内容，并实施动态管理，相关信息及时导入工业园区环境信息平台。鼓励园区实施管网可视化管理，建立智慧监控平台，对管网分层、重要管段管点实施数字化标识，对企业废物排放、管网系统运行等实行全过程、多层级信息化管控。

（二）以加强政策支持和试点示范为抓手，优化第三方治理环境

一是加强政策引领。根据国家发展改革委办公厅、生态环境部办公厅印发的《关于深入推进园区环境污染第三方治理的通知》，抓紧出台湖南推进园区污染第三方治理的实施意见，编制其管理办法，明确园区、排污企业、环境服务第三方的各自责任归属。按园区类型制定出台统一、规范的环境服务技术标准，签订环境服务合同，明确委托事项、治理边界、责任义务、监督制约等事宜，使环境服务“按绩效付费”有可度量的依据，保障相关方合法权益。

二是加强支持力度。研究出台财政对园区污染第三方治理项目的投资补贴、税收优惠等政策。资金使用方式从“补建设”向“补运营”转变，从“前补助”向“后奖励”转变。推动园区、环境服务企业和金融机构合作，引导鼓励银行业金融机构创新绿色信贷产品服务，支持开展担保贷款业务，如排污权、收费权、环境服务合同权益质（抵）押、专利权等，探索利用污水、垃圾处理等预期收益质押贷款，切实解决企业融资难的问题，为园区污染第三方治理提供长期稳定、低成本资金支持。优先将符合条件的节能环保企业纳入省重点上市企业后备资源库，推动上市融资。

三是组织试点示范。一方面，组织具备较好基础的园区积极申报国家环境污染第三方治理试点园区，另一方面，根据园区规模大小、产业类型，选

择若干家特点鲜明的园区，分别开展“环保管家”综合环境服务、污水或有毒有害气体专项治理等省级第三方治理试点，以点带面，以示范创建引领全省园区第三方治理工作。

（三）以创新合作模式和运行体系为核心，健全第三方治理机制

一是推进合作模式创新。引入有实力的第三方治理企业为园区提供从环境咨询规划、环境监测、环境风险控制，到水、气、固环境治理工程的实施、环保设施运营的环保管家服务，为园区公共环境和企业废气、废水、固废治理提供全面的环境解决方案。针对重点排污企业，探索推行“一厂一管、一厂一策、一厂一标、一厂一价”的服务模式。推动园区、排污责任单位与第三方治理企业间依据市场规则确立的合同法律关系，建立健全相互监督制约机制、损害侵权赔偿补偿机制、退出机制和责任追究机制等。

二是建立基于环境质量改善的运维绩效付费模式。加强对第三方治理企业的运维绩效考核，设置绩效目标并加强后续绩效目标考核，运维绩效指标除包括资产有效性、财务健康性、系统安全性、社会满意度等常规指标外，重点考核污染治理效果与区域环境质量改善指标，如污染物减排量、空气质量达标天数比例等，在满足绩效条件的基础上予以付费，从合同机制上推动治理措施转化为质量效果。

三是建立健全服务价格动态调整机制。根据项目运营情况、公众满意度等，在第三方治理项目全生命周期内，定期对价格、补贴等进行调整，使第三方治理企业“盈利但不暴利”，保证园区、企业和公众共同受益。

（四）以加强考核督察和公众参与为手段，强化第三方治理监管

一是强化全过程考核监督。加强对第三方服务治理企业准入、服务质量、安全管理、治理效果的监管，实行月、季度、年度等不同时段的连续性考核。建立第三方治理机构诚信档案和信用累计制度，探索使用黑名单制度，依法公开第三方治理项目环境监管信息等，规范第三方治理行为，确保

治理效果。

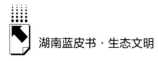

二是将园区第三方治理列入环保督察内容。将园区属地党委、政府推动落实园区第三方治理企业监管情况纳入省级生态环保督察内容，重点检查第三方治理企业与政府及相关部门开展的治理项目情况，重点督察跟踪监管措施不到位等情况，对于查实的“一托了之”并造成严重后果的，依纪依法追究责任。

三是充分发挥公众监督作用。建议借鉴苏州工业园区的成功经验，由第三方治理机构协助园区构建由政府、企业、居民等共同参与的环境理事会制度，通过企业公开污染治理过程和成效、环境宣传教育、多方圆桌对话等活动机制，推动公众参与对第三方治理项目的共建和监督。对于公众反映的有关问题，相关部门要第一时间组织调查并及时反馈。

B.29

大力发展生态经济 努力建成生态强省

史海威*

摘 要： 新发展阶段下，绿色发展成为时代趋势。湖南要实现从绿色大省向生态强省转变的目标，必须大力发展生态经济，湖南基础虽好但任重道远。今后要有重点的培育壮大现代旅游业、林业新产业、环保新产业等特色生态经济，擦亮生态经济区金字招牌，特别是要立足湖南实际，大力发展生态高效农业。要实现这一目标，政府必须在保护生态环境、完善基础设施、提供金融支持、培育生态文化等方面有所作为。

关键词： 生态经济 生态强省 生态农业 湖南

习近平总书记在湖南考察调研时强调，要牢固树立“绿水青山就是金山银山”的理念，在生态文明建设上展现新作为。党的十九届五中全会提出，深入实施可持续发展战略，促进经济社会发展全面绿色转型。我国经济已由高速增长阶段向高质量发展阶段转变，绿色永续发展是题中应有之义。湖南要深入贯彻习近平总书记考察调研湖南时的重要讲话精神和党的十九届五中全会精神，发挥好生态资源禀赋，打响绿色生态品牌，筑牢生态经济之基，壮大生态经济之力，夯实生态经济之体，以生态经济的大发展促进生态强省早日建成。

* 史海威，湖南省委全面深化改革委员会办公室改革三处二级调研员。

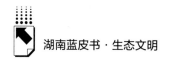

一　湖南建成生态强省基础较好但任重道远

一般来说，生态经济是以资源节约和环境友好为重要特征，以“产业发展生态化，生态建设产业化”为主要内涵，为适应人类环保与健康需要而产生并表现出来，以经济与环境和谐为根本目标的一种新的发展状态。生态经济能够体现出自然环境的价值，形成并带动一大批新兴产业，符合时代发展趋势。

发展生态经济要有一定的生态资源，湖南生态资源禀赋得天独厚：水资源总量充沛，拥有湘、资、沅、澧四水和全国第二大淡水湖洞庭湖；湿地面积占全省面积的26.47%，湿地保护率和国家湿地公园数量均居全国第1；森林覆盖率达59.90%，居全国第5位；长株潭两型社会建设综合配套改革试验区、洞庭湖生态经济区、武陵山片区生态文明先行示范区、南岭山地森林及生物多样性生态功能区等国家生态文明战略平台，覆盖全省四大板块。湖南完全具备建成生态强省的自然基础，但基础不等于现实，建成生态强省任重道远。

1. 对发展生态经济存在一些片面认识

有的地方把心思和工作重心放在互联网等新经济的发展上，放在对传统产业的数字化、网络化、智能化改造上，但对生态经济和传统产业生态化改造的关注远远不够；有的片面认为发展生态经济主要是生态资源丰富地区的事情，城区、工业园区不用发展生态经济；有的过于强调对生态资源的保护，不懂如何发展生态经济，不知道如何让绿色资源变成经济财源。

2. 发展生态经济的产业基础比较薄弱

“十三五”时期，湖南生态经济发展取得长足进步，但由于发展时间不长等，产业基础还不牢固：生态服务业发展不充分，农业主产区的高效生态农业没有做强做优，重点生态功能区发展生态旅游和康养产业还有较大提升空间，生态工业园区缺乏规模大的项目和企业，生态经济区未形成完整的生态经济产业链、创新链、人才链等。

3. 湖南不少地区是“富饶的贫困”

脱贫前的51个国家级贫困县大部分处于生态资源丰富的武陵山、罗霄山片区。典型的像桂东县，作为“全国生态示范区”，其森林覆盖率达85%。“绿水青山就是金山银山”，但并不等于坐享财富。如果这些贫困地区不能落实建成生态强县、全面实现小康社会的目标，湖南建成生态强省的目标也不可能实现。

绿水青山若不能变成金山银山，没有强大的生态经济，只能算“天蓝地绿水清土净”的绿色大省，而不能称为生态强省。生态必须变成强省的一种动力，而不是一种阻力。若长期不能改变“生态富裕 = 贫穷落后”的现状，就是认识不到位、工作不作为、能力不匹配。改变这种现状的根本途径只能是立足新发展阶段的新任务、新要求，深入贯彻新发展理念，大力发展生态经济，让生态资源充分变现，舍此别无他途。当然，强调发展生态经济并不是要求每个县域都深挖金山银山，尤其对生态脆弱的地方，保护的责任大于发展的要求。

二　有重点的培育壮大特色生态经济

总结各地成功经验，我们认为，发展生态经济要两条腿走路，既要因地制宜，靠山吃山，靠水吃水，发挥绿水青山的品牌优势，使生态优势最大化，也要有效依托互联网等新一代信息技术，找到生态保护与经济发展的紧密结合点，发展出生命力强的新经济，催生新产业、新业态、新模式。

1. 擦亮生态经济区金字招牌

生态经济区既是过去“生态保护区”和“经济开发区”提法的升华，更是发展模式、发展方式的升级。湖南拥有洞庭湖生态经济区、郴州国家可持续发展议程创新示范区和岳阳长江经济带绿色发展示范区等金字招牌，这是湖南发展生态经济的政策高地、资金洼地。一定要用好这些金字招牌，谋定后动，高起点规划，高标准建设，高站位推动，让乡村、城镇、旅游、现代农业、现代服务业、高科技产业嵌入生态区域规划，统筹做好“生态 +”

这篇大文章，形成“生态越美丽—发展越兴旺—百姓越幸福”的良性循环。洞庭湖是湖南的“母亲湖”，也应该是湖南发展的“绿心”，所以特别要注重把洞庭湖生态经济区打造成全国的生态品牌、发展品牌。

2. 加快发展现代旅游业

旅游业是朝阳产业，已成为全民参与就业创业的民生产业和综合性现代产业，推动旅游业融合发展、引领转型升级已成为时代趋势。2019 年，我国人均 GDP 首次突破 10000 美元，正处于旅游消费需求的爆发式增长期。可以预见，未来 20 年乃至 35 年，仍将处于旅游发展的黄金期。湖南要深化旅游供给侧结构性改革，从注重流量转向提升质量，从旅游自循环转向跨界融合，从单一景点景区建设转向综合目的地服务，在加大旅游产品供给，完善旅游基础设施和公共服务体系，提升整体品牌形象的同时，充分发挥“旅游 +”的拉动、融合、催化、集成作用，加强旅游与新型城镇化建设、生态文明建设和对外开放等协同推进力度，加快与文化、体育、健康、养老、农业、工业、科技、教育等相关产业的融合，拉长旅游产业链，提升旅游综合效益，不断提升旅游业现代化、集约化、品质化、国际化水平。

3. 积极发展林业新产业新业态

林业是生态经济的发展基础，也是生态系统的主体、维护生态平衡的核心。湖南推进林业跨越式发展和全面发展，要从过去以生产木材及相关加工业为主，转变为以生态建设为主，大力发展林下经济、森林康养等新产业、新业态。拿森林康养来说，它集成了林业、旅游业、健康服务业等相关产业特征，有望成为经济增长的下一个“蓝海”。湖南作为林业大省，拥有 214 个国有林场、191 个自然保护区、130 个森林公园，每年森林旅游规模近 4000 万人次，发展森林康养等林业经济，具有优越的条件与良好的基础。然而 2019 年，全省林业总产值只有 430.7 亿元，这与林业大省的地位不相称，发展林业新产业、新业态，潜力巨大，前景广阔，效益可观。展望未来，康养产业将成为双循环新发展格局下内循环的重要引擎，成为“十四五”期间竞相争取的最佳选择，湖南各地可结合资源禀赋提前谋划，抓紧布局。

4. 超前布局大数据等新经济

在新一轮科技革命和产业变革方兴未艾的背景下，互联网已成为基础设施，数据成为生产资料。如果没有战略思维，仍然固守产业梯次转移规律，抱持经济循序渐进观念，只会步步落后、永远落后。要借鉴贵州省发展大数据产业的经验，进行前瞻性的重点引导和培育，提前布局大数据、物联网、人工智能等产业，做到“无中生有”“有中图强”，最终实现跨越式发展。湖南省资兴市充分挖掘生态环境资源价值，利用东江湖冷水资源优势，集中精力建设大数据产业园，为当地打造了一个新的支柱产业，值得各地借鉴。

5. 加强治污催生环保新产业

生态环境治理和修复蕴藏着很大的经济效益。湖南是矿业大省、有色金属之乡，资源型传统产业和高能耗、高污染项目较多，加之一段时期未落实科学发展理念，片面追求经济增长高速度，历史累积的矿山、尾矿库、重金属污染等生态治理和修复任务重，如株洲清水塘、湘潭竹埠港、娄底锡矿山、衡阳水口山、郴州三十六湾等。虽然“十三五”期间，接连打了几场“环境治理硬仗”，如污染企业关停并转、清水塘等老工业基地搬迁改造升级、湘江保护与治理、洞庭湖生态环境专项整治、长江岸线湖南段专项整治等，有力提升了湖南经济发展的“绿色含量”，但依然存在经济转型升级任务艰巨、绿水青山转化为金山银山困难等制度瓶颈。今后，湖南要在加大生态涵养、生态修复工作的同时，充分运用生态环保技术处置固体废物，加快矿业转型绿色发展，实现资源利用最大化和循环发展，努力走出一条符合当地实际的经济发展之路，创造出“金山银山”。

三　湖南发展生态经济一定要搞好生态农业

生态农业需运用市场化手段，综合利用传统农业优势、现代科技成果、各种再生资源等，结合政府的有力扶持，实现经济、生态和社会效益的协调统一，探索建设现代化的高效生态农业。湖南发展生态经济一定要搞好生态农业，一方面，湖南人口众多，传统农业发达，乡村红色、绿色、人文资源

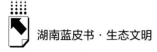

较为丰富，发展生态农业有基础；另一方面，巩固脱贫成果，实现乡村振兴，加快农业农村现代化建设，必须发展生态农业。

1. 打牢生态农业基础

习近平总书记在湖南考察调研时，要求湖南下大力气消除镉大米超标的负面影响。发展生态农业，必须持之以恒，要着力推进长株潭地区重金属污染耕地治理，加强固体废物和磷污染治理，保证“米袋子”“菜篮子”“水缸子”安全；加强农业面源污染防控，改进施肥方式，推进病虫害统防统治和绿色防控，实现化肥、农药减量增效；完善监测体系，健全农田土壤环境监测体系，保护土壤生态，为生态农业布局提供科学依据。

2. 培育生态农产品品牌

实施生态农产品品牌培育计划，加强顶层设计、政策扶持、科技助力和资金投入，集中力量打造一批知名的湘字号现代生态农业产品品牌，让绿色产品牵引绿色生产；建立完善农产品标准化生产体系、农产品质量安全检测体系和农业标准推广体系，加快发展品牌农产品质量认证认定；实施农产品溯源，落实农产品质量安全责任制度，加强县乡农产品质量安全监管能力建设，努力维护农产品品牌信誉。

3. 促进农旅融合发展

强化规划引领，将乡村旅游示范点等旅游资源进行整合，逐步将休闲农业和乡村旅游向规模化、园区化拓展；强化景观塑造，充分发挥市场作用，打造农业主题公园、田园综合体、乡村旅游风景线，形成特色生态游品牌；强化特色保护，旅游开发不能破坏乡土本色和原生特点，落实乡村规划，保护村容村貌，确保留得住“乡愁”。

4. 加大改革支持力度

在确保土地公有制性质不改变、耕地红线不突破、农民利益不受损的前提下，加大农村“三块地”（指存在于农村地区的“农用地”“集体经营性建设用地”“宅基地”）等改革的力度，放权、赋能、搞活，切实把发展生态农业的各种资源要素调动起来；积极培育新型主体，如新型职业农民、家庭农场、专业合作社等，切实把农民组织起来，同时壮大龙头企业、农业园区，构建多层级现代生态农业模式。同时，鉴于农业的脆弱性，要形成绿色生态导向的生态农业补偿制度，通过减税、免税、贴息、项目基金扶持、政府补助等多种经济支撑手段，增强生态农业综合竞争能力。

四　政府在助推生态经济发展上必须有所作为

为贯彻习近平总书记“积极探索推广绿水青山转化为金山银山的路径”的指示，中央全面深化改革委员会第十八次会议审议通过了《关于建立健全生态产品价值实现机制的意见》，强调要探索生态产品价值实现路径，形成政府主导、企业和社会各界参与、市场化运作、可持续的机制，推进生态产业化和产业生态化。湖南生态产业发展外部发展环境良好，政府要积极作为，探寻有效路径，加大扶持力度，尽快把生态优势转化为发展优势，将生态产业培育成经济发展的支柱产业。

1. 切实保护好生态环境

继续强力推进突出环保问题整改，坚持不懈打好污染防治攻坚战，抓好长江“十年禁渔”，深化“一江一湖四水”的系统联治，统筹协同治理山水林田湖草，推进大气主要污染物的协同减排和控制，持续改善生态环境。完善生态环境治理体系，建立生态产品价值实现机制，完善资源高效利用制度，健全生态环保督察制度，落实国土空间开发保护机制，建立健全生态环境损害责任追究和生态补偿制度，落实企业治污主体责任，织牢生态环境“防护网”。

2. 建设完善交通等基础设施

“世之奇伟、瑰怪、非常之观，常在于险远。”生态资源丰富的地方，往往也是基础设施落后、交通不方便的地方。路网不联通，人流、物流、资金流等生产要素进不去，经济自然活跃不起来。路网联通之后，生态资源往往能迅速变现。如高铁让南岳旅游进一步升温，高速促进了汝城地热资源有效开发。道路作为半公益品，主要靠政府投资修建。截至 2020 年末，湖南交通网主骨架成型，综合交通运输体系不断完善，全省高铁通车里程近

2000千米、高速通车里程6800千米、水运通航里程1.2万千米，今后要加大“毛细血管式”道路建设，打通通往生态区的“最后一公里”。

3. 加大金融扶持力度

新产业、新业态因其“新”，往往也意味着风险较高、投资回报的不确定，市场主体往往止步不前。加大金融扶持生态经济发展，除了提供必要的产业引导资金，发挥撬动和垫底作用外，更多的还是要建立健全市场机制，打造融资平台，促进银企合作，拓展资金来源，疏通资金渠道，大力引进创投、PE（私募股权投资）和各类基金公司，让专业的人做专业的事，充分释放政策效应，让更多金融活水源源流向生态经济。

4. 大力培育生态文化

生态文化是先进文化的重要组成部分，也是发展生态经济的重要支撑。切实完成国家2030年前碳达峰行动目标，根本上还是要让生态文化成为主流文化、深入人心，提升生态系统碳汇能力，在城市群建设、城镇化发展和乡村振兴过程中融入生态文明理念，深入推行绿色生产、生活方式，全面推行重点行业领域清洁生产、绿色化改造，促进产业高端化、循环化、绿色化。

参考文献

1. 习近平：《习近平谈治国理政》（一、二、三卷），外文出版社，2014、2017、2020。
2. 文件起草组：《〈中共中央关于制定国民经济和社会发展第十四个五年规划和二〇三五年远景目标的建议〉辅导读本》，人民出版社，2020。
3. 徐光春、吴舜泽、孙熙国、潘家华、张云飞、刘世锦、翟勇、孙要良、许先春、高世楫：《以习近平生态文明思想为指导，开创美丽中国建设新局面——2020年深入学习贯彻习近平生态文明思想研讨会发言摘登》，《光明日报》2020年7月20日。
4. 2020年12月2日中国共产党湖南省第十一届委员会第十二次全体会议通过：《中共湖南省委关于制定湖南省国民经济和社会发展第十四个五年规划和二〇三五年远景目标的建议》，https://hn.rednet.cn/content/2020/12/12/8698809.html，最后访问日期：2020年12月12日。

B.30
湖南省绿色产业发展测度研究

蔡宏宇 等*

摘　要：发展绿色产业推进生态文明建设，是加快我国经济高质量发展和现代化进程的重要抓手。本文选择2019年全国26省区截面数据和2003～2018年湖南省13个地级市面板数据，通过构建绿色产业评价指标体系，运用因子分析法和组合权重法分别测度全国各省、湖南省13个地级市绿色产业发展情况。研究发现：湖南省绿色产业发展在全国各省位居第9；长沙、株洲、湘潭和永州市绿色产业发展综合水平居于全省领先地位，怀化、常德、娄底和益阳市相对落后。据此提出可行性建议：通过宣传环保观念和完善保障体系引导消费和投资绿色化；通过发挥长株潭城市群技术创新的辐射作用带动弱势地区绿色产业发展。

关键词：绿色产业　因子分析法　组合权重法

一　引言

发展绿色产业，推动生态文明建设，是实现湖南高质量发展的必然选择。湖南省委书记许达哲 2020 年 8 月 19 日在省林业局调研时强调，要深入

---

* 蔡宏宇，湖南工商大学国际商学院教授；吴荆、张家斌、马苗苗，湖南工商大学数学与统计学院硕士研究生；黄尚增，湖南工商大学财政金融学院硕士研究生。

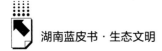

贯彻习近平生态文明思想，落实生态优先、绿色发展理念。研究湖南绿色产业发展，不仅能够为绿色产业的规划提出科学建议，打造优良生态环境，而且对深化供给侧结构性改革具有重要实践意义。

随着绿色产业发展的推进，国内外学者有关绿色产业的研究不断深入。绿色产业理论研究成果较多，Staniskis①提出，绿色产业是未来经济可持续增长的关键因素，其核心理念为“脱钩”理论，即产业内部环境压力的增长低于经济驱动力增长时，会发生“脱钩”。王傲雪②认为，绿色产业是用资源低投入和科技高投入，获得高产出的环境友好型产业。裴庆冰等③认为，狭义的绿色产业指节约资源、改善环境的产品和服务，广义的绿色产业还包括产品生命周期符合绿色标准的企业集合体。张炜熙等④指出，绿色产业是绿色发展的重要组成部分，是推动我国经济可持续发展的关键因素。

绿色产业发展量化研究百家争鸣，思路有待拓展。梁中和周翔⑤选择专家经验主观筛选法，建立低碳产业绩效评价指标体系。周颖等⑥运用因子分析法，提取对评价结果产生显著影响的绿色产业评价指标。马留赟等⑦选择主成分分析法，选取我国2003～2014年省级面板数据，测度各省绿色产业发展综合指数。李雪松和曾宇航⑧利用DEA-SBM模型，测算2001～2017年我

① Staniskis, H. J. K., “Green industry-A new concept,” *Environmental Research, Engineering and Management*, 56 (2011), pp. 3-15.

② 王傲雪：《中国地区工业绿色发展指数测度及影响因素研究》，重庆工商大学硕士学位论文，2016。

③ 裴庆冰、谷立静、白泉：《绿色发展背景下绿色产业内涵探析》，《环境保护》2018年第3期。

④ 张炜熙、孙志刚、张兴国：《绿色产业竞争力评价研究综述》，《经济研究导刊》2019年第1期。

⑤ 梁中、周翔：《低碳产业创新系统运行绩效评价指标体系》，《统计与决策》2012年第2期。

⑥ 周颖、王洪志、迟国泰：《基于因子分析的绿色产业评价指标体系构建模型及实证》，《系统管理学报》2016年第2期。

⑦ 马留赟、白钦先、李文：《中国金融发展如何影响绿色产业：促进还是抑制？——基于空间面板Durbin模型的分析》，《金融理论与实践》2017年第5期。

⑧ 李雪松、曾宇航：《中国区域创新型绿色发展效率测度及其影响因素》，《科技进步与对策》2020年第3期。

国区域创新型绿色发展效率各项指标。

综上所述，绿色产业发展研究成果较多，给予我们的启示很大，但学界有关绿色产业发展研究仍处于初步探索阶段，理论体系有待系统化，定量研究方法较少，定性研究居多。基于此，本文通过构建绿色产业发展评价指标体系，基于湖南省13个地级市2003～2018年的面板数据，选择组合权重法测度其绿色产业综合评价指数，据此分析湖南省绿色产业发展水平，并提出加快湖南绿色产业发展政策建议。

二　湖南省绿色产业发展现状分析

（一）湖南省绿色产业发展优势明显

我国经济发展进入新常态以来，湖南加快绿色产业发展，不断提升资源环境利用效率，整体改善全省生态环境质量。

1. 政策优势凸显

湖南省政府不断加强生态文明建设和对绿色产业方面的政策支持，先后出台推进全省绿色产业发展的相关政策，如《湖南省“十三五”林业发展规划》和《关于加快推进美丽乡村建设的意见》等，为湖南绿色产业发展保驾护航。“十三五”时期，湖南按照绿色富省、绿色惠民的发展理念，着力加强生态文明建设，加快推动经济社会发展，推进生产方式和生活方式绿色化，建设天蓝、地绿、水净的美丽湖南。第一，全面推进节能减排，强化煤炭等化石能源的清洁高效利用，推广和应用新能源，到2020年底，一次能源消费总量控制在国家下达指标内。第二，着力提高水资源利用效率，实施最严格的水资源管理制度，构建节水型生产方式和消费模式，用水总量控制在350亿立方米以内。第三，强化土地集约节约使用，合理控制新增建设用地规模，严控农村集体建设用地规模，完善耕地保护激励约束机制，严守耕地红线。第四，加强矿产资源的节约和综合利用，加强矿产资源的保护性开发和高效利用，发展绿色矿业，推广先进技术工艺。第五，推行节约资源

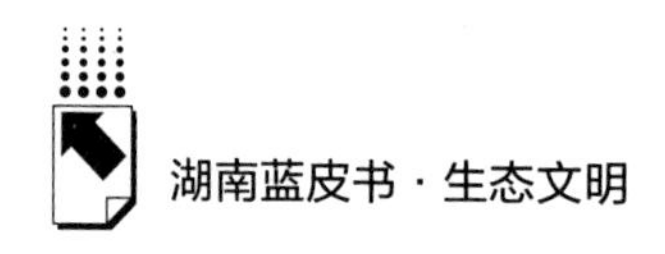

的生活方式，深入开展“三反”行动，即反过度包装、反食物浪费、反过度消费，推动形成勤俭节约的社会风尚。

2. 资源禀赋优势独特

湖南属长江中游地区，自然地理环境独特，洞庭居北，湘江贯东，农林、旅游等绿色资源丰富，为绿色经济发展提供独特的生态基础。湖南省自然资源相对丰富，森林、水和矿产资源总量在全国占有一定的优势，全省土地面积31774.35万亩，2018年耕地面积6233.12万亩，森林面积16685万亩。同时多样化的生物物种和独特的生态环境孕育了湖南丰富的旅游资源，全省共有世界自然遗产2处、山岳型景观250处、国家森林公园62个。

近几年来，湖南不断调整优化产业结构，转变经济发展方式，构筑与其生态环境相适应的产业体系。其中，高新技术产业蓬勃发展：2019年，湖南高新技术产业实现增加值超9472.9亿元，增长14.3%，占全省GDP的23.8%。

3. 发展空间广阔

2010年，湖南地区生产总值为15574.32亿元，到2019年，增长至39752.12亿元，接近4万亿元，比上年增长7.6%，GDP总量居全国第9。人均地区生产总值5.75万元，同比增长7.1%。经济增长持续向好，已成为绿色产业发展的直接动力，如图1所示。

随着湖南经济腾飞，三大产业的结构比例不断优化（见图2），2019年，全省三次产业结构比为9.2∶37.6∶53.2。一、二、三产业对经济增长的贡献率分别为3.6%、44.4%和52.0%，第三产业成为经济增长的重要动力。其中，工业对全省经济增长的贡献率达39.3%，而生产性服务业对全省经济增长的贡献率为23.8%，分别比2018年提高5.5个和4.4个百分点。

（二）湖南省绿色产业发展问题分析

尽管湖南省绿色产业发展政策和资源禀赋优势明显、发展空间广阔，但

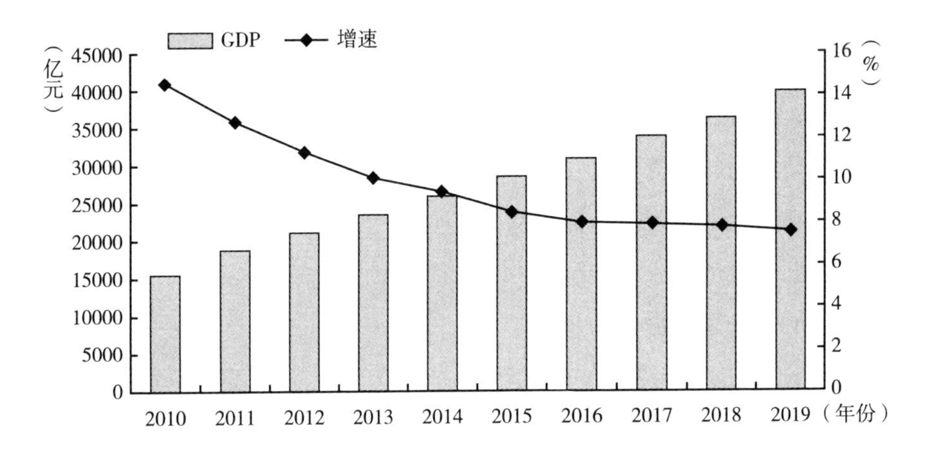

图1　2010～2019年湖南国民生产总值变化趋势

资料来源：历年《湖南统计年鉴》。

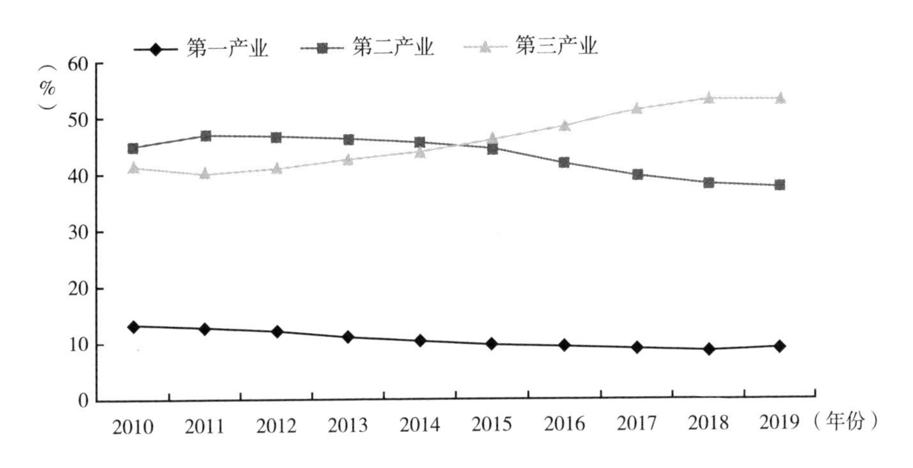

图2　2010～2019年湖南三大产业占GDP的比重

资料来源：历年《湖南统计年鉴》。

在产业政策落实、绿色技术创新、人才引进等方面与发达地区仍存在一定差距。

1. 绿色产业发展支撑体系不健全

湖南绿色产业发展面临的最大问题是传统产业转型压力大，石化、化工、钢铁、有色、建材、电力等传统六大高耗能产业规模居高不下。在世界经济发展整体低迷，大量劳动密集型产业发展呈衰颓之势、高新技术产业又不足以支撑新兴产业发展和传统产业效率提升的背景下，湖南发展绿色产业任重道远，全省战略性新兴产业仅占 GDP 的 10%，支撑湖南绿色产业发展的核心如要素创新、资本投入、人才培养等仍没有达到相应的水平，与发达地区还存在较大的差距。尽管绿色产业前景广阔，可持续性发展将造福于全社会，但湖南绿色产业没有形成一个完整的市场化商业体系。

2. 资本吸引与创新驱动力不足

任何产业的发展都离不开优质资本的投入。从市场的角度看，绿色产业主要由一、二线城市驱动，相关的资本服务与产业链往往集中于发达地区。客观上，发达地区绿色产业投资更受市场和资本的青睐，多数资本无法流入欠发达地区。由于缺少资本和先进的运营理念，资源无法从根本上整合，对人才的吸引力不足，绿色技术创新很难同步推进。又因绿色金融尚处于初级阶段，一线资本尚犹豫观望，资源尚未整合，大笔资金不能以战略投资的方式，下沉注入绿色企业，加剧了绿色产业发展的市场割裂。

3. 制度创新和政策红利效应不明显

绿色产业的突破口是发展优势产能，逐步淘汰高排放、低能效的产业，同时加快战略性新产业的发展。绿色产业的发展离不开自上而下的推进，为此必须加强宏观调控，加大各级政府支持扶持力度，完善绿色金融体系，而湖南落实绿色产业发展的力度较小。第一，湖南上下游产业链不完全匹配。如产业主要以劳动密集型的机械制造、加工为主，而新型装备制造、新能源等现代产业又无法与之匹配，导致上下游产业链的割裂。第二，绿色产业发展仍处于依赖政策扶持阶段，落实力度与发展动力不足。尽管政府在绿色产业政策实施、宣传方面逐步加强，但企业自身选择绿色化改造升级的内生动力仍显不足，大部分企业习惯于选择向政府付费的方式落实生态环境责任，这一方面说明政府激励约束政策不到位，另一方面说明政府对企业缺乏有效的指导沟通。

三　湖南省绿色产业发展测度

（一）绿色产业评价指标体系构建

根据湖南实际，延伸至细化指标，最终确定包括绿色生产、绿色消费、绿色环境、绿色治理和污染现状五个层面的 22 个测度统计指标，如表 1 所示。

表 1　绿色产业发展综合评价指标体系

目标层(A)	准则层(B)	指标层(C)	指标指向
绿色产业综合评价指标体系	绿色生产	1. 工业用水重复利用率(%)	正向
		2. 工业用水(亿吨)	负向
		3. 节约用水量(万立方米)	正向
		4. 第三产业从业人员占比(%)	正向
		5. 第三产业产值与第一产业中农林牧渔服务业产值占地区 GDP 比重(%)	正向
	绿色消费	6. 煤炭消费量(万吨)	负向
		7. 人均生活能源消费量(吨/人)	负向
		8. 规模以上工业天然气消费量(亿立方米)	负向
	绿色环境	9. 森林覆盖率(%)	正向
		10. 城市建设用地与耕地面积之比(%)	负向
		11. 人均公共绿地面积(公顷/人)	正向
	绿色治理	12. 人工造林(公顷)	正向
		13. 生态退耕(公顷)	正向
		14. 累计水土流失治理面积(千公顷)	正向
		15. 环境保护总投资占 GDP 比重(%)	正向
		16. 工业污染治理项目本年完成投资额(万元)	正向
		17. 电气、蒸汽、热水生产与供应投资(万元)	正向
		18. 能源工业投资(万元)	正向
	污染现状	19. 生活污水排放量(万吨)	负向
		20. 工业烟尘排放总量(万吨)	负向
		21. 城市污水排放量(万立方米)	负向
		22. 万元工业产值废气排放量(标准立方米/万元)	负向

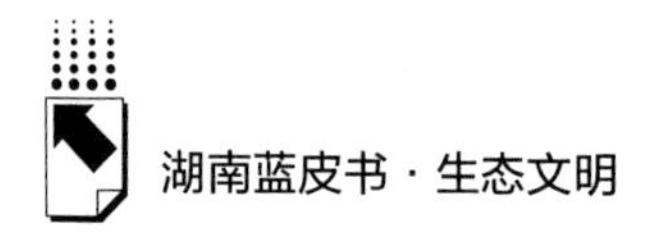

（二）基于因子分析法的全国绿色产业发展测度分析

选择因子分析法测度 2019 年全国 26 个省区绿色产业发展指数。利用 SPSS 软件对标准化样本数据进行因子分析，得到指标层特征根及权重，如表 2 所示。

指标的特征根和贡献率越大，则说明其与因子之间存在较强的相关关系。如表 2 所示，以主成分的特征根大于 1 来确定主成分因子，可以发现主成分因子对方差的解释累计百分比，分别达到 73.907%、47.083%、53.363%、84.408%、90.493%，说明因子分析法能够较好保留原始数据的信息，综合得分结果具有一定可靠性。

表 2　样本相关矩阵特征根及其权重

名称	序号	特征根			名称	序号	特征根		
		特征根	贡献率（%）	累计贡献率（%）			特征根	贡献率（%）	累计贡献率（%）
绿色生产	1	2.647	52.949	52.949	绿色治理	12	2.172	36.193	36.193
	2	1.048	20.959	73.907		13	1.747	29.118	65.311
	3	0.621	12.427	86.334		14	1.146	19.097	84.408
	4	0.391	7.829	94.163		15	0.589	9.822	94.230
	5	0.292	5.837	100.000		16	0.260	4.335	98.565
绿色消费	6	1.412	47.083	47.083		17	0.086	1.435	100.000
	7	0.984	32.800	79.882	污染现状	18	2.524	50.484	50.484
	8	0.604	20.118	100.000		19	2.000	40.009	90.493
绿色环境	9	1.601	53.363	53.363		20	0.367	7.347	97.840
	10	0.919	30.618	83.982		21	0.079	1.487	99.462
	11	0.481	16.018	100.000		22	0.029	0.574	100.000

根据因子得分系数矩阵分别计算 F_1、F_2 每个主成分因子的得分，以两个因子的方差贡献率为权数，建立如下综合评价函数：

$$W_i = (44.885 \times F_1 + 28.575 \times F_2)/73.461 \tag{1}$$

其中，W_i 为第 i 个地区绿色产业发展评价综合得分。根据以上综合得分评价函数及各公共因子得分，计算出各省区绿色产业发展评价综合得分并进行排序，结果如表3所示（限于篇幅，仅列举全国前十）。分析全国26个省区绿色产业发展综合评价得分发现，江苏、河北、山东三省分别位列前三，湖南省位居第九位。

表3　2019年全国26个省份绿色产业综合指数排名情况（前十）

省区	绿色产业综合指数	名次	省区	绿色产业综合指数	名次
江苏	1.7865	1	内蒙古	1.0853	6
河北	1.4074	2	湖北	0.9436	7
山东	1.3954	3	山西	0.9242	8
广东	1.1787	4	湖南	0.9123	9
四川	1.1154	5	辽宁	0.8956	10

资料来源：根据2020年《中国统计年鉴》数据计算。

（三）基于组合权重法的湖南省13个地级市绿色产业发展测度分析

组合权重法是以主观权重和客观权重相结合的方式搭建指标体系综合权重，并结合最小相对信息熵的方法对权重做出计算衡量。

1. 资料来源及权重确定

指标原始数据均来自2004～2019年《湖南统计年鉴》。通过上述计算方法得到所需的数据对指标进行赋值，从而测算湖南省13个地级市2003～2018年的绿色产业体系整体发展程度。

计算主观权重：构建相对重要性判断矩阵，先将所获得的信息用矩阵表示，然后以绿色生产（B_1）、绿色消费（B_2）、绿色环境（B_3）、绿色治理（B_4）以及污染现状（B_5）共同构建5×5判定矩阵对并要求各元素满足：

$$X_{ij} > 0, X_{ii} = 1, X_{ij} = 1/X_{ji}(i,j = 1,2,\cdots,n) \tag{2}$$

通过层次分析理论，判断矩阵通过各因素之间的两两比较，确定合适的标度，如B_{12}中数值大于0，表示在指标体系中B_1（绿色生产）相对于B_2（绿色消费）而言更为重要，“3分”为1～5分标度法的重要程度的数值表达。即可简单理解 B_1（绿色生产）比 B_2（绿色消费）重要 3 倍。得到目标层－准则层判断矩阵如表 4 所示。

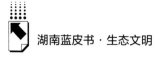

表 4　目标层－准则层判断矩阵

目标层(A)	B_1	B_3	B_4	B_5
B_1	1	2	1	4
B_2	1/3	2	1/3	2
B_3	1/2	1	1/2	2
B_4	1	2	1	3
B_5	1/4	1/2	1/3	1

计算权重向量，结果如表 5 所示。据此进行一致性检验，结果如表 6 所示。

表 5　权重向量计算

优先级向量 $W_i = \sqrt[5]{B_{1i} \times B_{2i} \times B_{3i} \times B_{4i} \times B_{5i}}$	构成比 $W_j = W_i/5.74$
$W_1 = 1.8881$	0.3289
$W_2 = 0.8503$	0.1481
$W_3 = 0.7579$	0.1320
$W_4 = 1.7826$	0.3106
$W_5 = 0.4611$	0.0803

表 6　一致性检验

检验程序	计算公式	结果
特征根极值	$\propto = \frac{1}{n} \times \frac{\Sigma(AW)_j}{W_j}$	6.5041
一致性指标	$ZI = \frac{\propto - n}{n-1}$	0.1012
一致性比率	$ZR = \frac{ZI}{RI}$	0.0811
结果判定	$ZR < 0.1$	通过检验

根据一致性检验公式可得 ZR = 0.0811，小于 0.10，因此通过一致性检验。重复这一数据处理过程，以相关重要性判定矩阵组为基础进行数据计算，得到绿色产业评价体系指标的绿色生产、绿色消费、绿色环境、绿色治理和污染现状准则层的主观权重。

计算客观权重：利用变异系数法，采用 2003 ~ 2018 年湖南省 13 个地级市的相关数据，计算出相应的绿色产业评价的客观权重。

计算综合权重：测度绿色产业综合指数，公式如式（3）所示：

$$E = \sum_{i=1}^{n} E_i = \sum_{i=1}^{n} y_i \varpi_i \tag{3}$$

其中，E 是最终反映绿色产业的综合指数，ϖ_i 是权重，y_i 是各指标值。经计算得出湖南省 13 个地级市各项指标的综合权重，如表 7 所示。

表 7　湖南省 13 个地级市各指标综合权重

城市综合权重	C_{11}	C_{12}	C_{13}	C_{21}	C_{22}	C_{23}	C_{31}	C_{32}	C_{33}
长沙市	0.110	0.106	0.081	0.045	0.070	0.047	0.044	0.056	0.042
株洲市	0.094	0.084	0.093	0.041	0.034	0.042	0.032	0.042	0.032
湘潭市	0.104	0.094	0.064	0.063	0.065	0.051	0.077	0.061	0.052
衡阳市	0.093	0.074	0.073	0.081	0.076	0.063	0.062	0.053	0.082
邵阳市	0.090	0.076	0.058	0.072	0.046	0.075	0.084	0.061	0.071
岳阳市	0.086	0.069	0.077	0.047	0.093	0.046	0.063	0.054	0.074
常德市	0.083	0.084	0.083	0.047	0.061	0.032	0.044	0.064	0.072
张家界	0.078	0.089	0.089	0.057	0.068	0.057	0.048	0.058	0.056
益阳市	0.074	0.054	0.094	0.045	0.062	0.064	0.052	0.052	0.058
郴州市	0.072	0.069	0.099	0.040	0.057	0.071	0.056	0.045	0.060
永州市	0.067	0.083	0.105	0.036	0.051	0.079	0.040	0.039	0.061
怀化市	0.063	0.087	0.110	0.051	0.045	0.066	0.045	0.033	0.053
娄底市	0.060	0.071	0.095	0.057	0.069	0.053	0.059	0.056	0.065

城市综合权重	C_{41}	C_{42}	C_{43}	C_{51}	C_{52}	C_{53}
长沙市	0.089	0.091	0.097	0.021	0.054	0.047
株洲市	0.074	0.053	0.037	0.054	0.253	0.035
湘潭市	0.041	0.074	0.042	0.064	0.068	0.080

续表

城市综合权重	C_{41}	C_{42}	C_{43}	C_{51}	C_{52}	C_{53}
衡阳市	0.052	0.052	0.043	0.063	0.073	0.060
邵阳市	0.071	0.051	0.035	0.071	0.051	0.088
岳阳市	0.095	0.075	0.074	0.048	0.064	0.035
常德市	0.088	0.084	0.094	0.055	0.047	0.062
张家界	0.083	0.052	0.084	0.042	0.067	0.072
益阳市	0.077	0.057	0.089	0.054	0.075	0.093
郴州市	0.071	0.061	0.093	0.077	0.055	0.074
永州市	0.083	0.095	0.098	0.063	0.057	0.043
怀化市	0.096	0.070	0.082	0.045	0.072	0.082
娄底市	0.108	0.074	0.070	0.054	0.063	0.046

2. 绿色产业综合指数测度

根据公式（3）测度出湖南省13个地级市2003～2018年绿色产业综合指数E，如图3（仅列出前5和2018年截面数据结果）和表8所示，其取值范围为（0，1），指数越大，表示该地区绿色产业发展越好，反之则较差。

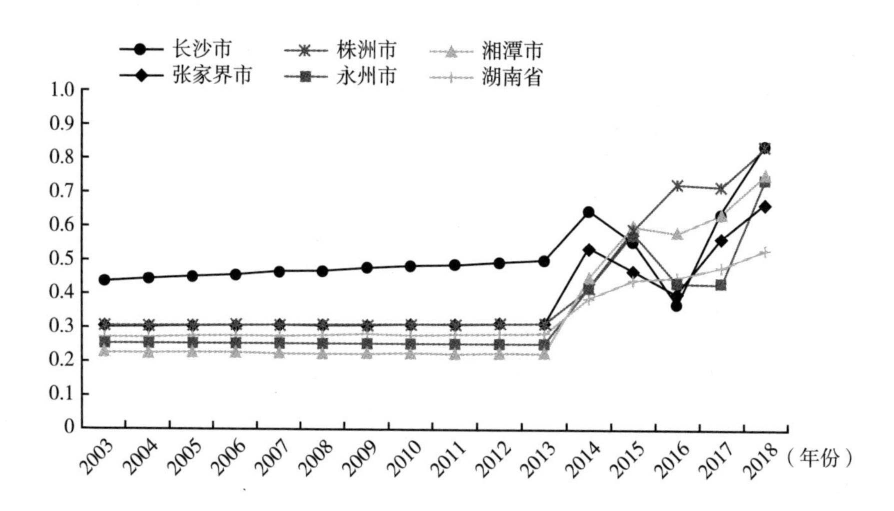

图3　2003～2018年湖南省和排名前5的地级市绿色产业评价指数

分析图3发现，湖南省绿色产业发展大致分为两个阶段，绿色产业重视阶段（2003～2013年）和绿色产业实践起飞阶段（2013年至今）。在绿色产业发展第一阶段，随着我国经济的快速发展，环境问题不断凸显，政府、企业及民众逐渐意识到环境问题的重要性，对绿色产业的重视程度大大提高。国务院和地方各级政府结合党的十六大提出的“科学发展观”思想，开始大力推动绿色产业发展，如2004年国家发改委颁布的《能源效率标识管理办法》和《中华人民共和国固体废物污染环境防治法》等环境保护文件。但受当时“以GDP论英雄”的经济发展模式影响，绿色产业发展并未达到预期效果，处于平稳发展阶段。2012年11月，党的十八大指出：“大力推进生态文明建设，着力扭转生态环境恶化趋势”；2015年，国务院发布《关于加快推进生态文明建设的意见》，明确提出大力发展“绿色产业”；2016年的“十三五”规划提出五大新发展理念，即“绿色、协调、创新、开放、共享”；相关文件的颁布，推动绿色产业提速发展，湖南绿色产业发展进入起飞阶段。

表8　2018年湖南省13个地级市绿色产业综合指数排名情况

城市	绿色产业综合指数	名次	城市	绿色产业综合指数	名次
长沙市	0.8384	1	郴州市	0.5427	8
株洲市	0.8356	2	邵阳市	0.5297	9
湘潭市	0.7583	3	怀化市	0.4381	10
永州市	0.7429	4	常德市	0.4352	11
张家界市	0.6658	5	娄底市	0.3341	12
衡阳市	0.6429	6	益阳市	0.3272	13
岳阳市	0.5683	7			

（四）基于STIRPAT模型的湖南省绿色产业生态治理效应评估

1. STIRPAT模型设计

20世纪70年代初，环境学家认为人口因素、社会富裕程度及科学技术是影响环境压力的三大主要因素，建立IPAT方程以测度环境压力。为辨别各驱动因素的重要程度，进而引入指数参数，建立具有随机形式的STIRPAT模型：

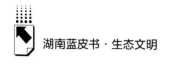

$$I_i = aP_i^b A_i^c T_i^d e_i \tag{4}$$

I 为环境压力因素，P、A、T 分别表示总人口、社会富裕度以及科学技术发展程度。α 是模型指数，b、c、d 是指数参数，e 是误差干扰项，i 为样本指标。为消除多变量非线性模型的异方差影响，对模型进行对数处理，得到方程如下：

$$lnI_i = a + blnP_i + clnA_i + dlnT_i + e_i \tag{5}$$

2. 样本选取与资料来源

选取 2003 ~2018 年湖南省 13 个地级市作为研究样本，研究资料来源于湖南省统计年鉴及湖南省环保厅、湖南省林业局和湖南省水利厅提供的资料。

按照科学性、实用性以及合理性的选取原则，将工业二氧化硫作为被解释变量，表示环境压力；绿色产业综合评价指数为核心解释变量；人均 GDP 表示区域经济发展程度；能源强度表示科技水平。控制变量包括工业固体废物综合利用率等在内的五个指标，如表 9 所示。

表 9　主要变量说明

	变量	计算方式	符号	单位
被解释变量	二氧化硫排放量	工业二氧化硫排放量绝对值	so_2	吨
解释变量	绿色产业综合指数	—	GII	—
	人均 GDP	GDP/人口总数	$pgdp$	元
	能源强度	能源消耗总量/地区生产总值	T	吨标准煤/万元
控制变量	工业固体废物综合利用率	—	Cu	%
	污水处理厂集中处理率	—	Sc	%
	生活垃圾无害化处理率	—	Ld	%
	第三产业占 GDP 的比重	第三产业增加值/地区生产总值	Tr	%
	平均受教育年限	—	$lnedu$	年

3. 绿色产业发展对湖南省生态治理效应实证分析

通过上述的指标处理和选取，对 2003 ~2018 年湖南省 13 个地级市做出面板回归分析，详情如表 10 所示。

表 10 模型估计结果

指标代号	so_2	指标代号	so_2
GII	-35617.74 *** (-2.83)	*Sc*	183.59 (2.4)
pgdp	-1.03 *** (-4.62)	*Ld*	127.43 * (2.07)
T	-0.02 *** (-2.82)	*Tr*	1294.34 *** (-5.42)
Cu	180.09 * (1.68)	*lnedu*	0.44 *** (6.29)

注：*** 、** 和 * 分别表示 1% 、5% 和 10% 的显著性水平，括号内为 t 值。

从模型评估结果来看，绿色产业综合指数与二氧化硫排放量呈现明显的负相关，即绿色产业综合指数越高的地级市，二氧化硫排放量越低，符合实际情况。富裕度和科学技术两个指标与二氧化硫排放量同样呈现显著负向线性关系，表明地区的人均 GDP 水平越高和科技水平越发达，会显著的抑制该地区的二氧化硫的排放量。其他控制变量中，除了污水处理厂集中处理率不显著以外，工业固体废物综合利用率、生活垃圾无害化处理率、第三产业占 GDP 的比重以及教育水平四个指标都显著通过检验。回归结果表明，工业固体废物综合利用率、生活垃圾无害化处理率、第三产业占 GDP 的比重和教育水平越高的地级市，其二氧化硫排放量越低。

4. 稳健性检验

核心被解释变量为工业二氧化硫排放量，该变量对于整个面板回归模型而言是至关重要的。因此，为了验证绿色产业的发展程度对环境压力有着显著的抑制作用，利用工业废水排放量替代工业二氧化硫排放量，分别对上述检验做动态回归，以验证回归模型的稳定性，得到结果如表 11 所示。

上述结果表明，在替换工业二氧化硫排放量的衡量指标后，各指标的显著性跟相关性与表 10 基本吻合，表明模型十分稳定，即绿色产业的发展对环境污染有着显著的负相关关系，改变被解释变量的指标并没有影响模型的结果。

表 11 显著性检验结果

指标代码	*water*	指标代码	*water*
GII	-4219.281 *** (-1.64)	*Sc*	39.17 ** (-4.77)
pgdp	-0.025 (0.25)	*Ld*	14.79 * (2.02)
T	-0.083 *** (-0.76)	*Tr*	339.32 *** (-7.23)
Cu	22.37 * (-2.83)	*lnedu*	0.0361 (0.45)

注：*** 、** 和 * 分别表示 1% 、5% 和 10% 的显著性水平，括号内为 t 值。

四 结论与建议

通过测度 2019 年全国绿色产业发展，找到湖南省在全国的定位；通过测度 2003 ~2018 年湖南省 13 个地级市绿色产业综合评价指数，分析地级市发展情况。

（一）结论

1. 湖南在全国绿色产业发展测度中位居第九

在全国绿色产业发展的测度中，江苏省由于在绿色生产中对工业用水的重复利用率和节约用水水平高，在绿色治理中对环保的投资金额大，位列第一；河北省位列第二；而山东省则凭借在绿色生产中较高的工业用水重复利用率和较佳的产业结构等位列第三；湖南位居第九位，这主要是因为湖南省绿色消费水平有待提高，污染治理仍需改进。

2. 湖南省区域绿色产业发展欠平衡

基于 2003 ~2018 年湖南省 13 个地级市面板数据，以绿色产业为研究对象，构建绿色产业评价指标体系，得到各地级市绿色产业综合评价指数。基于扩展的 STIRPAT 模型，将典型绿色产业发展规模引入环境压力因素面板计量模型中，全面考察绿色产业发展对生态效应的内在影响机制。最后得出以下结论：2003～2018年，湖南省13个地级市绿色产业综合指数呈现缓慢上升趋势，至“十二五”规划末期，增长速度明显加快。然而湖南省绿色产业发展总体水平不高，长沙市、株洲市、湘潭市和永州市的绿色产业综合评价指标超过了70%，处于全省领先位置。怀化市、常德市、娄底市和益阳市的绿色产业综合评价指数不足50%，排名比较落后，地区绿色产业发展水平较低。

绿色产业综合指数与二氧化硫排放量呈现明显的负向显著，即绿色产业综合指数越高的地级市，二氧化硫排放量越低。富裕度和科学技术两个指标与二氧化硫排放量同样呈现显著负向线性关系，表明地区的人均GDP水平越高，科技越发达，会显著抑制该地区的二氧化硫排放量。

工业固体废物综合利用率、生活垃圾无害化处理率、第三产业占GDP的比重以及教育水平四个指标都显著通过检验。回归结果表明，工业固体废物综合利用率、生活垃圾无害化处理率、第三产业占GDP的比重和教育水平越高的地级市，其对环境的压力越小。

（二）建议

针对上述结论，提出以下建议：一是鼓励绿色产业的技术创新。借鉴其他地区的先进经验，提高工业用水重复利用率，调整产业结构，增加环境污染治理的投入，引导企业加强设备更新，积极采用新工艺和新技术，推进节能减排。二是构建绿色产业发展的保障体系。科学制定区域绿色产业总规划，依法推进绿色化发展，构建更加科学有效的绿色化发展科学治理体系。三是加强绿色产业的宣传引导。大力宣传绿色发展，引导各个行业、企事业单位和全体干部、群众在生产生活中接受绿色发展理念，人人关心、参与和支持绿色发展。

B.31
湖南省农业源氮、磷排放变化与治理对策

马恩朴*

摘　要： 揭示农业源氮磷排放的变化特征、来源构成及其与水环境状况的关系，对于开展农业面源污染治理和农业生产结构优化具有重要意义。基于这种认识，本文建立参数化模型测算了1990～2019年湖南省域尺度的农业源氮、磷排放；从排放总量、来源构成及结构变动3个方面研究农业源氮、磷排放的变化特征，并建立回归方程分析农业源氮、磷排放对水环境状况的影响，进而提出治理对策。研究发现，1990～2019年湖南省农业源氮排放量呈现为“倒U型”变化、磷排放量则具有持续增长态势；在农业源氮、磷排放的来源构成中，养殖业排放是决定总量变化趋势的首要因素，其次才是过量施肥；结构变动上经历了过量施肥主导、养殖排放主导和两者均衡三个阶段，但农业源氮、磷排放的具体转变时间存在差异；随着农业源氮、磷排放量增加，其对水环境状况的影响程度不断加剧，虽然湖南省农业源氮排放已出现下降趋势，但磷排放仍在持续增长。为应对其环境影响，亟须提出适用、可行的治理对策，以更加有效地治理农业面源污染。

关键词： 农业源氮、磷排放　参数化估算模型　湖南省

---

* 马恩朴，湖南师范大学地理科学学院讲师，博士，主要研究方向为人地系统耦合、食物系统与城乡可持续发展。

氮、磷是生物体生命活动的必需元素，如果没有得到合理有效利用，则会引发面源污染。众多研究表明，农田生态系统、水体与湿地生态系统中的养分盈余，主要来源于农业生产中的养分流失，也是造成面源污染的最大原因[①]。我国工业污染和生活污染等点源污染虽逐步得到治理和控制，环境污染防治由此进入新阶段，但面源污染因其成因复杂、随机性大、时空范围广及潜伏周期长，对水环境的影响日益凸显[②]。

从全球范围看，许多发达国家因农业集约化发展，均存在面源污染问题，如在美国水质受损的河流中，60%以上基于面源污染[③]。2002～2017年，中国一直是全球施用氮肥和磷肥最多的国家。中国耕地面积仅占全球的7%，但2017年农用氮肥和磷肥施用量却分别占全球的27.39%和27.53%。究其原因，在于农业生产中化肥当季利用率偏低，如我国氮肥、磷肥（P_2O_5）和钾肥（K_2O）的当季利用率分别不足40%、20%和50%[④]。这意味着，通过地表径流、淋溶、氨化、硝化和反硝化等途径，部分未被作物吸收利用并离开耕层土壤的氮磷养分流失到地表水、地下水及大气中，造成不良环境影响，如地下水硝酸盐污染、水体富营养化和释放强效温室气体一氧化二氮（N_2O）等[⑤]。

---

① 陈勇：《陕西省农业非点源污染评价与控制研究》，西北农林科技大学博士学位论文，2010；王琼：《基于SWAT模型的小清河流域氮、磷污染负荷核算及总量控制》，中国科学院大学博士学位论文，2015；曹宁、曲东、陈新平等：《东北地区农田土壤氮、磷平衡及其对面源污染的贡献分析》，《西北农林科技大学学报》（自然科学版）2006年第7期。

② 李恒鹏、刘晓玫、黄文钰：《太湖流域浙西区不同土地类型的面源污染产出》，《地理学报》2004年第3期；黄秋婵、韦友欢、韦方立等：《农业面源污染对生态环境的影响及其防治措施》，《广西民族师范学院学报》2011年第3期。

③ 沈晔娜：《流域非点源污染过程动态模拟及其定量控制》，浙江大学博士学位论文，2010。

④ 陈同斌、陈世庆、徐鸿涛等：《中国农用化肥氮、磷、钾需求比例的研究》，《地理学报》1998年第1期；陈同斌、曾希柏、胡清秀：《中国化肥利用率的区域分异》，《地理学报》2002年第5期；张福锁、王激清、张卫峰等：《中国主要粮食作物肥料利用率现状与提高途径》，《土壤学报》2008年第5期；徐亚新、何萍、仇少君等：《我国马铃薯产量和化肥利用率区域特征研究》，《植物营养与肥料学报》2019年第1期。

⑤ 马林、卢洁、赵浩等：《中国硝酸盐脆弱区划分与面源污染阻控》，《农业环境科学学报》2018年第11期；路路、戴尔阜、程千钉等：《基于水环境化学及稳定同位素联合示踪的土地利用类型对地下水体氮素归趋影响》，《地理学报》2019年第9期；卫凯平、武慧君、黄莉等：《农业生产系统氮、磷环境影响分析——以安徽省为例》，《农业环境科学学报》2018年第8期。

湖南作为长江中下游地区的农业大省，稻谷种植在全国范围内长期领先，油料、茶叶、生猪、家禽和淡水产品生产也居于前列。随着农业生产发展，化肥施用量明显增长，由 2000 年的 182.15 万吨上升至 2012 年的 249.11 万吨，2012 年以来虽有缓慢下降，但 2018 年的化肥施用量仍达 242.61 万吨，这使湖南面临较大的面源污染压力。近年来，湖南虽然在重点区域的点源污染防治方面取得重要进展，但农业面源污染治理仍相对薄弱，面源污染造成的环境问题日益突出，治理形势较为严峻，迫切需要加强农业面源污染治理研究，以支撑科学建设“绿色湖南”“美丽湖南”。

为有效阻控农业面源污染，首先需要科学估算面源污染的负荷量。虽然小流域尺度的研究，能够确定环境中氮、磷的组分构成，揭示氮、磷的迁移转化规律，探索其与土地利用的关系①，但不足以反映区域尺度上农业源氮磷排放的数量、来源构成和总体环境影响等信息，因此，需要开展区域尺度的研究来加以补充。此外，阻控农业面源污染还必须找到切实可行的治理方式。受农业土地利用特点和小规模、分散化经营方式的影响，农业面源污染还具有污染源难以追踪、排放主体不易确定等特点。这决定了农业面源污染治理不宜简单借用以末端治理为主的点源污染控制模式，而必须采取农户充分参与、工程措施—生物措施—行为激励措施兼备的新型治理模式。基于上述认识，本文拟建立参数化模型测算 1990 ~2019 年湖南省的农业源氮、磷排放，研究其来源构成、变化特征及对水环境状况的影响，进而提出治理对策，为农业面源污染治理决策做参考。

一　资料来源与研究方法

（一）资料来源

本研究使用的农用氮肥、磷肥和复合肥施用折纯量来自《湖南省统计年

① 何军、崔远来、王建鹏等：《不同尺度稻田氮、磷排放规律试验》，《农业工程学报》2010 年第 10 期；孟岑、李裕元、许晓光等：《亚热带流域氮、磷排放与养殖业环境承载力实例研究》，《环境科学学报》2013 年第 2 期；刘园园、史书、木志坚等：《三峡库区典型农业小流域水体氮、磷浓度动态变化》，《西南大学学报》（自然科学版）2014 年第 11 期。

鉴》；各类作物年产量及猪、牛、羊、禽年内出栏量和年末存栏量，1990～2008年的数据从《新中国农业60年统计资料》获取，2009～2019年的数据从历年《湖南统计年鉴》获取。相关分析和回归分析中使用的“Ⅳ类及劣于Ⅳ类水体比例”，根据湖南省地表水国控与省控断面水质监测数据计算。

（二）研究方法

1. 测算施肥量

根据本文作者的前期研究[①]，采用公式（1）和（2）计算湖南省种植业的氮、磷排放量：

$$U_N = (1 - K_N) \cdot (F_N + \gamma_N \cdot F_C) \tag{1}$$

$$U_P = (1 - K_P) \cdot (F_P + \gamma_P \cdot F_C) \tag{2}$$

公式（1）和（2）中各符号的含义详见表1，其中K_N、K_P取值采用前期研究结果，即氮、磷肥的多季综合利用率分别为58.4%和51.5%；复合肥中氮、磷含量的百分比采用15种常见复合肥氮、磷含量的平均值，计算得到γ_N为14.17%，γ_P为25.60%。

表1　公式（1）和（2）中各符号的含义

符号	含义
U_N	种植业氮排放
U_P	种植业磷排放
K_N	氮肥有效利用率
K_P	磷肥有效利用率
F_N	农用氮肥施用折纯量
F_P	农用磷肥施用折纯量
F_C	农用复合肥施用折纯量
γ_N	农用复合肥中氮的含量百分比
γ_P	农用复合肥中磷的含量百分比

① 马恩朴、蔡建明、林静等：《近30年中国农业源氮、磷排放的格局特征与水环境影响》，《自然资源学报》2021年第3期。

2. 畜禽粪污氮、磷排放测算

对于养殖业产生的氮、磷排放，基于 Truog 建立的养分平衡原理①，采用公式（3）和（4）进行计算，即畜禽粪污氮排放量：

$$O_N = \sum_{i=1}^{4} L_i \cdot \alpha_{Ni} - [\sum_{j=1}^{12} C_j \cdot \beta_{Nj} - K_N \cdot (F_N + \gamma_N \cdot F_C)] \quad (3)$$

畜禽粪污磷排放量：

$$O_P = \sum_{i=1}^{4} L_i \cdot \alpha_{Pi} - [\sum_{j=1}^{12} C_j \cdot \beta_{Pj} - K_P \cdot (F_P + \gamma_P \cdot F_C)] \quad (4)$$

公式（3）和（4）中各符号的含义详见表 2。其中，年有效饲养量仅针对猪、牛、羊和禽类 4 种废弃物排放量较大的畜禽进行计算；其余符号，即 K_N、K_P、F_N、F_P、F_C、γ_N、γ_P的含义同表 1；α_{Ni}、α_{Pi}取值来源于原国家环保总局对全国规模化畜禽养殖业污染情况的调查研究成果②，整理后见表 3；β_{Nj}、β_{Pj}根据农业农村部 2018 年制定颁发的《畜禽粪污土地承载力测算技术指南》计算而来，经整理，得到水稻、小麦、玉米、大豆等 12 种作物的氮、磷需求量系数如表 4 所示。

表 2　公式（3）和（4）中各符号的含义

符号	含义
O_N	养殖业氮排放
O_P	养殖业磷排放
L_i	第 i 种畜禽的年有效饲养量（头或只）
α_{Ni}	一单位畜禽 i 一年粪便的总氮产生量（千克/头、只）
α_{Pi}	一单位畜禽 i 一年粪便的总磷产生量（千克/头、只）
C_j	第 j 种作物的年产量（单位换算为 100 千克）
β_{Nj}	第 j 种作物每形成 100 千克产量需要吸收的氮
β_{Pj}	第 j 种作物每形成 100 千克产量需要吸收的磷

① Truog, E., "Fifty years of soil testing," (Madison, WISC, USA: Transactions of 7th International Congress of Soil Science, 1960), pp. 46 – 53.

② 杨朝飞：《全国规模化畜禽养殖业污染情况调查及防治对策》，中国环境科学出版社，2002。

表 3　一单位畜禽一年粪便的总氮和总磷产生量

单位：千克/单位

畜禽种类	总氮	总磷
猪	8.27	3.12
牛	61.1	10.07
羊	7.12	2.47
禽类	0.27	0.15

表 4　农作物每形成 100 千克产量需要吸收的氮、磷量

单位：千克/100 千克

作物种类	大田作物						蔬菜	园林水果	经济作物			
	水稻	小麦	玉米	大豆	棉花	薯类（马铃薯）			油料	糖料	烟叶	茶叶
氮	2.20	3.00	2.30	7.20	11.70	0.50	0.36	0.51	7.19	0.33	3.85	6.40
磷	0.80	1.00	0.30	0.75	3.04	0.09	0.09	0.20	0.89	0.04	0.53	0.88

3. 畜禽年有效饲养量测算

在式（1）至式（4）中各参数均确定之后，畜禽粪污氮、磷排放量的测算就取决于畜禽年有效饲养量的科学计算。由于省域尺度上并不具备养殖企业或养殖小区的详细生产数据，如省级统计资料中有关养殖业的部分常常缺失基础母畜数、畜禽出栏次数、各次出栏量等信息。因此借鉴前期研究提出的方法[①]，采用（5）式计算养殖周期不足 1 年的畜禽有效饲养量；采用（6）式计算养殖周期达到或超过 1 年的大牲畜有效饲养量，即猪、羊和禽类的有效饲养量：

$$L_t = Y_t + 0.5(S_t - S_{t-1}) \tag{5}$$

牛的有效饲养量：

$$L_t = 0.5(Y_t + S_t) \tag{6}$$

① 马恩朴、蔡建明、林静等：《近 30 年中国农业源氮、磷排放的格局特征与水环境影响》，《自然资源学报》2021 年第 3 期。

式（5）和式（6）中，L_t为各类畜禽的年有效饲养量，Y_t为各类畜禽当前年度的年内出栏量，S_t为各类畜禽当前年度的年末存栏量，S_{t-1}为各类畜禽上一年度的年末存栏量。计算出猪、羊、禽类和牛的有效饲养量后，将结果代入式（3）和式（4），即可输入各项参数及历年畜禽出栏/存栏量、作物产量和化肥施用折纯量等数据，并由此计算出 1990～2019 年湖南省的畜禽粪污氮、磷排放量，将其与过量施肥氮、磷排放量求和得到湖南省 1990～2019 年的农业源氮、磷排放量。进而可研究农业源氮磷排放的来源构成、变化特征及其与水环境状况的关系。

二　结果分析

（一）湖南省农业源氮、磷排放的变化特征

测算结果表明，湖南省农业源氮、磷排放呈现不同的变化模式。其中，农业源氮排放大致遵循“倒 U 型”变化模式，滑动 t 检验在 2005 年检测到具有统计学意义的转折点（$|t| = 1.61 > 1.31$，Sig. = 0.1），农业源氮排放量相应由 1990 年的 52.21 万吨增长至 2005 年的 120.46 万吨，随后呈近似阶梯状逐渐减少，2019 年湖南省农业源氮排放已降至 66.60 万吨。农业源磷排放的变化则略有不同，虽然 2006 年出现短暂下降，但随后又保持稳步增长，直到 2019 年才又出现下降势头，总体上农业源磷排放呈持续增长趋势，由 1990 年的 15.78 万吨增长至 2019 年的 41.73 万吨（见图 1）。

来源构成及其变化方面，相关分析表明，农业源氮排放与过量施肥氮排放及畜禽粪污氮排放均在 0.01 水平上显著相关，但农业源氮排放与畜禽粪污氮排放的相关系数明显高于与过量施肥氮排放的相关系数；农业源磷排放也具有大致相同的特点。表明畜禽粪污氮、磷排放是影响农业源氮、磷排放变化趋势的主要因素，这从图 2 中农业源氮、磷排放与畜禽粪污氮、磷排放之间更高的变化趋同性上也能反映出来。

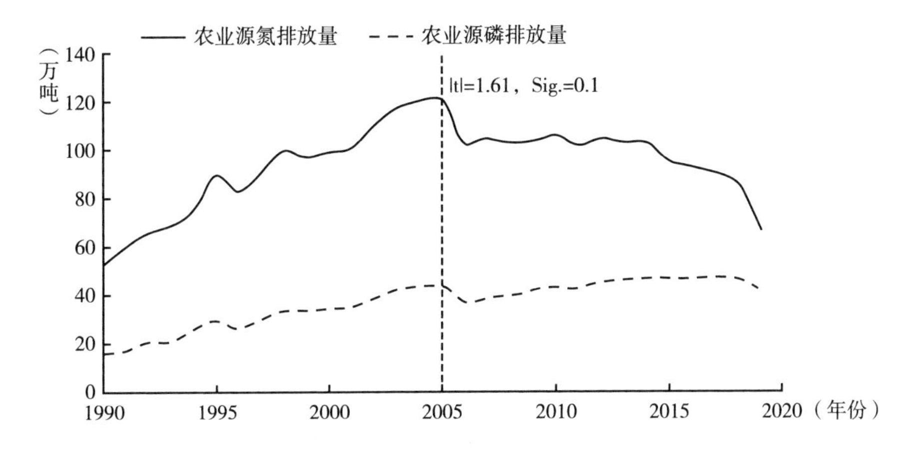

图 1　湖南省农业源氮、磷排放变化

表 5　农业源氮、磷排放与来源构成的相关性

		过量施肥氮排放量	畜禽粪污氮排放量			过量施肥磷排放量	畜禽粪污磷排放量
农业源氮排放量	Pearson 相关系数	0.785 **	0.979 **	农业源磷排放量	Pearson 相关系数	0.911 **	0.973 **
	双侧显著性	0.00	0.00		双侧显著性	0.00	0.00
	案例数（个）	30	30		案例数（个）	30	30

注：** 表示相关性在 0.01 水平上显著。

从农业源氮、磷排放的结构变化来看，根据过量施肥排放比重与畜禽粪污排放比重的变动关系，可将 1990 年以来的农业源氮排放划分为过量施肥主导（1990 ~ 1994 年）、养殖排放主导（1995 ~ 2010 年）、两者均衡（2011 ~ 2018 年）和过量施肥主导（2019 年）3 个主要阶段和 1 个趋势性反转节点（即 2019 年）（见图 3）。研究期农业源磷排放则可划分为过量施肥主导（1990 ~ 1997 年）、养殖排放主导（1998 ~ 2005 年）和两者均衡（2006 ~ 2019 年）3 个阶段（见图 4）。

可见，农业源氮、磷排放均经历过量施肥主导、养殖排放主导和两者均衡三个阶段，但在具体转变时间上存在差异。推测这种差异主要源于农业生产结构变化，而这种变化又是经营主体响应市场需求、生产成本和政府政策

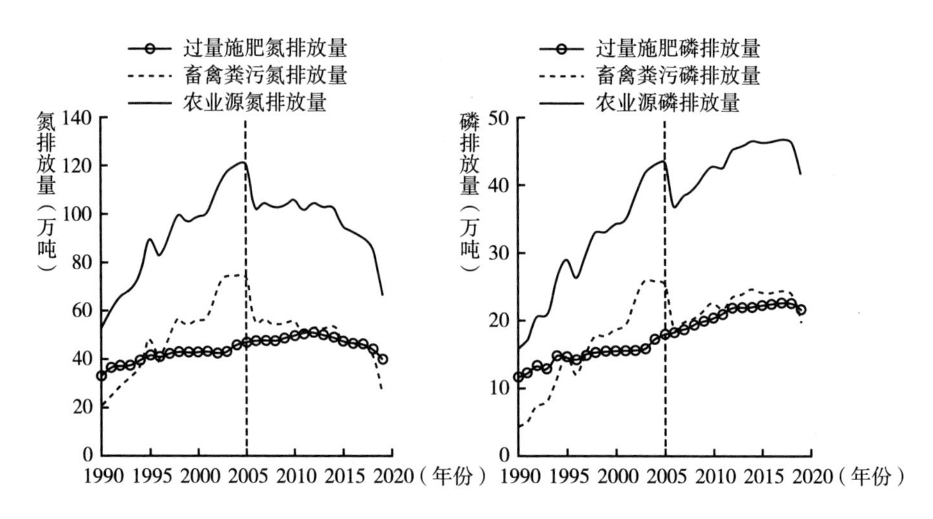

图2　湖南省农业源氮、磷排放的来源构成

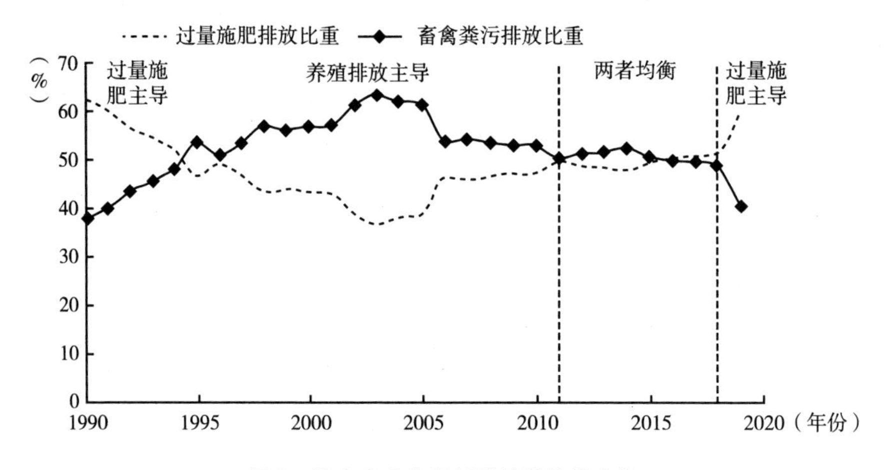

图3　湖南省农业源氮排放的结构变化

变化及重大疫情冲击的结果。长期趋势性变化主要受社会经济和政策因素驱动，短期急剧变化则主要受重大动物疫情的影响。如湖南省2006年农业源氮、磷排放的短期“断崖式”下降主要源于2005～2006年禽流感和口蹄疫对养殖业的严重冲击；2019年农业源氮、磷排放的再次急剧下降则是2018年非洲猪瘟导致生猪养殖急剧减少的结果。

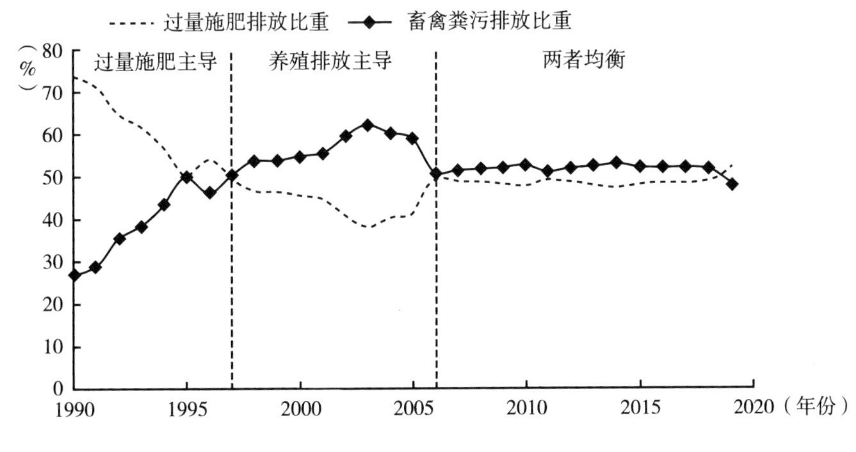

图4　湖南省农业源磷排放的结构变化

（二）农业源氮排放对水环境的影响

为考察农业源氮排放在多大程度上会影响水环境状况，本文进一步检验农业源氮排放与水环境状况的关系。利用湖南省地表水国控与省控断面水质监测数据计算出“Ⅳ类及劣于Ⅳ类水体比例”，以农业源氮排放量为自变量，“Ⅳ类及劣于Ⅳ类水体比例”和“地表水水质优良断面数量”为因变量，分别进行回归分析。受数据可得性限制，仅对2006～2018年的变化关系进行检验，结果如下。

Ⅳ类及劣于Ⅳ类水体比例－农业源氮排放量：

$y=e^{(0.0452x-6.979)}$，$R^2=0.273$，Sig. =0.067，其中x为农业源氮排放量，y为Ⅳ类及劣于Ⅳ类水体比例；$y\in(0, 1]$，确保y有意义的x取值范围为[0，154.40]。

地表水水质优良断面数量－农业源氮排放量：

$y=e^{(-0.088x+13.468)}$，$R^2=0.827$，Sig. =0.00，其中x为农业源氮排放量，y为地表水水质优良断面数量。

表6是两组回归方程的模型摘要及F检验结果。分析结果表明，农业源氮排放变化对水环境状况具有非线性影响，尽管农业源氮排放量较低时对水

环境状况的影响有限，但随着排放量增加，其对水环境状况的影响强度快速增大。影响最显著时，农业源氮排放量每增加 1 万吨，则Ⅳ类及劣于Ⅳ类水体比例增加 4.34 个百分点。相应地，随着农业源氮排放量增加，地表水水质优良断面数量则逐渐减少。两者的研究表明，农业源氮排放增长是水环境退化的重要影响因素。

表 6　回归方程的模型摘要及 F 检验

	R^2	调整 R^2	估计的标准误差	F	Sig.
Ⅳ类及劣于Ⅳ类水体比例 - 农业源氮排放量	0.273	0.207	0.484	4.140	0.067
地表水水质优良断面数量 - 农业源氮排放量	0.827	0.811	0.265	52.649	0.000

三　农业面源污染治理对策

虽然湖南省农业源氮排放具有下降趋势，但磷排放总体上仍保持增长，同时还叠加农药、农膜等其他农业投入品使用不当的影响。在推进“绿色湖南”“美丽湖南”建设过程中，湖南省农业领域面临确保国家/地区粮食安全、提升产业效益、应对膳食转型和治理环境污染等多重目标带来的挑战。在此背景下，针对农业面源污染的自身特点，有必要提出适用、可行的治理对策，主要建议如下。

1. 提高化肥有效利用率

在全省范围内实行测土配方施肥，结合土壤肥力状况和作物营养需求制定分区施肥建议和个性配肥方案；进一步加强农田水利建设，逐步推广“测土个性配肥 + 水肥一体化”施肥方式，努力提高化肥有效利用率，减少养分流失。

2. 构建种养循环产业体系

研究区域畜禽承载力，合理控制养殖规模并根据生态系统原理构建种养循环产业体系。在种养循环产业体系中，通过农牧结合和秸秆深加工促进作

物秸秆的资源化利用，同时配合实施畜禽粪污资源化利用工程，促进养殖废弃物向能源、有机肥等副产品转化。不断优化种养殖产业结构、密切种养殖协作关系，努力杜绝种植业与养殖业相互割裂的状况。通过优化产业结构和调整生产方式，不仅在局部尺度上实现种养循环，也在区域层面上推动种养殖产业协作。

3. 完善经营主体参与面源污染治理的激励机制

农业面源污染最终要追溯至经营主体的生产行为，但因为面源污染成因复杂、随机性大、时空范围广且产生后往往还会发生复杂的迁移转化过程，难以像工业排污那样进行清晰定责，因此治理农业面源污染特别需要大量经营主体的共同参与和自觉行动。参考娄底市新化县油溪桥村实施积分制管理的相关经验，初步构建农户参与面源污染治理的激励机制，即：通过修订村规民约，将合理使用化肥、农药减量使用、废旧农膜回收和粪肥发酵还田等面源污染治理倡议纳入村民行为规范；并建立户主文明档案袋对农户的生产行为予以记录；年终时对照标准核算、实施量化考评；进而将考评结果（即积分）转化为村集体收入的股份、股份转化为股金，从而对农户实行绿色化生产、参与农业面源污染治理形成有效的行为激励（见图5）。

四　结论与讨论

（1）研究表明，1990～2019年湖南省农业源氮排放呈“倒U型”变化模式，最大排放量为2005年的120.46万吨，随后呈近似阶梯状逐渐减少；农业源磷排放则具有持续增长趋势。

（2）农业源氮、磷排放与畜禽粪污氮、磷排放具有更高的相关性和变化趋同性，畜禽粪污氮、磷排放是决定农业源氮、磷排放变化趋势的主要因素。

（3）研究期农业源氮、磷排放均经历过量施肥主导、养殖排放主导和两者均衡三个阶段，但在具体转变时间上存在差异，这种差异主要源于农业生产结构变化，是农业经营主体响应市场需求、生产成本和政府政策变化及

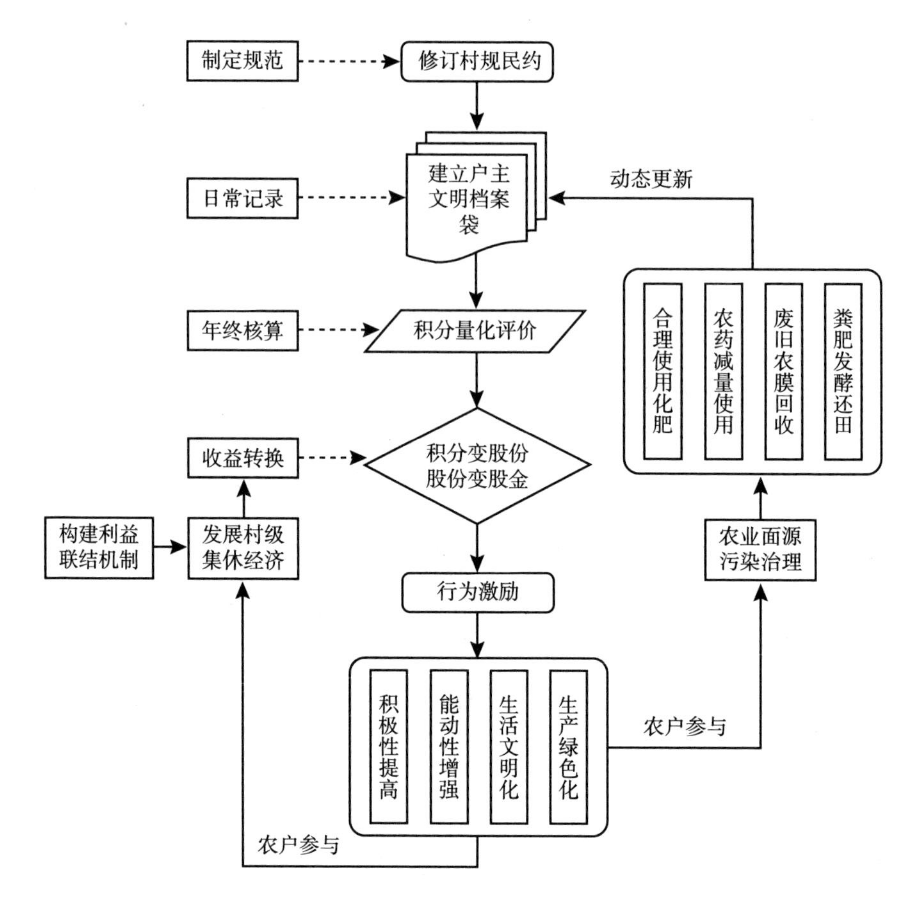

图5　农户参与面源污染治理的激励机制

重大动物疫情冲击的结果。

（4）农业源氮排放变化对水环境状况具有非线性影响，随着排放量增加，其对水环境状况的影响不断加速。虽然2005年以来湖南农业源氮排放已出现下降趋势，因而对水环境状况的影响逐渐减弱，但磷排放总体上仍保持增长。为推进“绿色湖南”和“美丽湖南”建设，需要采取符合农业面源污染自身特点的治理方式。

需要指出的是，由于时间和精力有限，本文仅对湖南总体层面的农业源氮、磷排放进行研究，而未能揭示其空间分布规律。对于县域及更小尺度的农业源氮、磷排放测算及空间差异研究，尚待进一步开展。

B.32

后脱贫时代连片特困山区绿色发展策略研究

——以武陵山湖南片区为例

段宜嘉 熊 曦 吴 卫*

摘 要： 随着现行标准下贫困人口全部脱贫，中国进入后脱贫时代。充分践行绿色发展理念，是巩固前期脱贫攻坚成果的重要前提。本文以武陵山湖南片区为例，在梳理文献的基础上，从绿色发展视角，总结了连片特困山区精准扶贫工作中存在的生态环境问题：绿色发展理念贯彻落实不足、生态环保工作投入不足、对基础设施建设导致的生态环境破坏重视不够，并提出了加强顶层设计、创新金融扶贫机制、发展绿色产业、加强扶贫项目建设中的生态保护等政策建议。

关键词： 绿色发展 精准扶贫 连片特困山区

2021年2月25日，在全国脱贫攻坚总结表彰大会上，习近平总书记向全世界庄严宣告，按照中国现行标准，9899万农村贫困人口已全部脱贫，832个贫困县全部摘帽，12.8万个贫困村全部出列，这标志着中国脱贫攻坚

---

* 段宜嘉，湖南财政经济学院湖南省经济地理研究所助理研究员，博士，主要研究方向为农村与区域发展；熊曦，中南林业科技大学商学院副教授，博士，硕士生导师，主要研究方向为产业经济与区域经济；吴卫，湖南财政经济学院湖南省经济地理研究所助理研究员，主要研究方向为经济地理。

取得了全面胜利。与此同时，习近平总书记强调，“要切实做好巩固拓展脱贫攻坚成果同乡村振兴有效衔接各项工作，让脱贫基础更加稳固、成效更可持续。”[①] 在后脱贫时代如何巩固脱贫成果、推进区域高质量发展，成为学术界和政府管理部门面临的新课题。

连片特困山区是我国精准扶贫工作的重点、难点。根据《中国农村扶贫开发纲要（2011～2020年）》，我国共有14个集中连片特困地区，包括六盘山区、秦巴山区、武陵山区和罗霄山区等11个区域的连片特困地区和已明确实施特殊政策的西藏、四省藏区、新疆南疆四地州，共计689个县。其中武陵山区地跨湘、渝、黔、鄂四省区，共71个县（市、区），总人口3600余万人，共11303个贫困村，占全国总数的7.64%。而这71个贫困县（市、区）位于湖南省的就有37个，占比超过一半以上。这些地区大都分布在山地、边疆，地域面积广阔、发展基础薄弱、产业结构落后，同时又因其开发程度较少，保留了较丰富的自然资源和相对良好的生态环境。

一 文献综述

2013年，习近平总书记首次提出“精准扶贫”概念，由此我国扶贫工作进入了新的发展阶段。围绕精准扶贫，学术界开展了大量卓有成效的研究，一是关于精准扶贫机制的建立和完善。汪三贵等认为，我国农村扶贫的主要方式应该是精准扶贫，并识别了精准扶贫存在的三个难点，从贫困识别方法、完善扶贫考核机制、建立贫困户受益机制等方面提出应对措施[②]。赵武等提出建立“包容性创新”机制，以形成可持续的扶贫长效机制，实现公平和效率的统一[③]。万君等认为外源推动和内源发展共同作用于扶贫脱贫

① 习近平：《在全国脱贫攻坚总结表彰大会上的讲话》，http：//www.xinhuanet.com/world/2021－03/03/c_1211049315.htm，新华社发布。

② 汪三贵、郭子豪：《论中国的精准扶贫》，《贵州社会科学》2015年第5期。

③ 赵武、王姣玥：《新常态下“精准扶贫”的包容性创新机制研究》，《中国人口·资源与环境》2015年第11期增刊。

工作，我国的扶贫工作仍以外源推动为主，为此需要建立和完善贫困地区内源发展动力机制①。陆益龙研究了乡村振兴背景下精准扶贫机制，认为其本质就是系统化的制度创新和制度建设，包括扶贫对象精准识别、扶贫资源多元筹集、扶贫资源的高效传送、扶贫行动的精准实施机制。二是不同产业和技术手段如何融入和带动精准扶贫。产业扶贫在精准扶贫中起到“造血”功能，是实现贫困地区内源发展的优先选项②。刘建生等认为，产业精准扶贫可以与贫困地区生产要素结合，实现生产要素更优的匹配，这个过程需要农户、政府、企业等各方共同参与，但也要注意防范产品销售风险和自然灾害风险③。任友群等以江西省上饶市的实践为案例，研究了如何以教育信息化推进精准扶贫④，吴靖南、黄渊基等研究乡村旅游产业扶贫机制，评价其工作效率并研究了其时空分异特征⑤。李民、李金祥等研究了不同贫困地区农业产业、农业科技对扶贫工作的推动作用，并提出了发展农业与扶贫脱贫的协同路径⑥。此外，还有部分学者尝试多角度探析我国精准扶贫政策执行中存在的问题及其成因，如雷望红认为，精准扶贫政策的不精准执行现象，表现为识别不精准、帮扶不精准、管理不精准和考核不精准等问题⑦。王慧博认为，我国精准扶贫工作中存在一定程度的形式主义问题，并提出了优化政策、完善监督考核机制，加强扶贫干部的能力建设和党性修养，

① 万君、张琦：《“内外融合”：精准扶贫机制的发展转型与完善路径》，《南京农业大学学报》（社会科学版）2017 年第 4 期。

② 陆益龙：《乡村振兴中精准扶贫的长效机制》，《甘肃社会科学》2018 年第 4 期。

③ 刘建生、陈鑫、曹佳慧：《产业精准扶贫作用机制研究》，《中国人口·资源与环境》2017 年第 6 期。

④ 任友群、冯仰存、徐峰：《我国教育信息化推进精准扶贫的行动方向与逻辑》，《现代远程教育研究》2017 年第 4 期。

⑤ 吴靖南：《乡村旅游精准扶贫实现路径研究》，《农村经济》2017 年第 3 期；黄渊基：《连片特困地区旅游扶贫效率评价及时空分异——以武陵山湖南片区 20 个县（市、区）为例》，《经济地理》2017 年第 11 期。

⑥ 李民、贾先文：《扶贫攻坚背景下连片特困地区农业协同发展路径——以武陵山片区为例》，《经济地理》2016 年第 12 期；李金祥：《创新农业科技驱动精准扶贫》，《农业经济问题》2016 年第 6 期。

⑦ 雷望红：《论精准扶贫政策的不精准执行》，《西北农林科技大学学报》（社会科学版），2017 年第 1 期。

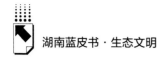

构建多元参与的扶贫格局、突出贫困群体的参与权利等多措并举的改进路径①。

新发展理念提出以来，如何在扶贫工作中贯彻绿色发展理念成为研究热点。杨宜勇等（2017）分析了我国扶贫工作中对扶贫目标、对象、手段等进行战略调整的动态演变过程，提出要切实践行绿色发展理念、创新扶贫治理机制，走绿色发展之路②。林科军认为，绿色发展理念衍生的绿色脱贫理念、绿色发展体系建设为精准扶贫的推进带来了新契机③。杨文静研究认为，绿色发展理念下，精准扶贫战略有利于更科学地探寻贫困地区绿色可持续发展之路④。刘流认为，绿色发展是时代的潮流，将绿色发展理念融入精准扶贫工作中，从根本上提高了精准扶贫和精准脱贫的工作质量⑤。

综上所述，已有文献从不同视角对精准扶贫开展研究，尤其是对于绿色发展理念下精准扶贫工作的研究，对本文有较好的启示意义。但总体来看，已有研究还存在进一步深化的空间，对如何协调精准扶贫工作与生态环境保护关系的研究不够深入，尤其是面对后脱贫时代这一全新背景，典型连片特困山区如何在绿色发展理念下开展精准扶贫脱贫，还有待进一步探讨。本文拟就这一问题开展研究，提出相关对策建议，为后脱贫时代湖南省连片特困山区巩固脱贫攻坚成果提供决策参考。

二　研究区概况

武陵山湖南片区包括湘西自治州、张家界市、怀化市、邵阳市4个市州全境37个县（市、区），及常德市的石门县和桃源县，娄底市的新化县、涟源市和冷水江市，益阳市的安化县，共计43个县（市、区）。国土面积

① 王慧博：《精准扶贫中存在的形式主义及其整治路径》，《江西社会科学》2019年第6期。
② 杨宜勇、吴香雪：《中国扶贫问题的过去、现在和未来》，《中国人口科学》2016年第5期。
③ 林科军：《绿色发展为精准扶贫带来新契机》，《人民论坛》2017年第16期。
④ 杨文静：《绿色发展框架下精准扶贫新思考》，《青海社会科学》2016年第3期。
⑤ 刘流：《以绿色发展助力扶贫攻坚》，《人民论坛》2017年第25期。

9.27万平方千米，占全省的43.8%。截至2019年底，片区常住人口2126.58万人，有土家族、苗族、侗族、白族、回族、瑶族等30多个少数民族；片区生产总值达6723.58亿元，较2018年增长8.99%，高于全省平均水平1.39个百分点，人均地区生产总值达31616.9元。扶贫开发成效显著，交通通达、特色产业、商贸流通、生态保护、重点城镇建设、农村公共服务、教育均衡发展、精准扶贫等八大工程28个专项建设正稳步推进，在“打基础、惠民生、做示范”方面取得了实质性突破①。截至2020年底，武陵山湖南片区已全部实现现行标准下脱贫，所有贫困县实现摘帽②（见表1）。

表1　2019年武陵山湖南片区行政区域范围与社会经济基本情况

市(州)	县(市、区)	人口(万人)	GDP(亿元)
湘西州(8个)	泸溪县、凤凰县、保靖县、古丈县、永顺县、龙山县、花垣县、吉首市	263.83	705.71
张家界市(4个)	慈利县、桑植县、武陵源区、永定区	154.90	552.10
怀化市(13个)	中方县、沅陵县、辰溪县、溆浦县、会同县、麻阳苗族自治县、新晃侗族自治县、芷江侗族自治县、靖州苗族自治县、通道侗族自治县、鹤城区、洪江市、洪江区	498.33	1616.64
邵阳市(12个)	新邵县、邵阳县、隆回县、洞口县、绥宁县、新宁县、城步苗族自治县、武冈市、邵东县、北塔区、大祥区、双清区	730.24	2152.48
娄底市(3个)	新化县、涟源市、冷水江市	249.42	778.73
常德市(2个)	石门县、桃源县	143.76	685.74
益阳市(1个)	安化县	86.10	232.18
合计		2126.58	6723.58

注：资料来源于各市（州）、县（市、区）2019年国民经济和社会发展统计年报。

① 湖南省发改委：《关于印发〈湖南省武陵山片区区域发展与扶贫攻坚“十三五”实施规划〉的通知》，http://fgw.hunan.gov.cn/xxgk_70899/tzgg/201710/t20171031_4628536.html，2017年10月31日。

② 湖南省人民政府：《湖南省人民政府关于同意邵阳县等20个县市脱贫摘帽的批复》，http://www.hunan.gov.cn/hnszf/xxgk/tzgg/swszf/202003/t20200302_11196145.html，2020年3月2日。

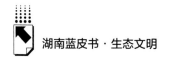

三　后脱贫时代武陵山湖南片区的生态环境问题

武陵山湖南片区的扶贫脱贫工作取得了历史性成就，但同时也面临一系列问题，如，易地扶贫搬迁的政策配套不健全、贫困人口融入难；片区产业链条不完整、产业结构有待优化、产业整体水平依然低端；基础设施薄弱，交通、水、电等支撑经济发展的必要设施建设严重滞后；生态环境制约较大，片区整体位于山区，自然灾害多发，生态环境承载力较差，经济发展与生态环境保护之间的矛盾较突出。本文将着重从绿色发展视角剖析其存在的问题。

1. 绿色发展理念贯彻落实不力

湖南省和武陵山湖南片区各市州扶贫规划都明确提出坚持绿色发展，但在具体贯彻落实阶段，普遍缺乏落地的措施。主要表现在：对于如何以绿色发展理念指导精准扶贫工作，缺少具体实施方案，尤其是对精准扶贫效果的检验，缺乏生态、绿色考核指标。绿色发展措施更多地体现在项目建设上，而缺少机制、制度建设。各级政府的扶贫工作主要聚焦于产业发展、基础设施、贫困群体收入提升、易地扶贫搬迁等方面，对于生态环境关注相对不足。武陵山区水土流失、石漠化等生态环境问题突出，属于生态脆弱区，如果在精准扶贫过程中对此不高度重视，极有可能在开发建设时对区域植被、水土等造成破坏，一旦这种破坏超出片区生态系统承载能力，其生态系统服务功能将受到损害甚至丧失，而其恢复过程将是漫长且成本高昂的。如果武陵山区生态保障功能丧失，将严重危害区域生态安全，给片区居民生产生活造成威胁，既不利于贫困人口的脱贫，甚至有可能导致脱贫人口返贫。

2. 生态环保资金投入不足

绿色发展理念的贯彻落实，离不开生态建设和环境保护与治理，而这些工作需要大量投资且见效比较慢，对于各级政府而言，更愿意将资金投入能快速收到成效的基础设施建设等领域。武陵山湖南片区在“十二五”期间完成生态建设项目投资220.9亿元，占所有四类项目投资总额的5.4%，开

工项目218项，占总数的9.5%。生态环境建设在片区整体工作中的地位可见一斑。而在“十三五”期间，片区用于生态建设和环境保护的预期投资为1097亿元，占所有五类项目投资总额的比重为7.3%，与“十二五”相比有了较明显的提升，但仍是所有项目类别中最低的。“十三五”期间投入建设649个生态建设和环境保护项目，平均每个项目投资金额1.69亿元，在所有五类投资项目中，仅高于基本公共服务（1.15亿元），排第四位，远低于平均水平（2.92亿元）（见表2）。投资不足，将导致生态建设与环境保护投资明显滞后于片区经济社会建设，无法为片区居民提供足够、优质的生态产品，给片区精准扶贫、精准脱贫工作造成不利影响。

表2　武陵山湖南片区生态建设和环境保护投资情况
（“十二五”与“十三五”的对比）

“十二五”				“十三五”			
项目类别	金额（亿元）	占比（%）	项目数量（个）	项目类别	金额（亿元）	占比（%）	项目数量（个）
基础设施	1247.1	30.2	626	基础设施建设	4957	32.8	1251
产业发展	1318.6	31.9	704	农村生产生活条件改善	2145	14.1	506
社会事业	1344.6	32.5	739	基本公共服务	1379	9.1	1191
生态环境	220.9	5.4	218	产业发展	5549	36.7	1571
				生态建设和环境保护	1097	7.3	649
合计	4131.2	100	2287	合计	15127	100	5168

注：根据《湖南省武陵山片区区域发展与扶贫攻坚“十三五”实施规划》有关内容整理绘制。

3. 对基础设施建设导致的生态环境破坏重视不够

基础设施落后是导致山区贫困的重要原因之一，提升基础设施也是山区脱贫的重要手段。各级政府通过资金、政策等的支持，带动山区道路修建、路面硬化、改水改厕、村容村貌治理等，给贫困地区居民带来了便利，提高了他们生产、生活的效率。但在这一过程中，由于缺少必要的预案和措施，极有可能产生生态环境安全隐患。基础设施建设过程中不可避免地要破坏山体、砍伐林木，破坏生态环境。尤其是农村修路过程中，基本上只注重道路修建工作本身，没有对破坏的植被进行修复，也没有对道路两侧被破坏的山体做必要的防护或修复。武陵山片区的山地地形导致生态环境脆弱，一旦遭遇强降雨，有可能造成水土流失，甚至引起山体滑坡或泥石流等自然灾害，威胁居民生命财产安全。

四　基于绿色发展视角的对策建议

武陵山湖南片区精准扶贫过程中出现的种种问题，原因在于绿色发展理念贯彻不力，制度设计上也未充分考虑山区自然、生态等条件。因此，对于连片特困山区而言，要始终把绿色发展理念贯彻精准扶贫工作全过程，合理统筹绿水青山与金山银山之间的关系，尤其是在后脱贫时代，要坚持生态优先，狠抓大保护，不搞大开发，同时，要加强体制机制创新、技术创新，努力使绿水青山成为金山银山。①

1. 加强顶层设计，以绿色发展思想引领精准扶贫

要将绿色发展理念贯穿精准扶贫工作规划的制定、实施全过程。根据连片特困山区生态环境承载能力及各地具体的贫困情况，合理制定扶贫工作方案，加强绿色指标的运用，审慎安排相关项目落地和建设。开展省级“绿色生态扶贫发展示范区”评选工作，对绿色生态扶贫工作成效显著的市州，给予一定的政策、资金支持，以发挥示范带动作用，激励各地绿色扶贫、生态扶贫。要将生态建设与环境保护纳入地方政府绩效考核尤其是精准扶贫、精准脱贫工作的考核体系中。改变以往扶贫工作中偏重于关注贫困人口收入提高和生活水平改善的情况，将绿色发展情况作为重要考核内容，与经济发展同检查、同考核，可考虑引入第三方评估机制，督促落实扶贫规划中的绿色发展思想，为片区居民提供优质的生态环境产品，保障最普惠的民生福祉。

① 陈超凡、王赟：《连片特困区旅游扶贫效率评价及影响因素——来自罗霄山片区的经验证据》，《经济地理》2020 年第 1 期；陈成文：《产业扶贫：国外经验及其政策启示》，《经济地理》2018 年第 1 期。

2. 创新金融扶贫机制，助力绿色发展

连片特困山区贫困面广、贫困程度深，精准扶贫、精准脱贫工作涉及方方面面，单纯依靠政府投入或居民自筹资本远远不够，必须借助金融力量，带动各方资金，才能有力助推片区发展。要引入绿色发展的市场化机制，保障各类要素投入。明确资源环境管理责任、权利，加强跨区域协商综合治理，提高政府部门对生态建设和环境保护投入的力度。按照“精准”和“绿色”的要求，充分落实“滴灌式”扶贫思路，精细化管理金融产品，推动扶贫资金投向绿色生态产业。完善生态补偿机制，建立健全碳排放权、污染排放权、林权、水权等资源环境产权的交易市场和交易制度，以市场手段刺激社会和政府资金投入片区生态建设和环境保护。发展绿色信贷，鼓励金融机构开发基于环境权益或无形资产的融资产品，优化实施政府和社会资本合作机制（PPP）。通过各种综合措施，使金融系统成为区域经济系统绿色转型的支撑平台。

3. 加快发展绿色产业

绿色产业是绿色经济发展的基础。武陵山片区山地面积广阔，旅游资源丰富，具有发展绿色农业的天然优势。要充分利用好片区独有的资源禀赋，大力发展特色旅游，不断完善旅游基础设施条件，提高旅游接待量和服务水平，为游客提供优质服务。大力发展特色农业，推广片区特色农产品，如椪柑、葡萄、茶叶、百合、猕猴桃、鸡、鸭等，努力打造农业地域品牌，培育地理标识农产品。发挥跨区域农业组织的作用，加强特色农业生产的组织性、专业性，提升竞争力。积极引入新技术、新理念，完善农产品冷链技术与体系，保证片区产品能及时投入市场。开展电商扶贫，引导农民利用互联网销售产品。创新旅游业与特色农业发展模式，实现二者融合发展。加大对具有经济性的绿色技术的研发投入，抓好绿色技术的研究开发和推广应用，促使传统产业向绿色产业转型。

4. 加强扶贫项目建设中的生态保护

山区扶贫过程中各种基础设施建设不可避免地会对山体、植被等造成损害，影响生态环境。要加强对此类项目的监管，在规划阶段尽量选择对生态损害最小的方案，在项目实施过程中，要科学施工。最重要的是要制定和完善项目生态损害修复制度，对于因修路、建房等施工造成的生态损害，要在项目施工阶段及完成后及时进行必要的修复，尽可能还原良好生态环境。要严格落实生态环境破坏问责制度，重点关注道路建设、易地扶贫搬迁区等容易造成生态损害的地方，督促实现“谁开发、谁负责，谁破坏、谁修复”。加强相关技术和制度的创新，科学保障生态修复目标实现。

五 结语

连片特困山区是我国精准扶贫、精准脱贫工作的重点区域。独特的经济社会发展水平和脆弱的生态环境共同决定了后脱贫时代该区域的发展要格外重视生态环境保护，走绿色发展之路。本文以武陵山湖南片区为例，通过对已有扶贫策略的梳理，认为该片区发展尚存在绿色发展理念贯彻落实不力、生态环保资金投入不足、对基础设施建设导致的生态环境破坏重视不够等短板。本文认为，要解决这些问题，应坚持以绿色发展理念统领片区后脱贫时代扶贫发展，并建议从加强顶层设计、创新金融扶贫机制、加快发展绿色产业、加强扶贫项目建设中的生态保护等方面加以努力，巩固脱贫攻坚成果，确保区域绿色发展。山区扶贫是一个复杂的系统工程，本文从绿色发展视角对以往工作进行梳理评述，并提出相关建议，未来应立足于高质量发展，结合区域、产业、生态、环境等领域的理论，更加系统、全面地评价山区精准扶贫工作，为巩固脱贫攻坚成果，促进片区高质量发展提供更多智力支撑。

皮书

智库报告的主要形式
同一主题智库报告的聚合

皮书定义

皮书是对中国与世界发展状况和热点问题进行年度监测，以专业的角度、专家的视野和实证研究方法，针对某一领域或区域现状与发展态势展开分析和预测，具备前沿性、原创性、实证性、连续性、时效性等特点的公开出版物，由一系列权威研究报告组成。

皮书作者

皮书系列报告作者以国内外一流研究机构、知名高校等重点智库的研究人员为主，多为相关领域一流专家学者，他们的观点代表了当下学界对中国与世界的现实和未来最高水平的解读与分析。截至 2021 年，皮书研创机构有近千家，报告作者累计超过 7 万人。

皮书荣誉

皮书系列已成为社会科学文献出版社的著名图书品牌和中国社会科学院的知名学术品牌。2016 年皮书系列正式列入“十三五”国家重点出版规划项目；2013~2021 年，重点皮书列入中国社会科学院承担的国家哲学社会科学创新工程项目。

中国皮书网

（网址：www.pishu.cn）

发布皮书研创资讯，传播皮书精彩内容
引领皮书出版潮流，打造皮书服务平台

栏目设置

◆ 关于皮书

何谓皮书、皮书分类、皮书大事记、
皮书荣誉、皮书出版第一人、皮书编辑部

◆ 最新资讯

通知公告、新闻动态、媒体聚焦、
网站专题、视频直播、下载专区

◆ 皮书研创

皮书规范、皮书选题、皮书出版、
皮书研究、研创团队

◆ 皮书评奖评价

指标体系、皮书评价、皮书评奖

◆ 皮书研究院理事会

理事会章程、理事单位、个人理事、高级研究员、理事会秘书处、入会指南

◆ 互动专区

皮书说、社科数托邦、皮书微博、留言板

所获荣誉

◆ 2008 年、2011 年、2014 年，中国皮书网均在全国新闻出版业网站荣誉评选中获得“最具商业价值网站”称号；

◆ 2012 年，获得“出版业网站百强”称号。

网库合一

2014年，中国皮书网与皮书数据库端口合一，实现资源共享。

中国皮书网

S 基本子库
UB DATABASE

中国社会发展数据库（下设 12 个子库）

整合国内外中国社会发展研究成果，汇聚独家统计数据、深度分析报告，涉及社会、人口、政治、教育、法律等 12 个领域，为了解中国社会发展动态、跟踪社会核心热点、分析社会发展趋势提供一站式资源搜索和数据服务。

中国经济发展数据库（下设 12 个子库）

围绕国内外中国经济发展主题研究报告、学术资讯、基础数据等资料构建，内容涵盖宏观经济、农业经济、工业经济、产业经济等 12 个重点经济领域，为实时掌控经济运行态势、把握经济发展规律、洞察经济形势、进行经济决策提供参考和依据。

中国行业发展数据库（下设 17 个子库）

以中国国民经济行业分类为依据，覆盖金融业、旅游、医疗卫生、交通运输、能源矿产等 100 多个行业，跟踪分析国民经济相关行业市场运行状况和政策导向，汇集行业发展前沿资讯，为投资、从业及各种经济决策提供理论基础和实践指导。

中国区域发展数据库（下设 6 个子库）

对中国特定区域内的经济、社会、文化等领域现状与发展情况进行深度分析和预测，研究层级至县及县以下行政区，涉及省份、区域经济体、城市、农村等不同维度，为地方经济社会宏观态势研究、发展经验研究、案例分析提供数据服务。

中国文化传媒数据库（下设 18 个子库）

汇聚文化传媒领域专家观点、热点资讯，梳理国内外中国文化发展相关学术研究成果、一手统计数据，涵盖文化产业、新闻传播、电影娱乐、文学艺术、群众文化等 18 个重点研究领域。为文化传媒研究提供相关数据、研究报告和综合分析服务。

世界经济与国际关系数据库（下设 6 个子库）

立足“皮书系列”世界经济、国际关系相关学术资源，整合世界经济、国际政治、世界文化与科技、全球性问题、国际组织与国际法、区域研究 6 大领域研究成果，为世界经济与国际关系研究提供全方位数据分析，为决策和形势研判提供参考。

法律声明